Über das Kühlen von Beton

Von

Dr.-Ing. Wolfgang Mandry

Regierungsbaumeister, Stuttgart

Mit 111 Abbildungen

Springer-Verlag

Berlin/Göttingen/Heidelberg

1961

ISBN-13: 978-3-540-02722-5 e-ISBN-13: 978-3-642-47383-8
DOI: 10.1007/978-3-642-47383-8

D 93

Vorwort

Es ist mir ein Bedürfnis, Herrn Prof. Dr.-Ing. habil., Docteur ès Sciences h. c. F. Tölke, Direktor der Forschungs- und Materialprüfungsanstalt für das Bauwesen in Stuttgart (Otto-Graf-Institut), für die Anregung zu dieser Arbeit herzlich zu danken. Mit seinem reichen Wissen und seiner Aufgeschlossenheit für die Probleme meiner Arbeit stand er mir stets fördernd zur Seite.

Herrn Prof. Dr.-Ing. Röhnisch gilt mein bester Dank für das Interesse an meiner Arbeit ebenso wie für viele wertvolle Hinweise.

An dieser Stelle darf ich auch den Herren Dr.-Ing. Ammann, Zürich, und Dipl.-Ing. Bertschinger, Vicosoprano, meinen aufrichtigen Dank sagen für die liebenswürdige und tatkräftige Unterstützung, die es mir ermöglichte, die Methoden der Kühlung von Beton bei großen Staumauern in der Schweiz kennen zu lernen und zu studieren.

Stuttgart, im Mai 1961 **W. Mandry**

Inhaltsverzeichnis

Einleitung

In immer größerem Maße wird heute Beton als Baustoff verwendet. Die geradezu stürmische Entwicklung, die der Beton- und Stahlbetonbau in den letzten Jahrzehnten genommen hat, führte im Talsperrenbau zu kühnen und ob ihrer Größe so imponierenden Staumauern, wie sie noch vor drei Jahrzehnten kaum für ausführbar gehalten wurden. Die hohe Verantwortung für die Sicherheit solch großer Bauwerke zwingt den entwerfenden Ingenieur auch dem Temperaturproblem größte Aufmerksamkeit zu schenken.

Bekanntlich ist die Festigkeitsentwicklung im Beton von einer Wärmeentwicklung beim Abbinden und Erhärten des Zementes begleitet. Diese Erscheinung bleibt bei Bauwerken geringer Abmessungen unbemerkt, da bei ihnen die Hydratationswärme des Zementes ebenso schnell abfließen und sich verflüchtigen kann, wie sie entwickelt wird. Ganz anders bei Massenbetonbauwerken mit ihren großen Abmessungen, wie sie im Wasserbau vorherrschen, bei denen sich die Temperaturerhöhung durch die Wärmeentwicklung voll auswirkt. So wurde ein Ansteigen der Temperatur von mehr als 30 °C wiederholt beobachtet. Da sich nun der Beton nach beendeter Wärmeentwicklung wieder abkühlt und allmählich an die mittlere Lufttemperatur angleicht, so kann man sich leicht vorstellen, daß durch die aus der Abkühlung resultierende Zusammenziehung unzulässige Zugspannungen entstehen. Hat eine Staumauer z. B. ein Betonvolumen von 1000000 m³, und beträgt die Temperaturerhöhung 10 °C, so ergibt sich infolge der thermischen Kontraktion bei der Abkühlung eine Volumenminderung von 300 m³, die durch die Einspannung der Mauer in den Felsen bei der geringen Zugfestigkeit des Betons sich durch Rißbildung äußert.

Man unterteilt daher einen großen Betonbauteil durch Dehnfugen in einzelne Blöcke und verwendet weiter Zemente mit einer möglichst niedrigen Wärmetönung, um so dem Bauteil sowohl die Wärmekontraktion ohne Rißbildung zu ermöglichen, als auch die Temperaturerhöhung von vornherein möglichst klein zu halten. Aber selbst bei diesen einzelnen Blöcken führt die Temperaturdifferenz zwischen Kern und Außenzonen zu oft unerträglich hohen Zugbeanspruchungen. Ohne geeignete Maßnahmen bei der Herstellung und Verarbeitung kann daher Massenbeton nicht eingebracht werden, sollen kostspielige Schäden vermieden werden, die darüber hinaus die Wirtschaftlichkeit und Sicherheit des Bauwerks in Frage stellen können.

Ist die Mauer nur wenige Meter dick, so wird sie sich verhältnismäßig rasch abkühlen. Übersteigen ihre Abmessungen jedoch einmal 10 oder gar 20 m, so kommt es zu Wärmestauungen, und die Abkühlung auf die mittlere Jahreslufttemperatur wird sich über Jahre hin erstrecken. Bevor nun hinter der Mauer mit dem Stau begonnen werden kann, müssen die Fugen zwischen den einzelnen Blöcken mit Zementsuspensionen ausgepreßt und geschlossen werden, und zwar gerade in dem Augenblick, in dem die Temperatur des Bauwerks gleich oder gar noch etwas tiefer als die mittlere Jahreslufttemperatur ist.

Da man mit diesem Vorgang wegen der Inbetriebnahme der Sperre nicht jahrelang warten kann, kennt man heute fast keine große Baustelle mehr ohne irgendeine Einrichtung zur künstlichen Kühlung des Betons: sei es, daß die Temperatur des Betons schon vor dem Einbringen gesenkt wird, indem die einzelnen Komponenten der Betonmischung vorgekühlt werden, sei es, daß das Mischwasser teilweise in Form feinst verteilten Eises dem Beton beigegeben wird, oder daß der Beton andererseits durch in ihn eingebettete Rohrschlangen, in denen kaltes Wasser fließt, nachträglich gekühlt wird.

Man muß sich vergegenwärtigen, daß die abzuführende Wärmemenge einer Staumauer, z. B. der Staumauer Mauvoisin in der Schweiz, rund 38 Mrd. kcal betragen kann, was dem Heizwert von etwa 5000 t Kohlen entspricht. Darüber hinaus erlauben die immer leistungsfähigeren Baustelleneinrichtungen eine solche Vergrößerung der täglich in die Schalung eingebrachten Betonmenge, daß mit der dadurch möglichen Verkürzung der reinen Bauzeit auch die Abkühlung der Betonmassen Schritt halten muß. Es bedarf also der sorgfältigsten Planung und Vorberechnung, um die für die künstliche Kühlung erforderlichen Maßnahmen und Einrichtungen so anzulegen, daß sie gerade das gewünschte Ergebnis zeitigen, und ohne daß die Anlagen unnötig überdimensioniert sind.

Im deutschen Sprachgebiet wird sich bisher der Ingenieur bei der Beurteilung des Temperaturzustandes eines Betonkörpers auf die bekannten Berechnungsverfahren von HIRSCHFELD „Die Temperaturverteilung im Beton" [*9*] stützen, während ihm durch HAMPE „Temperaturschäden im Beton" [*8*] ein ausgezeichnetes und umfassendes Bild von den Schäden und den Möglichkeiten von Abhilfemaßnahmen vermittelt wird. Beschränkt jedoch HIRSCHFELD seine Berechnung auf die natürlichen Temperaturverhältnisse in platten- und zylinderförmigen Baukörpern, so gibt HAMPE auf Grund seiner Untersuchungen und Versuche im wesentlichen eine qualitative Beschreibung der Temperaturverhältnisse, -schäden und der Kühlmaßnahmen bei Massenbetonbauwerken.

Zweck der vorliegenden Arbeit ist daher, vermittels theoretischer Untersuchungen sowohl den Temperaturzustand eines Betonkörpers und die hieraus resultierende Notwendigkeit einer künstlichen Kühlung beurteilen, als auch die dazu erforderlichen Maßnahmen quantitativ abschätzen und die erforderlichen Kühleinrichtungen dimensionieren zu können. Die Untersuchungen des Temperaturzustandes und der natürlichen Abkühlung werden demzufolge auf die Berechnung der Temperaturverteilung in prismatischen Körpern beliebiger Abmessungen, bei den Kühlmaßnahmen auf eine rechnerische Erfassung des Wärmeaustausches ausgedehnt.

Der erste Abschnitt gibt einen Überblick über die Wärmeentwicklung der Zemente in Abhängigkeit ihrer Zusammensetzung. Durch Zusammenstellung der in der Literatur verschiedentlich veröffentlichten Meßwerte wird eine rohe Vorabschätzung der zu erwartenden Wärmeentwicklung im Bauwerk möglich. Daneben werden die Möglichkeiten der experimentellen Ermittlung der Abbindewärme diskutiert.

Die Beschreibung der Temperaturverhältnisse eines prismatischen Baukörpers stützt sich unter Einführung dimensionsloser Kennzahlen auf die von TÖLKE [*31*] eingeführte Darstellung instationärer Temperaturfelder durch Theta-Funktionen. Soweit wie möglich wurde der Rechengang an Beispielen vorgeführt und mit den Ergebnissen von Temperaturmessungen verglichen.

Die Beschreibung der Temperaturfelder mittels Theta-Funktionen gestattet es nun, die Spannungen infolge ungleichförmiger Temperaturverteilung mit den Methoden der Elastizitätstheorie in besonders übersichtlicher Weise darzustellen. Die Kenntnis dieser Spannungen ist bekanntlich für die Einschätzung der rechnerischen Sicherheitsgrade eines Bauwerks unerläßlich. Die Einführung eines Erhärtungsgesetzes stellt einen Versuch dar, die Verminderung der thermischen Spannungen durch plastische Verformung beim noch nicht völlig erhärteten Beton zu erfassen.

In zwei weiteren Abschnitten wird der Wärmeaustausch bei den speziellen Methoden der künstlichen Kühlung von Beton auf Grund der Theorie der Wärmeleitung untersucht. Hierbei konnten Vereinfachungen gefunden werden, die es erlaubten, die Lösung mathematisch in geschlossene Form zu bringen. Im Gegensatz zur Lösung mittels Differenzenrechnung [*1*, *16*] ist damit der Einfluß der verschiedenen Faktoren auf den Temperaturverlauf leicht zu überschauen und die Dimensionierung der Kühlanlagen relativ einfach.

Für den Temperaturzustand eines Bauteils ist seine mittlere Temperatur $\overline{\Theta}_m$ kennzeichnend. Nun ist man für die theoretische Darstellung der Temperaturverhältnisse gezwungen, für die Wärmeentwicklung des Zementes, für die thermischen Eigenschaften des Betons, über die klimatischen Gegebenheiten einer Baustelle usw. Annahmen zu treffen, die mit den tatsächlichen unter Umständen beträchtlich in Widerspruch stehen können. Kontrollmessungen der Temperatur im Bauwerk sind daher unumgänglich notwendig. Hierfür bietet sich vor allem die maximale Temperatur $\overline{\Theta}_{\max}$ in Körpermitte an. Auf die Beschreibung der Veränderung dieser beiden kennzeichnenden Temperaturen wurde daher besonderer Wert gelegt.

Die Ergebnisse der Rechnung wurden in zahlreichen Kurvenblättern aufgetragen, was die praktische Handhabung der Formeln sehr erleichtert.

Schließlich gibt ein letzter Abschnitt einen kurzen Überblick über die Kältemaschinen, ihre Arbeitsweise und die Art der der Kühlung des Betons vorausgehenden Kühlung des Kühlmediums, wodurch der planende Ingenieur, mit dem Wesen der Kälteanlagen vertraut gemacht, Hinweise für die Einordnung derselben in die Baustelleneinrichtung erhält.

1 Die Wärmeentwicklung der Zemente

1.1 Allgemeines

Auf Grund der Vorgänge, die sich zwischen Zement und Wasser abspielen, und die zum Abbinden und Erhärten des Betons führen, wird eine beträchtliche Wärmemenge frei. Physikalisch-chemisch gesehen handelt es sich um den Übergang eines energiereicheren Systems in ein energieärmeres. Der außerordentlich komplizierte Vorgang der Erhärtung ist bezüglich der damit verbundenen Wärmeentwicklung im wesentlichen ein Hydratations- und Kristallisationsvorgang. Beim Anmachen des Zementes mit Wasser bilden sich aus den einzelnen Zementmineralien unter chemischer Bindung eines Teils des Anmachwassers neue, chemisch anders aufgebaute Phasen. Man nennt diesen Vorgang wegen der chemischen Bindung von Wasser „Hydratation", und die freiwerdende Wärme Hydratationswärme oder auch Wärmetönung des Zementes. Sie ist die wesentliche Ursache des Temperaturproblems bei Massenbetonbauten.

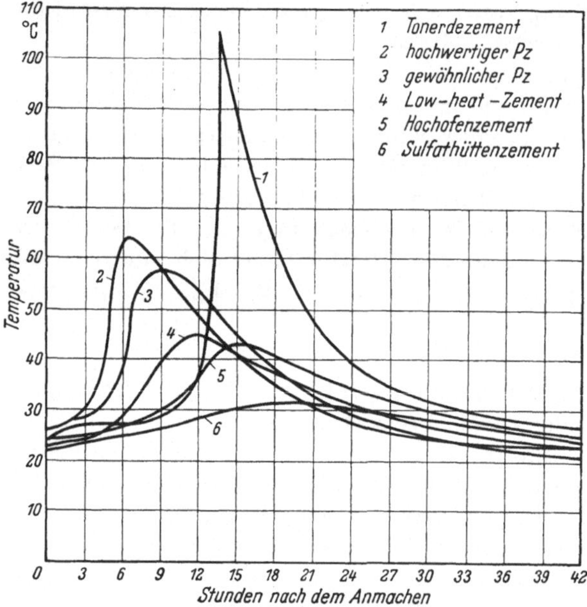

Abb. 1. Temperaturanstieg in einer Thermosflasche beim Abbinden von Zement [*11*]

Nun zeigt schon eine Vergleichsmessung des Temperaturanstiegs beim Abbinden verschiedener Zementarten in einer Thermosflasche (Abb. 1) ganz erhebliche Unterschiede, wobei die Wärmetönung ungefähr in der Reihenfolge Tonerdeschmelzzement, Portlandzement, Eisenportlandzement, Traßzement, Hochofenzement, Sulfathüttenzement abnimmt, und innerhalb dieser wiederum vom hochwertigen zum gewöhnlichen [*11*]. Durch ihre niedrige Wärmetönung bei ausgezeichneten Festigkeitseigenschaften haben sich heute bei Massenbetonbauwerken C_3A-freie Portlandzemente (sog. „Low-heat"-Zemente), Hochofenzemente und Sulfathüttenzemente der Güteklasse Z 275 durchgesetzt.

1.2 Die Wärmetönung der verschiedenen Zementarten des Massenbetonbaus

Da die Wärmeentwicklung durch den Hydratations- und Kristallisationsvorgang bei der Erhärtung ausgelöst wird, ist die Größe derselben durch den mineralogischen Aufbau eines Zementes bedingt. Abb. 2 zeigt die Wärmeentwicklung der fünf amerikanischen *Portlandzementarten* und ihre mineralogische Zusammensetzung. Die Abhängigkeit der Wärmeentwicklung von der mineralogischen Zu-

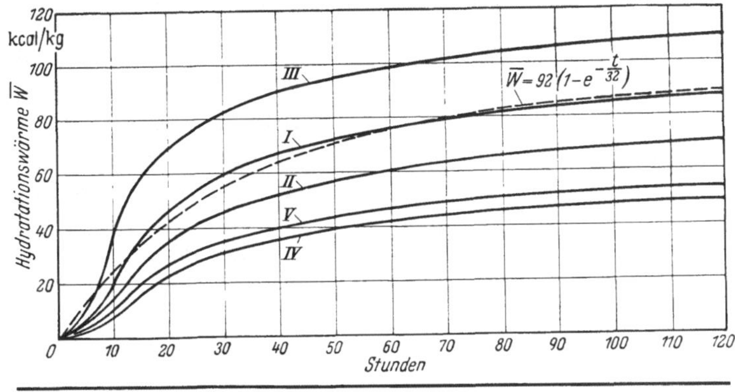

	Zusammensetzung					
Typ	C_3S	C_2S	C_3A	C_4AF	fr. CaO	$CaSO_4$
I	49%	25%	12%	8%	0,8%	2,9%
II	46%	29%	6%	12%	0,6%	2,8%
III	56%	15%	12%	8%	1,3%	3,9%
IV	30%	46%	5%	13%	0,3%	2,9%
V	43%	36%	4%	12%	0,4%	2,7%

Abb. 2. Wärmeentwicklung und mineralogische Zusammensetzung der fünf amerikanischen Portlandzemente [*37*]

sammensetzung springt sofort ins Auge. Der Beitrag der einzelnen Zementmineralien zur Wärmeentwicklung eines Portlandzementes ist nun sehr verschieden. WOODS, STEINOUR und STARKE [*13*] fanden bei ihren Versuchen folgende Werte:

Tabelle 1. *Beitrag der einzelnen Klinkermineralien zur Hydratationswärme zu verschiedenen Zeiten nach dem Anmachen: kcal/kg Zement und % Mineral*

	nach 3 Tagen	nach 7 Tagen	nach 28 Tagen	nach 90 Tagen	nach 1 Jahr
C_3S	0,98	1,10	1,14	1,22	1,36
C_2S	0,19	0,18	0,44	0,55	0,62
C_3A	1,70	1,88	2,02	1,88	2,00
C_4AF	0,29	0,43	0,48	0,47	0,30

Tabelle 1 zeigt in Verbindung mit dem Beispiel über die Mengen der einzelnen Mineralien in der Zusammenstellung von Abb. 2, daß das Trikalziumaluminat C_3A und das Trikalziumsilikat C_3S die Bestandteile des Portlandzementes sind, die für die Wärmeentwicklung besonders bedeutungsvoll sind. Im Gegensatz zum C_3S ist aber das C_3A für die Erhärtung von minderer Bedeutung.

Auf dieser Erkenntnis aufbauend, werden nun die sogenannten „Low-heat"-Zemente [*2*] oder „Ferro-Zemente" [*13*] hergestellt, die entweder nur wenig oder gar kein C_3A enthalten. Dies erreicht man dadurch, daß man eisenoxydreiche Rohstoffe für die Herstellung verwendet. Ist der Tonerdemodul Al_2O_3/Fe_2O_3 kleiner als 0,64, so wird im Klinker kein C_3A mehr vorhanden sein. An seiner Stelle findet sich nun C_4AF, das eine sehr viel niedrigere Wärmetönung besitzt.

Es gibt nun eine ganze Reihe von Zementwerken, deren natürliche Rohstoffe schon genügend Fe_2O_3 enthalten. Wo das nicht der Fall ist, müssen die Rohmaterialien bewußt mit Eisenoxyd angereichert werden. Da die so gewonnenen C_3A-freien Portlandzemente neben einer geringen Wärmeentwicklung von 60 bis 70 kcal/kg (nach 28 Tagen) eine hohe Beständigkeit gegen sulfathaltige Wässer besitzen, sind sie für Massenbetonbauten und beim Vorliegen sulfatischer Aggressionen hervorragend geeignet. Es muß aber vermerkt werden, daß diesen Zementen vor allem durch ihren erhöhten C_4AF-Gehalt eine sehr lange anhaltende Wärmeentwicklung eigen ist, die sich noch über Jahre erstrecken kann (Abb. 3).

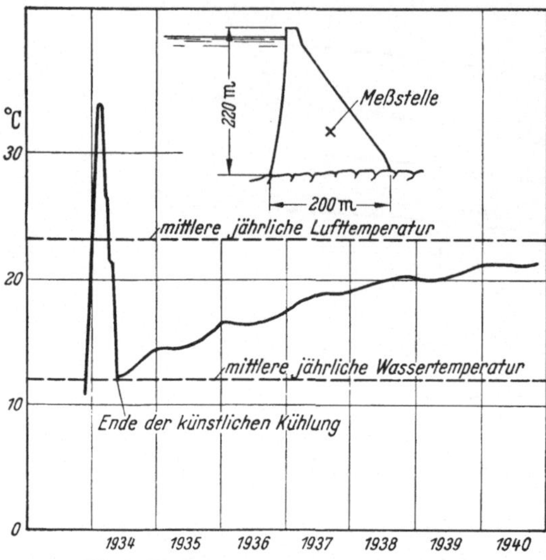

Abb. 3. Nacherwärmung aus der Hydratation des Zementes im Boulder Dam in 7 Jahren [35]

Nicht weniger wichtig sind die *Hüttenzemente*. Nachdem einmal die latenthydraulischen Eigenschaften der schnellgekühlten Hochofenschlacke erkannt waren, haben sich die Hüttenzemente in den letzten Jahrzehnten rasch einen großen Verbraucherkreis geschaffen. Abb. 4 zeigt im Vergleich zum normalen Portlandzement, daß sie sich durch eine verminderte Wärmeentwicklung auszeichnen.

Eisenportlandzement und Hochofenzement sind erhärtungsmäßig dem Portlandzement verwandt. Im Gegensatz zu diesem ist bei ihnen jedoch gerade zu Beginn die Erhärtung in viel stärkerem Maße auf kolloidale Vorgänge zurückzuführen [*13*]. Demnach scheint die Wärmeentwicklung dieser Zemente in den ersten Tagen im wesentlichen dem Portlandzementklinker anzugehören, während die nachfolgende, langanhaltende Wärmeentwicklung der Hydratation des Schlackensandes angehört. DIETRICH[1] untersuchte die Wärmeentwicklung von Hochofen-

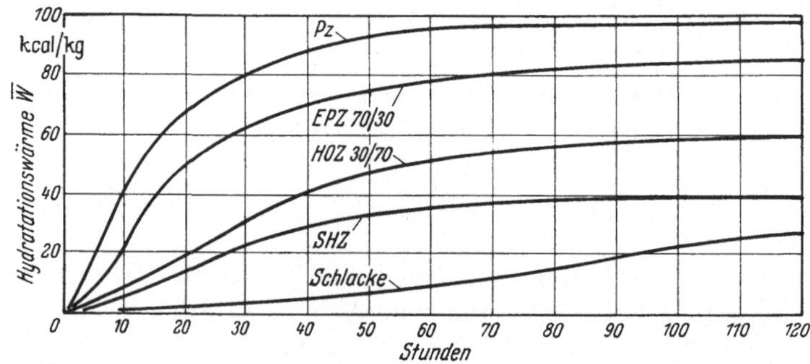

Abb. 4. Verminderung der Abbindewärme bei Hüttenzementen (nach MUSSGNUG)

[1] DIETRICH, Diss. TH Stuttgart, 1959.

zementen in Abhängigkeit des Schlackengehaltes (Abb. 5). Dabei stellte sich heraus, daß unabhängig vom Schlackengehalt bei vollständiger Hydratation annähernd der gleiche Gesamtbetrag an Wärme von etwa 100 kcal/kg Zement frei wird. Hingegen unterschieden sich die verschiedenen Zemente sehr hinsichtlich des zeitlichen Verlaufs der Wärmeentwicklung, der um so langsamer verlief, je größer der Anteil der Schlacke war. DIETRICH zeigt, daß die Verwendung schlackenreicher Zemente einen kleineren Temperaturanstieg im Bauwerk dann bewirkt, wenn ein Teil der beim Erhärten freiwerdenden Wärmemengen bereits von Anfang an abfließen kann. In großen Betonbauten, in denen ein frühzeitiger Temperaturausgleich nur durch Anwendung von Kühlmaßnahmen zu erreichen ist, läßt sich dieselbe Kühlwirkung bei einem schlackenreichen Zement mit einer geringeren Kühlleistung erzielen, wobei jedoch in diesem Falle die Kühlung über einen längeren

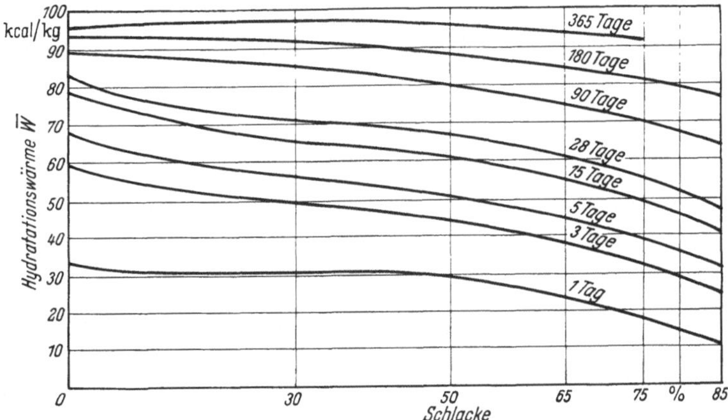

Abb. 5. Wärmeentwicklung von Hochofenzementen bei einer konstanten Temperatur von 20 °C in Abhängigkeit vom Schlackengehalt (nach DIETRICH)

Zeitraum hinweg wirken muß. Da diese Zemente bis 80% Schlackengehalt auch ein günstiges Verhältnis von Zugfestigkeit und Wärmeentwicklung aufweisen, sind sie für Massenbetonbauten vorzüglich geeignet.

Es ist aber zu bemerken, daß die Kristallisationsvorgänge beim Eisenportlandzement und beim Hochofenzement viel unterschiedlicher sind, als die der Portlandzemente. Die Entstehungsbedingungen der Hochofenschlacke und damit auch ihr stofflicher Aufbau können sehr verschieden sein, so daß auch ganz erhebliche Schwankungen in der Größe der Wärmetönung möglich sind.

Ganz anders als beim Eisenportland- und Hochofenzement verläuft die Erhärtung beim Sulfathüttenzement. Sein Charakter als Hüttenzement ist an seiner besonders niedrigen Wärmetönung deutlich erkennbar.

Im Wasserbau wird vielfach auch *Traßzement* verwendet. Sein technischer Wert ist aber umstritten. Wird Traß an Stelle inerter Zuschlagstoffe im Feinstoffbereich dem Beton zugesetzt, so besteht kein Zweifel über seine dichtende Wirkung zufolge des Quellvermögens der entstehenden Neubildungen [*13*]. Dagegen wird heute die Verwendung von Traß an Stelle eines Teils des Zementes meist abgelehnt. Ein Traßzusatz zum Beton dämpft zwar die Hydratationswärme (Abb. 6), und verringert die Neigung zum Ausblühen, verlangsamt aber auch etwas die

Verfestigung [*11*]. Es ist zu vermuten, daß die Wärmeentwicklung hier zunächst fast ausschließlich auf den Portlandzement zurückzuführen ist. Der Beitrag des Traßanteils ist sehr gering.

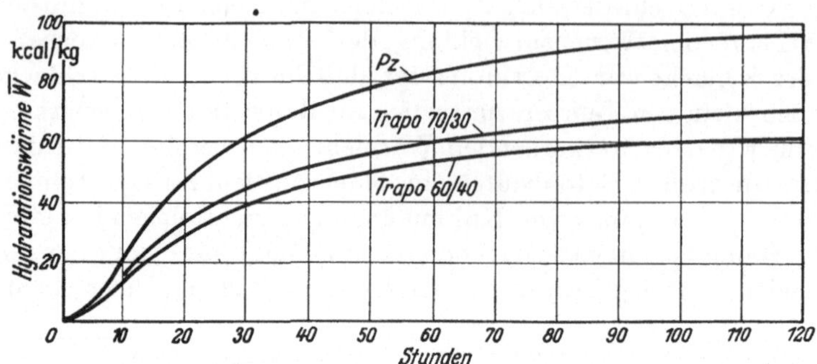

Abb. 6. Verminderung der Abbindewärme eines Pz durch Zumischen von Traß [*8*]

Entsprechendes darf wohl auch für die zuweilen vorgenommene Beimischung von Flugasche (Abb. 7) als hydraulischem Zusatz angenommen werden.

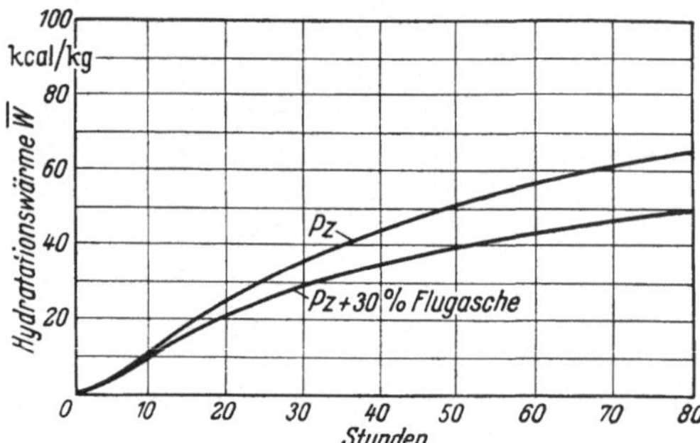

Abb. 7. Verminderung der Abbindewärme eines Pz durch Zumischen von Flugasche

Einen wesentlichen Einfluß auf den Ablauf der Wärmeentwicklung hat nun neben dem mineralogischen Aufbau eines Zementes auch seine *Mahlfeinheit*. Die Zementindustrie benützt bekanntlich den Umstand beschleunigter Erhärtung eines Zementes durch Feinmahlung zur Herstellung frühhochfester Zemente. Ebenso wie für die Festigkeit gilt auch für die Wärmeentwicklung, daß durch den Grad der Feinmahlung nur der zeitliche Verlauf in gewissem Maße beeinflußt wird, nicht jedoch die dem Zement auf Grund seiner chemisch-mineralogischen Zusammensetzung innewohnende Energie in ihrer Gesamtgröße. Die Veränderung der Wärmeentwicklung durch die Mahlfeinheit, wie sie von Davis (vgl. Angaben bei [*15*]) ermittelt wurde, zeigt Tabelle 2.

Tabelle 2. *Vergrößerung der Wärmeentwicklung eines Pz bei Erhöhung der spez. Oberfläche um ± 100 cm²/g (Vergleichszement Blaine 3300 cm²/g)*

nach	1 Tag	3 Tagen	7 Tagen	28 Tagen	90 Tagen	1 Jahr
kcal/kg	± 2,7	± 2,0	± 1,7	± 1,0	± 0,7	± 0,5

Im allgemeinen dürfte ein Portlandzement mit Blaine 3000 bis 3300 cm²/g bezüglich der Wärmeentwicklung ebenso wie der Festigkeit den Anforderungen entsprechen. Für die Hüttenzemente liegen bisher keine solchen Untersuchungen vor, jedoch dürfte für sie entsprechendes gelten. Es ist jedoch zu beachten, daß die Mahlfeinheit der Hüttenzemente im allgemeinen höher sein muß, um die hydraulischen Eigenschaften des Schlackensandes wirksam werden zu lassen.

1.3 Einflüsse auf den zeitlichen Verlauf der Wärmeentwicklung

Da sowohl die Wärmeentwicklung als auch Abbinden und Erhärten Auswirkungen desselben Vorganges sind, so muß zwischen ihnen auch eine Beziehung bestehen [*13*]. Einflüsse auf die Festigkeitsentwicklung müssen sich also auch auf den zeitlichen Verlauf der Wärmeentwicklung auswirken. Dennoch sind hierfür noch keine Gesetzmäßigkeiten gefunden worden.

Jedoch fand RASTRUP [*19*] für den Temperaturbereich von 0 bis 45 °C die alte chemisch-physikalische Faustformel auch für die Wärmeentwicklung der Portlandzemente bestätigt, daß ein chemischer Vorgang mit der doppelten Geschwindigkeit abläuft, wenn die Temperatur um 10 °C erhöht wird. Er zeigte, daß der Wärmeentwicklungsvorgang bei den verschiedensten Temperaturen $\overline{\Theta}$ verglichen werden kann mit demselben Prozeß bei einer beliebigen, konstanten Temperatur $\overline{\Theta}_a$ durch die Zeit-Temperatur-Funktion

$$t_a = \int_0^t e^{\frac{(\overline{\Theta} - \overline{\Theta}_a)}{10} \ln 2} dt \rightarrow t_a = t \cdot e^{\frac{(\overline{\Theta} - \overline{\Theta}_a)}{10} \ln 2},$$

wobei t_a die Zeitdauer des Vorgangs bei der Temperatur $\overline{\Theta}_a$ und t die Zeitdauer desselben Vorgangs bei der Temperatur $\overline{\Theta}$ ist.

Eine Auswertung der Formel für verschiedene Anfangstemperaturen zeigt Abb. 8, wobei außerdem auch die sich in einem wärmeisolierten Baukörper stetig erhöhende Temperatur schrittweise berücksichtigt wurde.

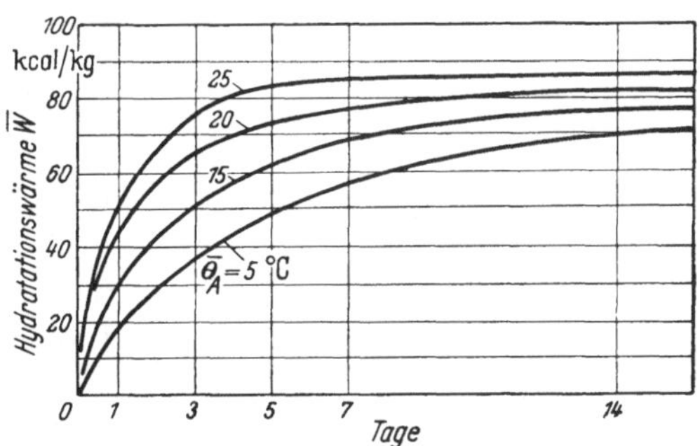

Abb. 8. Beschleunigung der Wärmeentwicklung eines Pz durch höhere Anfangstemperaturen

Es ist zu vermuten, daß die dem Portlandzement verwandten Hochofenzemente ein ähnliches Verhalten unter Temperatur aufweisen. Beim Tonerdezement fand man jedoch eine gegensätzliche Auswirkung, während beim SHZ Untersuchungen über den Temperatureinfluß nicht bekannt sind.

Der Temperatureinfluß auf die Wärmeentwicklung des Zementes ist sehr groß, und darf bei der Beurteilung der Temperaturzustände eines Betonkörpers nicht übersehen werden, wie schon das Beispiel der Abb. 8 sehr deutlich zeigt. Beispiele für die rechnerische Berücksichtigung werden unter Ziffer 1.6 und 2.7 vorgeführt.

1.4 Möglichkeiten zur theoretischen Vorausbestimmung der Wärmeentwicklung

Um eine Voraussage über die zu erwartenden Temperaturverhältnisse in einem Baukörper machen und dadurch die entsprechenden Maßnahmen zur Beherrschung des Temperaturproblems ergreifen zu können, ist neben der qualitativen Prognose der zu erwartenden Wärmeentwicklung des Zementes auch ihre quantitative Voraussage von Interesse.

Dies ist am ehesten beim *Portlandzement* möglich. Durch gleichmäßige Ausgangsstoffe und Bedingungen bei seiner Herstellung verläuft die Bildung der

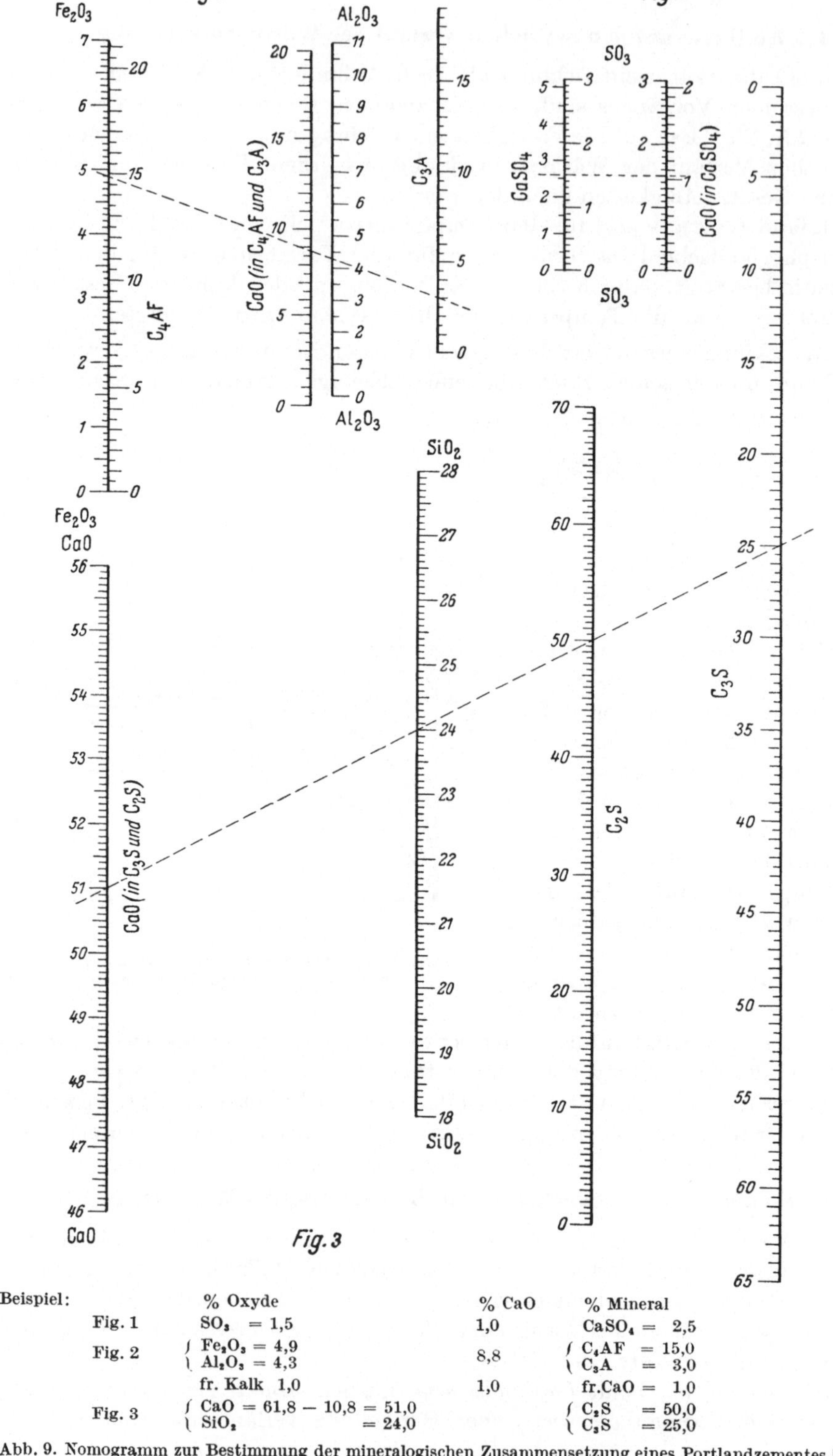

Beispiel:	% Oxyde	% CaO	% Mineral
Fig. 1	SO_3 = 1,5	1,0	$CaSO_4$ = 2,5
Fig. 2	Fe_2O_3 = 4,9 Al_2O_3 = 4,3	8,8	C_4AF = 15,0 C_3A = 3,0
	fr. Kalk 1,0	1,0	fr.CaO = 1,0
Fig. 3	CaO = 61,8 — 10,8 = 51,0 SiO_2 = 24,0		C_2S = 50,0 C_3S = 25,0

Abb. 9. Nomogramm zur Bestimmung der mineralogischen Zusammensetzung eines Portlandzementes [*36*]

Zementmineralien in Abhängigkeit seiner chemischen Zusammensetzung in so bestimmter Weise, daß aus dieser auf den mineralogischen Aufbau geschlossen werden kann. Dazu bedient man sich der Formeln von BOGUE [2], oder aber man benutzt das Nomogramm Abb. 9. Zuverlässiger sind allerdings röntgenographische Untersuchungsmethoden, da beispielsweise bei einem Zement mit dem Tonerdemodul 0,75 entgegen der Rechnung kein C_3A vorhanden sein muß, sich vielmehr mit dem C_3S Mischkristalle bilden können. Ein Beispiel für die Berechnung der mineralogischen Zusammensetzung aus der chemischen Analyse ist in Abb. 9 ebenfalls vorgeführt.

Über den Beitrag der einzelnen Klinkermineralien eines Portlandzementes zur Wärmeentwicklung wurden durch die amerikanische Zementindustrie im Zuge zahlreicher Bauvorhaben von Staumauern großzügige Zementuntersuchungen vorgenommen, die sich über einen Zeitraum von $6^1/_2$ Jahren erstreckten [37]. Das Ergebnis der statistischen Auswertung zeigt Tabelle 3, so daß mit diesen Werten die Hydratationswärme eines Portlandzementes mit folgender Formel errechnet werden kann:

$$\overline{W} = a(\%\, C_3S) + b(\%\, C_2S) + c(\%\, C_3A) + d(\%\, C_4AF) + e(\%\, SO_3), \qquad (1)$$

wobei $\overline{W}$ die Hydratationswärme in kcal/kg Zement ist.

Tabelle 3. *Beitrag der einzelnen Klinkermineralien zur Hydratationswärme eines Pz [37] (Lagerung bei 21,1 °C; spez. Oberfläche Blaine 3300 cm²/g)*

	nach 3 Tagen	nach 7 Tagen	nach 28 Tagen	nach 90 Tagen	nach 1 Jahr	nach $6^1/_2$ Jahren
a	0,54 ± 0,08	0,51 ± 0,11	0,91 ± 0,07	1,07 ± 0,04	1,22 ± 0,04	1,20 ± 0,07
b	0,01 ± 0,09	0,04 ± 0,13	0,29 ± 0,07	0,53 ± 0,04	0,74 ± 0,04	0,69 ± 0,08
c	1,51 ± 0,38	3,34 ± 0,55	3,44 ± 0,31	3,60 ± 0,18	3,70 ± 0,18	3,85 ± 0,32
d	0,20 ± 0,34	0,94 ± 0,48	1,30 ± 0,27	1,37 ± 0,16	1,63 ± 0,16	1,55 ± 0,28
e	8,92 ± 4,12	4,34 ± 5,94	-2,17 ± 3,37	-7,16 ± 1,91	-13,46 ± 1,92	-8,28 ± 3,44

Tabelle 4. *Die Wärmeentwicklung verschiedener Portlandzemente Vergleich von Rechnung und Messung*

Zementprobe	A	B	C	D	E	F	G	H	I	K
Art	Pz 275 — C_3A frei („Low-heat")				Pz 275 — normal			Pz 375		
spez. Oberfl. cm²/g	3066	3148	3052	3119	2750	3100	2908	4201	4265	4296
SiO_2-Gehalt %	21,9	21,6	20,9	18,7	20,2	20,6	20,4	18,7	19,3	19,4
Fe_2O_3- „ %	7,0	6,9	7,3	8,6	3,3	3,1	2,3	6,0	3,0	3,3
Al_2O_3- „ %	4,4	4,2	4,1	4,7	6,5	5,5	7,1	6,2	7,2	6,95
CaO- „ %	63,0	63,9	64,3	64,0	62,4	64,4	64,6	62,7	63,5	64,6
SO_3- „ %	1,9	2,4	2,8	2,8	1,6	2,0	2,4	3,6	2,9	2,9
C_3S- „ %	40,6	44,8	53,3	64,3	43,6	51,6	45,6	44,8	46,2	51,7
C_2S- „ %	33,0	28,0	19,9	5,6	25,0	20,2	23,9	19,5	19,7	16,6
C_3A- „ %	0	0	0	0	11,5	9,2	15,0	6,5	14,1	12,8
C_4AF- „ %	20,3	21,0	19,3	22,2	10,1	9,6	7,1	18,2	9,2	9,9
$\overline{W}_{28}$ errechnet (kcal/kg)	66,4	69,5	70,9	81,1	90,6	90,6	101	93,7	111,7	112.3
$\overline{W}_{28}$ gemessen (kcal/kg)	69	68	75	80	80	83	84	87	87	90
$\overline{W}_7$ errechnet (kcal/kg)	45,3	51,4	54,0	62,8	68,6	72,1	84,9	93,3	108,8	108,7
$\overline{W}_7$ gemessen (kcal/kg)	62	60	63	70	71	74	77	79	79	84

Die so errechnete Wärmeentwicklung nach 3, 7, 28, 90 Tagen und 1 Jahr gilt nun für einen Zement mit einer spezifischen Oberfläche Blaine 3300 cm²/g, so daß die Mahlfeinheit des Zementes durch eine Korrektur mit den Werten der Tabelle 2 berücksichtigt werden muß. Ein Beispiel für die Berechnung s. Ziffer 1.6.

Schon die hohen Abweichungen der Faktoren in Tabelle 3 weisen darauf hin, daß an die Genauigkeit einer solchen Berechnung keine allzu hohen Ansprüche gestellt werden dürfen. Darüber hinaus zeigt ein Vergleich der Werte von Tabelle 1 und 3, daß vor allem der Beitrag von C_3A in seiner Größe ungewiß ist. Schließlich ist auch der Einfluß von Nebenbestandteilen auf die Erhärtungsvorgänge und somit auch auf die Größe der Wärmeentwicklung noch ungeklärt [2].

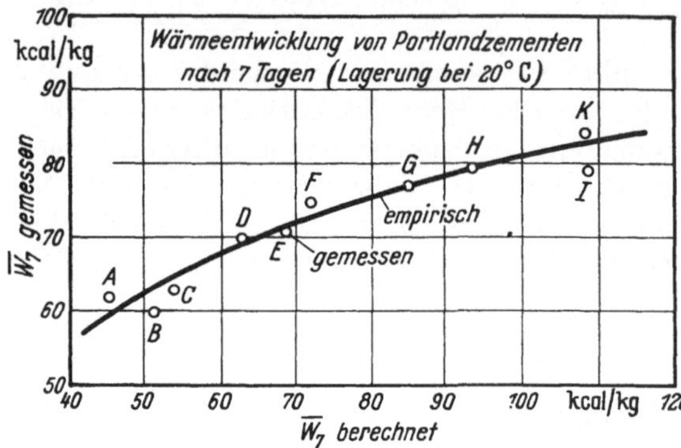

Abb. 10. Vergleich von Rechnung und Messung der Wärmeentwicklung von Portlandzementen

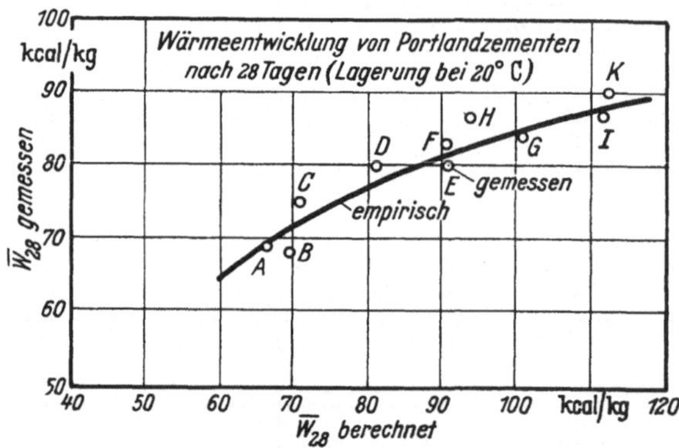

Abb. 11. Vergleich von Rechnung und Messung der Wärmeentwicklung von Portlandzementen

Die Anwendbarkeit und die Grenzen dieser Berechnungsmethode zeigt ein Vergleich der Ergebnisse von Rechnung und Messung[1] an zehn Portlandzementen in Tabelle 4 und Abb. 10 und 11. Er zeigt für die bautechnisch wichtigere Wärmeentwicklung bis 28 Tage für die Zemente mit niedriger Wärmetönung, daß die Berechnung recht brauchbare Ergebnisse liefert: die Portlandzemente A, B, C, D sind C_3A-frei und weisen eine geringe Mahlfeinheit auf. Hingegen ist die Abweichung bei den normalen Portlandzementen E, F, G schon beträchtlich, vor allem aber bei den feingemahlenen hochwertigen Zementen H, J, K.

Die Abweichung bei den normalen C_3A-reichen Portlandzementen ist durch die Unbestimmtheit des Beitrags von C_3A ohne weiteres verständlich. Bei den hochwertigen Portlandzementen H, J, K ist zu vermuten, daß hier die Abweichung vornehmlich aus den Korrekturfaktoren zur Berücksichtigung der Mahlfeinheit herrührt. Offensichtlich sind diese Faktoren nur für einen beschränkten Bereich der Mahlfeinheit von etwa Blaine 2800 bis 3500 cm²/g gültig. Schon KÜHL [*13*] weist darauf hin, daß die Reaktionsfreudigkeit der Zemente nicht unbeschränkt mit der Mahlfeinheit zunehme.

---

[1] Die Meßergebnisse wurden mir freundlicherweise zur Verfügung gestellt von den Portland-Zementwerken Heidelberg AG.

Dasselbe gilt auch für die Wärmeentwicklung bis 7 Tage. Zwar liegen hier die Ergebnisse der Berechnung im Bereich der C_3A-freien Zemente noch unter den gemessenen Werten. Wie jedoch aus dem Rechenbeispiel unter Ziffer 1.6 hervorgeht, ist es praktisch unerheblich, ob der zugehörige Temperaturanstieg im Beton nach 1,4 Tagen oder erst nach 2,2 Tagen erreicht wird. Der Zeitpunkt des Temperaturmaximus bleibt hiervon weitgehendst unbeeinflußt.

Der Vollständigkeit halber sei hinzugefügt, daß die Genauigkeit der Messung vom Laboratorium mit ± 2 kcal/kg angegeben wurde.

Ein formelmäßiges Gegenstück zur qualitativen und quantitativen Ableitung der Wärmeentwicklung auf theoretischem Wege wie für die Portlandzemente gibt es nun für die *Hüttenzemente* nicht. Zwar ist die Wärmeentwicklung auch bei diesen von ihrem stofflichen Aufbau abhängig. Dieser ist jedoch durch die unterschiedlichen Bildungs- und Granulationsbedingungen starken Schwankungen unterworfen. Eine theoretische Berechnung der Abbindewärme setzt somit Kenntnisse über die Hüttenzemente voraus, die in der Praxis nie gegeben sind. Erschwerend kommt hinzu, daß auch der Klinker durch die Art wie er mit den Hochofenschlacken reagiert einen Einfluß ausübt, der seinerseits wiederum sowohl durch die spezifische Oberfläche der Anregerkomponente als auch durch die der Hochofenschlacke entscheidend bestimmt werden kann.

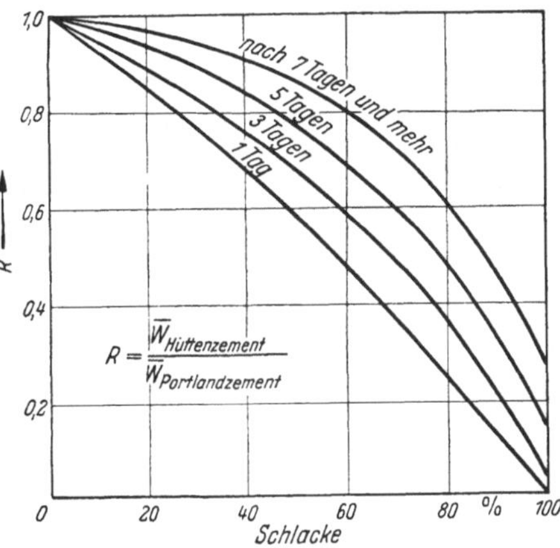

Abb. 12. Verhältniswert R zur Berechnung der Wärmeentwicklung der Hüttenzemente in Abhängigkeit ihres Schlackengehaltes

So ist nur bei Eisenportlandzementen mit relativ geringem Schlackenanteil die Voraussage der Wärmeentwicklung mit Hilfe des Verhältniswertes R (Abb. 12) in grober Annäherung möglich, da hier der Beitrag der Schlacke zur Wärmeentwicklung relativ geringfügig ist und nur so langsam erfolgt, daß er bautechnisch von minderer Bedeutung ist. Auf die recht zutreffend berechnete Wärmeentwicklung eines Hochofenzementes mit Hilfe dieses Verhältniswertes R bei dem Rechenbeispiel unter Ziffer 2.7 sei jedoch hingewiesen.

Im allgemeinen ist man jedoch bei den für Massenbetonbauwerken vorzüglich geeigneten Hochofenzementen und Sulfathüttenzementen ebenso wie bei dem im Wasserbau gerne verwandten Traßportlandzement hinsichtlich der zu erwartenden Wärmeentwicklung auf ihre experimentelle Ermittlung angewiesen. Insbesondere auch deshalb, weil eine Bestätigung des Verhaltens bei verschiedenen Temperaturen entsprechend der Zeit-Temperatur-Funktion nach Ziffer 1.3 für die Hüttenzemente bislang noch fehlt.

1.5 Möglichkeiten der experimentellen Bestimmung

Aus den Darlegungen der Ziffer 1.2 bis 1.4 geht deutlich hervor, daß für eine genauere Voraussage des Temperaturanstiegs im Beton unbedingt auch Versuche gemacht werden müssen: die Einflüsse auf den zeitlichen Verlauf der Wärmeentwicklung im Beton sind so mannigfaltig, daß eine experimentelle Bestimmung unbedingt geboten erscheint.

Dies geschieht am einfachsten durch Temperaturmessungen in Probewürfeln. Der Vorteil der Temperaturmessungen im Beton liegt vor allem darin, daß die Temperaturerhöhung unter völlig denselben Bedingungen gemessen werden kann, wie sie nachher im Bauwerk vorhanden sein werden. Voraussetzung für eine zuverlässige Messung ist aber, daß diese auch tatsächlich die adiabatische Temperaturerhöhung ergibt. SCHWADERER [*25*] hat in einer Arbeit die thermischen Probleme einer Temperaturmessung in Betonkörpern untersucht: Abb. 13 zeigt die auf Grund seiner Untersuchungen ermittelte notwendige Größe von Betonwürfeln für eine Meßgenauigkeit von 1%. Soll beispielsweise die adiabatische Temperaturerhöhung in einem Betonwürfel nach 120 Stunden noch mit einer Genauigkeit von 1% gemessen werden, so muß der Würfel bei einer Temperaturleitzahl des Betons von $a = 0{,}004\ \mathrm{m}^2/\mathrm{h}$ (Bestimmung derselben vgl. Ziffer 2.2) mindestens eine Kantenlänge von $D = 6{,}20$ m haben. Man erkennt, daß für Zemente mit einer raschen Wärmeentwicklung und für Betone mit hohem Zementgehalt die Würfelgröße noch in erträglichen Grenzen bleibt. Bei lang anhaltender Wärmeentwicklung, wie es bei den im Wasserbau bevorzugten Bindemitteln der Fall ist, übersteigt hingegen die Würfelgröße sehr bald die praktischen Möglichkeiten. In den meisten Fällen hilft man sich nun dadurch, daß die Außenflächen des Probekörpers gegen Wärmeabfluß isoliert werden. Die Kennwerte der Wärmeübertragung bei Isolierstoffen sind jedoch nur sehr schwer bestimmbar. Häufig werden als Isoliermaterialien Korkplatten gewählt, deren spezifische Wärme $c_k = 0{,}5$ kcal/kg, °C, und deren Wärmeleitfähigkeit $\lambda = 0{,}07$ kcal/m, °C, h beträgt. Eine andere Möglichkeit ist, daß man den Würfel in ein Bett von Sägemehl von mindestens 20 cm Dicke packt, was bei $\lambda = 0{,}055$ kcal/m, °C, h einer Vergrößerung der Betonüberdeckung um 10 m entspricht.

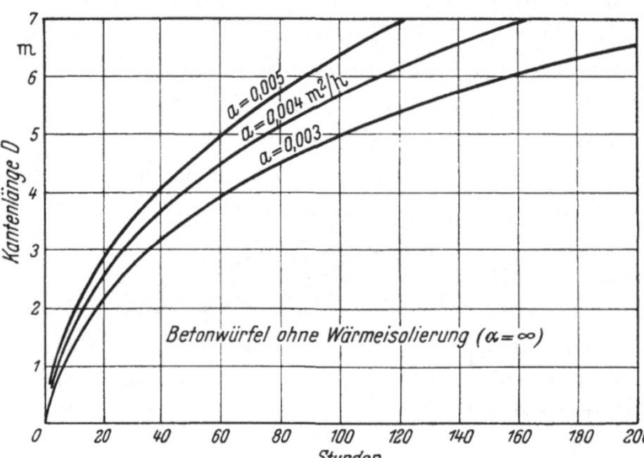

Abb. 13. Größe eines Probewürfels zur Messung der adiabatischen Temperaturerhöhung

Wie problematisch Temperaturmessungen dieser Art jedoch sind, möge an Hand der Ergebnisse von Vergleichsmessungen gezeigt werden, die am Institut für Bauforschung und Materialprüfungen des Bauwesens an der TH Stuttgart durchgeführt wurden [*38*]. Hier wurden Messungen in mit Sägemehl isolierten Betonkörpern $1 \times 1 \times 1$ m und im sogenannten adiabatischen Kalorimeter durchgeführt. Obwohl in beiden Fällen die gemessenen Temperaturen auf Wärmemengen pro kg Zement umgerechnet werden mußten, wodurch sich gewisse Unsicherheiten ergeben, so sind die zutage tretenden Differenzen doch beachtlich (Abb. 14). Sehr gut wird dabei deutlich, daß beim Portlandzement infolge der wesentlich höheren Temperaturen das Temperaturgefälle durch die Isolierung hindurch, und damit auch der Wärmeverlust zur Beheizung derselben prozentual erheblich größer ist, als beim Gemisch Pz-Traß mit seiner niedrigen Wärmetönung.

Wesentlich zweckmäßiger erscheint daher eine Messung im adiabatischen Kalorimeter in einer Anordnung gemäß Abb. 15, wie sie beispielsweise vom Otto-Graf-Institut an der TH Stuttgart bei Temperaturmessungen in Beton mit Hochofenzementen mit ausgezeichnetem Erfolg gewählt wurde[1]: das Thermometer im Mittelpunkt des Probekörpers steuert über einen Regler die Heizung des Ölbades so, daß dieses immer auf der gleichen Temperatur wie der Betonmittelpunkt gehalten wird. Dadurch sind dieselben Bedingungen geschaffen, wie sie im Inneren eines großen Baukörpers vorliegen. Wie Abb. 16 zeigt, hat eine solche Meßanordnung noch den Vorteil, daß man durch eine entsprechende Erhöhung der Temperatur des Ölbades die Wärmeentwicklung des Zementes gerade dann beschleunigen kann, wenn sie nur noch so gering ist, daß sie kaum noch zu messen ist. Durch ein zeitliches „Raffen" mit der dem Fortschreiten der Hydratation des Zementes sich stetig verlangsamenden Wärmeentwicklung ist darüber hinaus eine bedeutende Verkürzung der Ver-

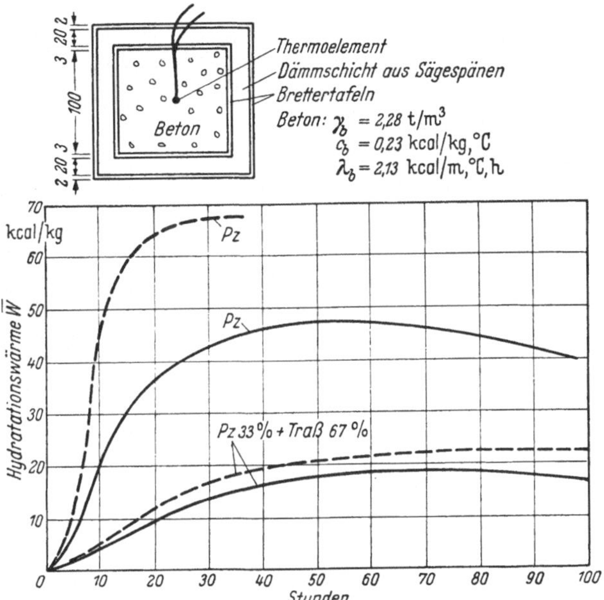

Abb. 14. Vergleich der Ergebnisse einer Temperaturmessung im Betonwürfel ——— und im adiabatischen Kalorimeter – – – (umgerechnet auf Wärmemengen) [38]

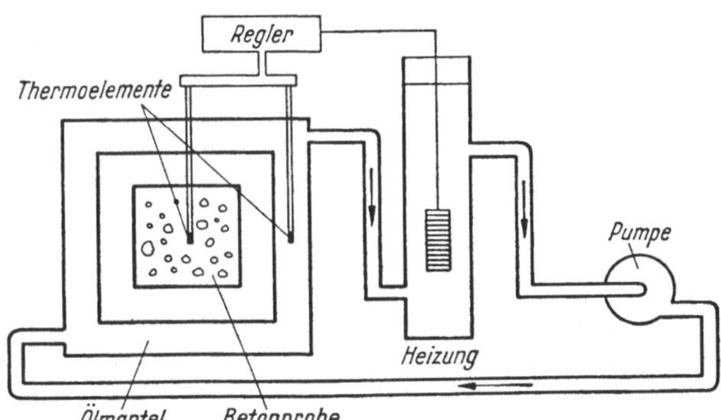

Abb. 15. Adiabatisches Kalorimeter (nach DIETRICH)

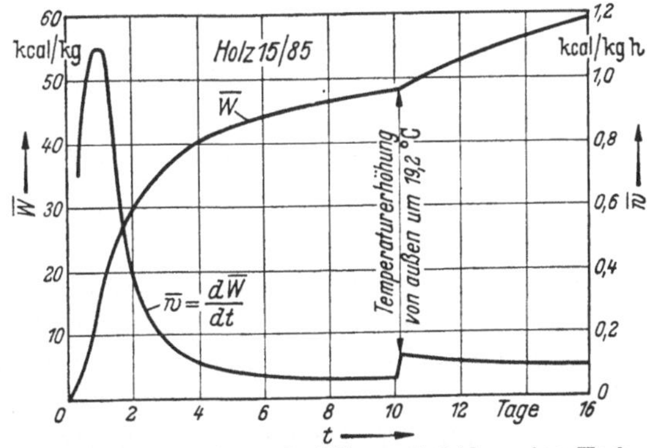

Abb. 16. Beschleunigung der Wärmeentwicklung eines Hochofenzementes durch Temperaturerhöhung im Kalorimeter (nach DIETRICH)

[1] DIETRICH, Diss. TH Stuttgart, 1959.

suchsdauer möglich. Das Meßergebnis nach Abb. 16 ist aber auch insofern bemerkenswert, als es die Wichtigkeit der Beachtung der Temperatureinflüsse auf die Wärmeentwicklung (vgl. Ziffer 1.3) ausgezeichnet beleuchtet.

Schließlich sei noch auf das für größere Zeiträume besonders geeignete Verfahren der Bestimmung der Lösungswärme („heat of solution") hingewiesen, das in die amerikanischen und englischen Prüfungsrichtlinien bereits Eingang gefunden hat. Hierbei wird der Unterschied der Lösungswärme eines noch nicht und eines bereits hydratisierten Zementes in einer Lösung aus Fluß- und Salzsäure gemessen. Die Durchführung dieses Verfahrens ist allerdings besonders geschulten Fachleuten der Zementforschungsinstitute vorbehalten. Für die Bestimmung der Wärmeentwicklung nach einer Zeit von mehr als 3 Tagen ist dieses Verfahren jedoch in hervorragender Weise geeignet und gibt die Wärmeentwicklung mit großer Genauigkeit wieder.

1.6 Der adiabatische Temperaturanstieg im Beton

Unter der Voraussetzung einer gleichmäßigen Zementdosierung über den ganzen Betonkörper und weiter, daß das einzelne Zuschlagskorn jenem gegenüber so klein ist, daß der Körper als homogen angesehen werden darf, ist der Zusammenhang zwischen der Wärmeentwicklung $\overline{W}$ (kcal/kg Zement) des Bindemittels und der adiabatischen Temperaturerhöhung Θ_w (°C) in einem thermisch völlig isolierten Betonkörper gegeben durch die Beziehung

$$\Theta_w = \frac{\overline{W} \cdot Z_b}{c_b \cdot \gamma_b}, \tag{2}$$

wobei c_b = spezifische Wärme (kcal/kg, °C), γ_b = Raumgewicht (kg/m³) und Z_b = Zementgehalt des Betons ist (kg/m³).

Die Formel zeigt, daß der Temperaturanstieg im Beton durch entsprechende Wahl der Zementart und der Menge direkt geregelt werden kann. Es ist hierdurch also ein erstes und wirksames Mittel zur Beherrschung der Temperaturverhältnisse im Bauwerk gegeben.

Für die analytische Behandlung aller Wärmeprobleme ist es nun notwendig, die Wärmeentwicklung in Abhängigkeit der Zeit mathematisch zu formulieren. Dabei hat sich das allgemein angewandte Exponentialgesetz

$$\overline{W}_{(t)} = \overline{W}^{\max}(1 - e^{-t/t_0}) \tag{3}$$

auch bei der vorliegenden Arbeit als zweckmäßig erwiesen. Führt man Gl. (3) in Gl. (2) ein, so erhält man

$$\left.\begin{aligned} \Theta_w &= \frac{\overline{W}^{\max} \cdot Z_b}{c_b \cdot \gamma_b}(1 - e^{-t/t_0}) \\ \Theta_w &= \Theta_W^{\max}(1 - e^{-t/t_0}), \end{aligned}\right| \tag{3a}$$

wobei $\Theta_W^{\max}$ die maximale adiabatische Temperaturerhöhung aus der Wärmeentwicklung des Zementes, und t_0 eine dem Zeitverlauf der Aufheizung Rechnung tragende Größe ist. In Abb. 2 ist am Beispiel des Zementes vom Typ I der Vergleich der gesetzmäßigen mit der tatsächlichen Wärmeentwicklung gezeigt.

Bei der mathematischen Formulierung der Wärmeentwicklung muß allerdings auf die Berücksichtigung der Temperaturabhängigkeit verzichtet werden. Somit muß der Temperaturverlauf im Beton im voraus abgeschätzt und dann die Wärmeentwicklung gemäß Ziffer 1.3 auf die tatsächlichen Temperaturverhältnisse umgerechnet werden.

Für viele Wärmeprobleme genügt jedoch an Stelle des Exponentialgesetzes nach Gl. (3a) auch die lineare Funktion für den Temperaturanstieg

$$\left.\begin{aligned} \Theta_w &= \frac{\Theta_W^{\max}}{t_R}\cdot t \qquad && 0 \leqq t \leqq t_R \\ \Theta_w &= \Theta_W^{\max} && t_R \leqq t\,. \end{aligned}\right\} \tag{4}$$

Ein Beispiel für die Berechnung des adiabatischen Temperaturanstiegs des Betons der Staumauer Albigna, Graubünden, ist nachstehend vorgeführt. Es verdeutlicht sehr schön, wie der erhöhte Zementgehalt des Vorsatzbetons nicht nur einen größeren Temperaturanstieg bewirkt, sondern gleichzeitig auch eine Beschleunigung der Wärmeentwicklung. Die Abweichung der mit diesen Ergebnissen berechneten maximalen Temperaturen im Bauwerk (vgl. Beispiel Ziffer 2.5) betrug im Mittel 2%, maximal 8%.

Rechenblatt 1

Berechnung des adiabatischen Temperaturanstiegs für den Beton einer Staumauer

Beton:		Kernbeton	Vorsatzbeton
	Verwendung	Kernbeton	Vorsatzbeton
	Zementgehalt	140 kg/m³	250 kg/m³
	Druckfestigkeit nach 28 Tagen	202 kg/cm²	341 kg/cm²
	Raumgewicht (Mittelwert) γ_b =	2408 kg/m³	
	spez. Wärme (Mittelwert) c_b =	0,208 kcal/kg, °C	

Zement: normaler Portlandzement mit 556 kg/cm² Normendruckfestigkeit, 102 kg/cm² Normenbiegezugfestigkeit, 7,2% Rückstand auf 4900 MS und Blaine 2925 cm²/g spez. Oberfläche.

chemische Zusammensetzung		mineralogische Zusammensetzung nach Bogue	
SiO_2	20,46%	C_3S	41,54%
Fe_2O_3	3,20%	C_2S	27,32%
Al_2O_3	6,55%	C_3A	11,93%
CaO	62,96%	C_4AF	9,73%
fr. Kalk	1,34%	$CaSO_4$	3,31%
SO_3	1,92%		

Wärmeentwicklung bei Lagerung der Zementprobe bei 21° C berechnet nach Formel (1), Werte a, b, c, d, e gemäß Tabelle 3:

	nach 7 Tagen	nach 28 Tagen
41,54 · a =	21,2	37,8
27,32 · b =	1,1	7,9
11,93 · c =	39,9	41,0
9,73 · d =	9,1	12,6
1,92 · e =	8,3	− 4,2
	79,6	95,1
Berücksichtigung der Mahlfeinheit: 3300–2925 = 375 cm²/g		
− 3,75 · 1,7 =	− 6,6	
− 3,75 · 1,0 =		− 3,7
berechnet $\overline{W}$ (kcal/kg)	73,0	91,4
Hierfür empirisch aus Abb. 10 und Abb. 11 $\overline{W}$ (kcal/kg)	73,0	82,0

Rechenblatt 2

Temperaturanstieg im Beton nach Formel (2):

	Kernbeton	Vorsatzbeton
nach 7 Tagen	$\Theta_w = \frac{73 \cdot 140}{0{,}208 \cdot 2408} = 20{,}4\ °C;$	$\Theta_w = \frac{250}{140}\, 20{,}4 = 36{,}4\ °C$
nach 28 Tagen	$\Theta_w = \frac{82 \cdot 140}{0{,}208 \cdot 2408} = 22{,}8\ °C;$	$\Theta_w = \frac{250}{140}\, 22{,}8 = 40{,}8\ °C$

Bei einer Einbringungstemperatur des Frischbetons von rund 8 °C erhärtet der Beton bei Temperaturen von 28,4 °C bzw. 30,8 °C beim Kernbeton und von 44,4 °C bzw. 48,8 °C beim Vorsatzbeton. Der zeitliche Ablauf der Wärmeentwicklung verkürzt sich gemäß

$$t = t_a \cdot e^{\frac{(\bar{\Theta} - \bar{\Theta}_a)}{10} \ln 2}$$

Kernbeton: $t_1 = 7/e^{\frac{(28{,}4 - 21)}{10} \ln 2} = 7/1{,}66 = 4{,}2$ Tage,

$t_2 = 21/e^{\frac{(30{,}8 - 21)}{10} \ln 2} = 21/1{,}98 = 10{,}6$ Tage,

Vorsatzbeton: $t_1 = 7/5{,}06 = 1{,}4$ Tage, $t_2 = 21/6{,}88 = 3$ Tage,

so daß der adiabatische Temperaturanstieg im Beton verläuft:

Kernbeton:	nach 4,2 Tagen	$\Theta_w = 20{,}4\ °C$
	nach 14,8 Tagen	$\Theta_w = 22{,}8\ °C$
Vorsatzbeton:	nach 1,4 Tagen	$\Theta_w = 36{,}4\ °C$
	nach 4,4 Tagen	$\Theta_w = 40{,}8\ °C$.

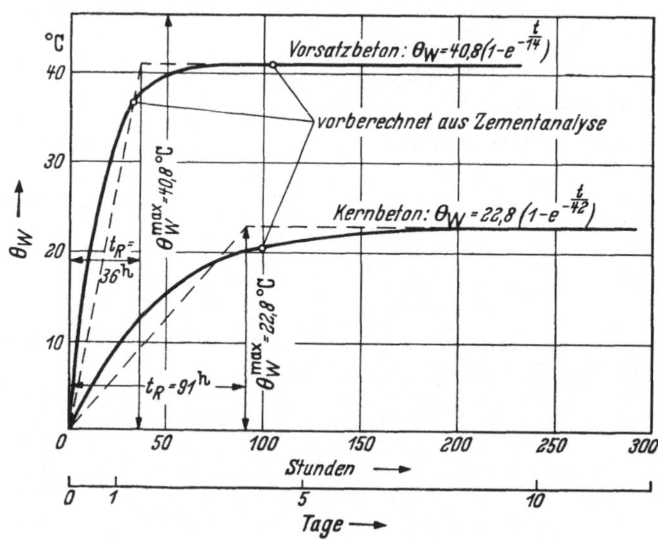

Hierfür wurden folgende Formeln für den Temperaturanstieg gefunden (t Stunden):

Kernbeton: $\Theta_w = 22{,}8\left(1 - e^{-\frac{t}{42}}\right)$ oder $\Theta_w = \frac{22{,}8}{91} \cdot t \quad 0 \leqq t \leqq 91\ h$

$\Theta_w = 22{,}8 \quad 91\ h \leqq t$

Vorsatzbeton: $\Theta_w = 40{,}8\left(1 - e^{-\frac{t}{14}}\right)$ oder $\Theta_w = \frac{40{,}8}{36} \cdot t \quad 0 \leqq t \leqq 36\ h$

$\Theta_w = 40{,}8 \quad 36\ h \leqq t.$

2 Die natürliche Abkühlung

2.1 Allgemeines

Die Wärmeentwicklung des Zementes führt zu einer Erwärmung eines Bauwerks aus Beton, das nun der natürlichen Abkühlung durch die umgebende Luft unterliegt. Die thermische Kontraktion des Baukörpers bei der Abkühlung ist die Ursache für das Temperaturproblem von Massenbetonbauwerken: es entstehen Zugspannungen, die bei der geringen Zugfestigkeit des Betons zu Rissen führen.

Die Wirkung der Abkühlung auf den Baukörper ist gekennzeichnet durch sein Temperaturfeld $\overline{\Theta}\,(x, y, z, t)$, wobei die Wärme erfahrungsgemäß von Orten höherer zu Orten niedriger Temperatur strömt. Diese Temperaturfelder werden in der analytischen Theorie der Wärmeleitung in festen Körpern beschrieben durch die Fouriersche Differentialgleichung [5]:

$$\frac{\partial \overline{\Theta}}{\partial t} = a\left[\frac{\partial^2 \overline{\Theta}}{\partial x^2} + \frac{\partial^2 \overline{\Theta}}{\partial y^2} + \frac{\partial^2 \overline{\Theta}}{\partial z^2} + \frac{1}{\lambda_b}\, w_{(x, y, z, t)}\right] \tag{5}$$

wobei $\overline{\Theta}$ = Temperatur (°C) an einem bestimmten Punkt x, y, z in einem bestimmten Augenblick t

t = Zeitvariable (in Stunden)

x, y, z = Koordinaten des betrachteten Punktes in einem kartesischen Koordinatensystem (in m)

$a = \frac{\lambda_b}{c_b \cdot \gamma_b}$ = Temperaturleitzahl (m^2/h) — Stoffwert

λ_b = Wärmeleitzahl (kcal/m, °C, h) — Stoffwert

c_b = spez. Wärme (kcal/kg, °C) — Stoffwert

γ_b = Raumgewicht (kg/m^3) — Stoffwert

$w = \frac{dW}{dt}$ = Wärmeentwicklung pro Raum- und Zeiteinheit als Funktion des Ortes und der Zeit (kcal/h, m^3)

$W = \overline{W} \cdot Z_b$.

Der Grundgedanke dieser Differentialgleichung ist, daß die Wärmemenge, die im Inneren eines Körpers aus anderen Energiearten entsteht, zum Teil im Inneren desselben bleibt und zu seiner Aufheizung dient, und zum anderen Teil durch die Oberfläche nach außen tritt. Die Summe der austretenden und der zur Aufheizung dienenden Wärmemenge muß also gleich der entwickelten sein.

Die Voraussetzung für die Anwendung ist Homogenität und Isotropie des Baukörpers, was bei Beton wegen der Zuschläge nur in statistischem Sinne gelten kann. Als zweite wesentliche Annahme wird vorausgesetzt, daß die Wärmequelle w ebenso wie die Temperaturleitzahl a temperaturunabhängig sind. Während der Einfluß der Temperatur auf die Größe der Temperaturleitzahl gering ist (vgl. Ziffer 2.2), kann der Einfluß der Temperatur auf die Wärmeentwicklung nicht übersehen werden (Ziffer 1.3). Um die Wärmeentwicklung mathematisch richtig formulieren zu können, ist daher die Temperatur im Bauwerk im voraus abzuschätzen (Ziffer 1.6).

Die Einwirkung der Umgebung des Baukörpers auf seine Oberfläche ist durch das Wärmeübergangsgesetz gekennzeichnet, dem die Lösung der Differentialgleichung (5) genügen muß:

$$\overline{\Theta}_0 - \overline{\Theta}_A = \frac{1}{h}\left(\frac{\partial \overline{\Theta}}{\partial n}\right)_0 \tag{6}$$

bzw.

$$\overline{\Theta}_0 - \overline{\Theta}_A = \frac{\lambda_b}{k}\left(\frac{\partial \overline{\Theta}}{\partial n}\right)_0, \tag{6a}$$

worin Θ_0 = Temperatur an der Oberfläche des Körpers
Θ_A = Temperatur der Umgebung
n = Normale auf die Oberfläche
h = α/λ_b = relative Wärmeübergangszahl (m^{-1})
α = Wärmeübergangszahl (kcal/m², °C, h)
k = Wärmedurchgangszahl (kcal/m², °C, h).

Gl. (6) gibt damit an, daß die Temperaturdifferenz zwischen der Oberfläche des Körpers und seiner Umgebung gleich dem Temperaturgefälle in Richtung der Oberflächennormalen n an der Oberfläche des Körpers mal dem Proportionalitätsfaktor $(1/h)$ bzw. (λ_b/k) ist (Abb. 17), wobei h bzw. k ein Erfahrungswert ist.

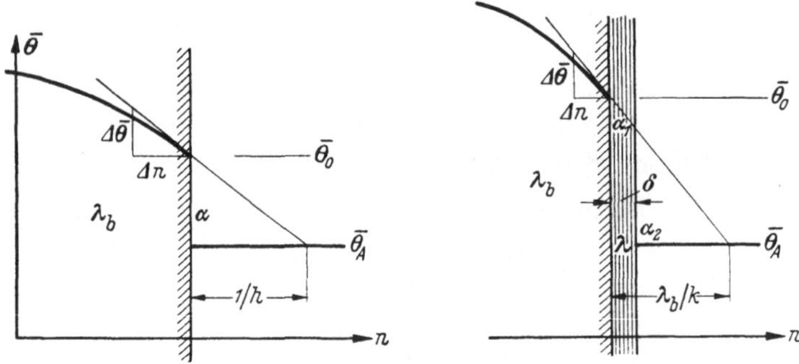

Abb. 17. Der Wärmeübergang

In den folgenden Abschnitten werden nun die Lösungen der Differentialgleichung (5) angegeben. Aus der Bedingung, daß diese auch die Temperaturverteilung zum Zeitpunkt $t = 0$ (zeitliche Anfangsbedingung) enthalten muß, ergeben sich mehrere sehr übersichtliche „gedachte" Einzelfälle. Wegen des linearen Charakters der Differentialgleichung und seiner Randbedingung können sie überlagert und so den tatsächlich im betrachteten Problem vorliegenden Anfangsbedingungen angepaßt werden.

2.2 Die thermischen Eigenschaften des Betons als Grundlage für die numerische Berechnung

In der allgemeinen Fourierschen Differentialgleichung der Wärmeleitung Gl. (5) erscheint als Proportionalitätsfaktor die Temperaturleitzahl a (m²/h) als die thermischen Eigenschaften des Materials des Körpers beschreibende Konstante. Sie ist also ein Stoffwert und erscheint naturgemäß auch in allen speziellen Lösungen der Gleichung.

Definiert durch

$$a = \frac{\lambda_b}{c_b \cdot \gamma_b} \quad (m^2/h),$$

ist ihre Kenntnis zur numerischen Berechnung der Wärmeströmungen und der Temperaturfelder eines Körpers Voraussetzung.

Ebenso wie alle anderen physikalischen Eigenschaften sind die thermischen Eigenschaften von Beton sehr unterschiedlich. So liegt beispielsweise (Tabelle 5) a zwischen 0,002 und 0,005 m²/h, λ_b zwischen 1,2 und 3,2 kcal/m, °C, h, und c_b zwischen 0,21 und 0,24 kcal/kg, °C, bei γ_b zwischen 2350 und 2580 kg/m³ [*35*].

Der die thermischen Eigenschaften des Betons beherrschende Faktor ist die Wärmeleitzahl λ_b, deren Wert in entscheidendem Maße vom Zuschlagsgestein und dem Wassergehalt des Betons abhängt. Selbstverständlich ist auch die Herstellungsweise und die dadurch bedingte Porosität des Betons von Einfluß. Gerade diese Poren sind auf die Größe der Wärmeleitzahl von großem Einfluß, und zwar weit mehr, als es dem prozentualen Anteil derselben entspricht. Somit wird eine

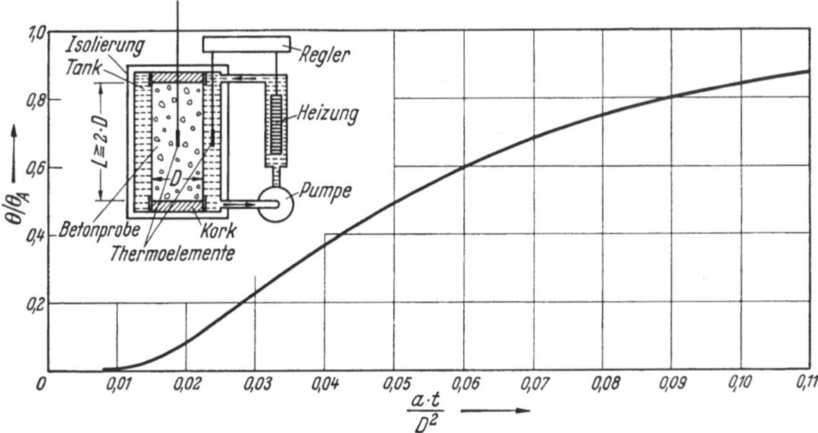

Abb. 18. Temperatur in der Zylinderachse bei Aufheizung

Voraussage der Wärmeleitzahl des Betons auch mit statistisch gefundenen Werten immer dann mit einer Ungenauigkeit behaftet sein, wenn sie vom prozentualen Anteil der Betonkomponenten ausgeht.

Bezüglich der technischen Durchführung der experimentellen Bestimmung von λ_b und c_b, der erforderlichen Geräte und der mathematischen Voraussetzungen muß im Rahmen dieser Arbeit auf das Schrifttum[1] verwiesen werden. Sie ist außerordentlich schwierig und nur von besonders eingerichteten Laboratorien durchführbar, will man eine ausreichende Genauigkeit erzielen.

Wie aber aus Gl. (5) und der noch folgenden mathematischen Erörterung ersichtlich, genügt es im allgemeinen vollauf, wenn die Temperaturleitzahl a bestimmt wird, deren Ermittlung wesentlich leichter ist. Abb. 18 zeigt die schematische Darstellung der Meßeinrichtung: man pumpt in einen wärmeisolierten Tank Öl mit einer konstanten Übertemperatur Θ_A von etwa 30 °C, nachdem die zylindrische Betonprobe nach Beendigung der Wärmeentwicklung des Zementes in diesen eingesetzt wurde. Das Thermometer in der Zylinderachse gibt die Tem-

[1] Krischer, O. u. H. Esdorn: Einfaches Kurzzeitverfahren zur gleichzeitigen Bestimmung der Wärmeleitzahl, der Wärmekapazität und der Wärmeeindringungszahl fester Stoffe. VDI-Forschungsheft 450 (Forschung auf dem Gebiete des Ing.-Wesens, Ausgabe B, Bd. 21, 1955, Beil.); sowie Lit.-Verz. [*35*].

peratur an, während das Thermometer im Ölbad über den Regler für eine konstante Temperatur Θ_A desselben sorgt. Durch die Isolierung an den Stirnflächen der Betonprobe erzwingt man die Aufheizung derselben lediglich durch eine radiale Wärmeströmung.

Der zeitliche Verlauf der Aufheizung wird gekennzeichnet durch die Temperatur in der Zylinderachse [5]:

$$\Theta_{(o,t)} = \Theta_A \left\{ 1 - \sum_{k=1}^{\infty} \frac{2}{\mu_k} \cdot \frac{1}{J_1(\mu_k)} e^{-\mu_k^2 \frac{4 \cdot a \cdot t}{D^2}} \right\}, \tag{7}$$

wobei $\Theta = \overline{\Theta} - \overline{\Theta}_B$; $\Theta_A = \overline{\Theta}_A - \overline{\Theta}_B$; $\overline{\Theta}_B$ = Anfangstemperatur der Betonprobe, $\overline{\Theta}_A$ = Temperatur des Ölbades; J_1 = Besselsche Funktion 1. Ordnung, 1. Art, und μ_k = ein Eigenwert ist.

Den Funktionsverlauf gemäß Gl. (7) zeigt Abb. 18, so daß lediglich der zeitliche Verlauf der Temperatur in der Zylinderachse gemessen werden muß, um aus der Zeitveränderlichen $a \cdot t/D^2$ nun a (m²/h) zu errechnen.

Wie Tabelle 5 zeigt, schwanken die Werte für c_b in verhältnismäßig engen Grenzen um den Mittelwert $c_b = 0{,}22$ kcal/kg, °C. Da γ_b mittels der üblichen Versuche leicht und exakt zu bestimmen ist, kann man nun auch λ_b aus der Definitionsgleichung der Temperaturleitzahl a errechnen.

Tabelle 5. *Die thermischen Eigenschaften des Betons von acht amerikanischen Staumauern* [35]

Staumauer	Raumgewicht γ (kg/m³)	Wärmeleitzahl λ (kcal/m, °C, h)	spez. Wärme c (kcal/kg, °C)	Temperaturleitzahl a (m²/h)
Norris	2580	3,15	0,238	0,0051
Boulder	2500	2,55	0,217	0,0047
Gibson	2480	2,50	0,222	0,0046
Owyhee	2430	2,15	0,214	0,0041
O'Shaughnessy	2440	2,00	0,218	0,0038
Morris	2520	1,90	0,217	0,0035
Ariel	2360	1,35	0,234	0,0025
Bull Run	2570	1,25	0,226	0,0021

Für die Vorausberechnung liegt es nun nahe, c_b und λ_b anteilmäßig aus den thermischen Eigenschaften der einzelnen Komponenten der Betonmischung zu errechnen:

$$\lambda_b = \sum G_\nu \cdot f_{1\nu}; \qquad c_b = \sum G_\nu \cdot f_{2\nu}, \tag{8}$$

wobei G_ν der Gewichtsanteil der Komponente in % des Gesamtgewichts, und $f_{1\nu}$ und $f_{2\nu}$ Faktoren sind, wie sie vom US Bureau of Reclamation durch ausgedehnte Versuche [35] ermittelt wurden. In Tabelle 6 sind die Faktoren f_1 und f_2 wiedergegeben, so daß mit diesen und obiger Formel λ_b und c_b des Betons berechnet werden können. Hat man das Raumgewicht γ_b bestimmt — entweder experimentell oder nach den allgemein bekannten Formeln [11] —, so ist hiermit auch die Temperaturleitzahl a als Grundlage für die numerische Berechnung der Temperaturfelder bekannt.

Beispiele für die Berechnung sind unter Ziffer 2.5 und 2.7 vorgeführt. Unter Ziffer 2.9 wird die Bestimmung der Wärmeleitzahl λ_b aus Temperaturmessungen am Bauwerk gezeigt. Die Genauigkeit des Verfahrens ist natürlich sehr stark von der subjektiven Fehlschätzung der mineralogischen Eigenschaften des Zuschlags-

Tabelle 6. *Faktoren zur Vorausbestimmung von λ_b (kcal/m, °C, h) und c_b (kcal/kg, °C)*

Material	Faktor	Mittl. Temperatur des Betons 21,1 °C	32,2 °C	43,3 °C	54,4 °C
Wasser	f_1 für λ_b	0,00515	0,00515	0,00515	0,00515
	f_2 für c_b	0,01000	0,01000	0,01000	0,01000
Zement	f_1 für λ_b	0,01061	0,01095	0,01129	0,01161
	f_2 für c_b	0,00109	0,00128	0,00158	0,00197
Quarzsand	f_1 für λ_b	0,02655	0,02647	0,02637	0,02632
	f_2 für c_b	0,00167	0,00178	0,00190	0,00207
Basalt	f_1 für λ_b	0,01641	0,01637	0,01635	0,01631
	f_2 für c_b	0,00183	0,00181	0,00187	0,00200
Dolomit	f_1 für λ_b	0,03705	0,03640	0,03582	0,03419
	f_2 für c_b	0,00192	0,00196	0,00204	0,00212
Granit	f_1 für λ_b	0,02606	0,02497	0,02491	0,02476
	f_2 für c_b	0,00171	0,00169	0,00175	0,00185
Kalkstein	f_1 für λ_b	0,03465	0,03385	0,03320	0,03257
	f_2 für c_b	0,00179	0,00181	0,00187	0,00196
Quarzit	f_1 für λ_b	0,04034	0,04001	0,03968	0,03930
	f_2 für c_b	0,00165	0,00173	0,00181	0,00189
Rhyolit	f_1 für λ_b	0,01614	0,01625	0,01637	0,01643
	f_2 für c_b	0,00183	0,00185	0,00191	0,00193

gesteins abhängig. Der objektive Fehler der Vorausberechnung wird vom US Bureau of Reclamation mit $\pm 7\%$ für λ_b, mit $\pm 4\%$ für c_b, und mit $\pm 10\%$ für a angegeben.

2.3 Abkühlung eines Betonprismas mit überall gleicher Anfangstemperatur und einer konstanten Umgebungstemperatur

Es sei zunächst die Temperaturverteilung in einem Betonprisma der Seitenlängen D_1, D_2, D_3 (s. Abb. 19) unter dem Einfluß einer konstanten Umgebungstemperatur $\overline{\Theta}_A$ untersucht, wobei die Wärmeentwicklung des Zementes zunächst unberücksichtigt bleibe. Zur Zeit $t = 0$ sei die Temperatur im Betonprisma überall die gleiche. Es wird also angenommen, ein Betonprisma der Temperatur $\overline{\Theta}_c$ würde plötzlich in einem Raum gebracht, dessen Lufttemperatur $\overline{\Theta}_A$ sei. Naturgemäß wird dies nie exakt der Fall sein können. Jedoch zeigt dieses Problem schon so viele für die natürliche Abkühlung von Betonprismen charakteristische Züge,

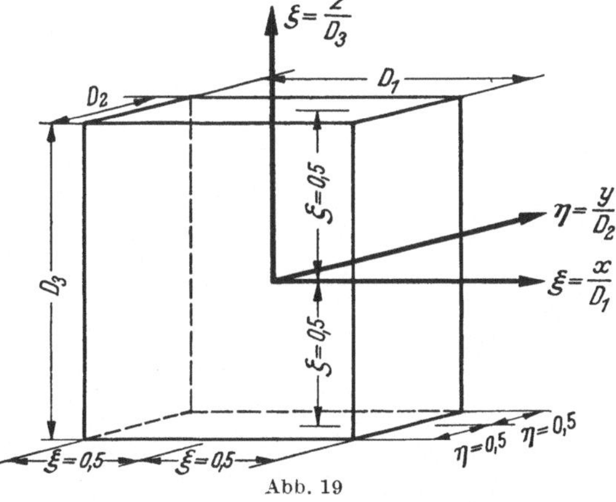

Abb. 19

daß es hier als erstes behandelt werden soll. Zudem wird erst durch die Lösung desselben das Problem der chemischen Aufheizung auf einfache Weise zugänglich gemacht.

Für die spätere praktische Anwendung erweist es sich als zweckmäßig, folgende dimensionslose Kenngrößen einzuführen:

$$\xi = \frac{x}{D_1}; \qquad \eta = \frac{y}{D_2}; \qquad \zeta = \frac{z}{D_3} \quad \text{und} \quad \varkappa = \frac{4 \cdot \pi \cdot a}{D_1^2} t,$$

so daß sich Gl. (5) in der Form ergibt:

$$4\pi \frac{\partial \overline{\Theta}}{\partial \varkappa} = \frac{\partial^2 \overline{\Theta}}{\partial \xi^2} + \frac{D_1^2}{D_2^2} \frac{\partial^2 \overline{\Theta}}{\partial \eta^2} + \frac{D_1^2}{D_3^2} \frac{\partial^2 \overline{\Theta}}{\partial \zeta^2} + \frac{D_1^2}{\lambda_b} \cdot w. \tag{5a}$$

Voraussetzungsgemäß ist $w = 0$, so daß sich Gl. (5a) mit

$$\frac{D_1}{D_2} = n; \qquad \frac{D_1}{D_3} = m$$

wie folgt vereinfacht:

$$4\pi \frac{\partial \overline{\Theta}}{\partial \varkappa} = \frac{\partial^2 \overline{\Theta}}{\partial \xi^2} + n^2 \cdot \frac{\partial^2 \overline{\Theta}}{\partial \eta^2} + m^2 \frac{\partial^2 \overline{\Theta}}{\partial \zeta^2}. \tag{5b}$$

Wie bei vielen derartigen Aufgaben läßt sich auch das vorliegende Problem wesentlich zugänglicher gestalten, wenn zunächst bei den Randbedingungen ein Sonderfall betrachtet wird. Es soll daher als erstes unter Ziffer 2.31 der Sonderfall $\alpha = \infty$ untersucht werden, um dann unter Ziffer 2.32 die Darstellung des Temperaturfeldes auf den allgemeinen Fall $\alpha \neq \infty$ auszudehnen.

2.31 Der Sonderfall einer unendlich großen Wärmeübergangszahl für den Wärmeübergang von der Umgebung auf das Betonprisma

Die Problemstellung werde somit zunächst so gewählt, daß der Wärmeübergang von der umgebenden Luft auf das Prisma so gut sei, daß die Oberfläche desselben immer dieselbe Temperatur wie die Luft besitze. Das bedeutet also entsprechend Gl. (6), daß $\overline{\Theta}_0 = \overline{\Theta}_A$ ist, und die Randbedingungen des Problems lauten somit

$$\text{a)}\ \Theta = \Theta_c \quad \text{für} \quad \varkappa = 0 \quad \text{und} \quad -0{,}5 \left\{ \begin{matrix} \leqq \xi \leqq \\ \leqq \eta \leqq \\ \leqq \zeta \leqq \end{matrix} \right\} +0{,}5$$

$$\text{b)}\ \Theta_0 = 0 \quad \text{für} \quad \varkappa > 0 \quad \text{und} \quad \xi = \eta = \zeta = \pm 0{,}5$$

wenn

$$\Theta_c = \overline{\Theta}_c - \overline{\Theta}_A \quad \text{und} \quad \Theta = \overline{\Theta} - \overline{\Theta}_A \quad \text{ist.}$$

Die Lösung von Gl. (5b) unter Berücksichtigung der Randbedingungen (a) und (b) ist bekannt [*5*] [*26*], [*35*] und kann nach Tölke [*31*] angegeben werden, zu

$$\Theta = \Theta_c \cdot (-2)^3 \cdot D_{1,1}(\xi; \varkappa) \cdot D_{1,1}(\eta; n^2 \varkappa) \cdot D_{1,1}(\zeta; m^2 \varkappa) \tag{9}$$

wobei $D_{1,1}(u; v)$ das Integral der ersten Thetafunktion und bei Tölke [*31*] tabuliert ist.

Setzt man in Gl. (9) $m = n = 0$, so erhält man mit $D_{1,1}(\eta; 0) = D_{1,1}(\zeta; 0) = -0{,}5$ das Temperaturfeld in einer unendlich ausgedehnten Platte

$$\Theta = \Theta_c \cdot (-2) \cdot D_{1,1}(\xi; \varkappa), \tag{10}$$

das in Abb. 20 dargestellt ist.

Es sei jetzt schon darauf hingewiesen, daß die durch Gl. (10) bzw. Abb. 20 charakterisierte ungleichförmige Temperaturverteilung in platten-, säulen- und prismenförmigen Körpern Ursache für die auftretenden Zwängsspannungen ist (vgl. Ziffer 3).

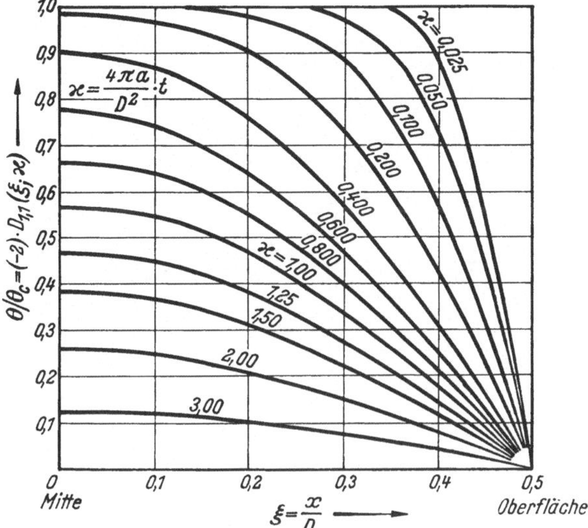

Abb. 20. Temperaturverteilung in einer Platte

Ist durch Gl. (9) die rechnerische Kontrolle von Temperaturmessungen ermöglicht, so ist für die Beurteilung des Temperaturzustandes die maximale und die mittlere Temperatur des Betonkörpers wichtig.

Unter Berücksichtigung der Bezeichnungen von Abb. 19 ergibt sich die maximale Temperatur $\Theta_{\max}$ in der Mitte des Betonkörpers für $\xi = \eta = \zeta = 0$ zu

$$\Theta_{\max} = \Theta_c \cdot (-2)^3 \cdot D_{1,1}(0; \varkappa) \cdot D_{1,1}(0; n^2 \varkappa) \cdot D_{1,1}(0; m^2 \varkappa) . \tag{11}$$

Die mittlere Temperatur Θ_m folgt ohne weiteres aus Gl. (9) durch Integration des Temperaturfeldes über das Volumen des Betonkörpers und nachfolgendes Dividieren durch das Volumen:

$$\Theta_m = \Theta_c \cdot (-4)^3 \cdot D_{1,2}(0{,}5; \varkappa) \cdot D_{1,2}(0{,}5; n^2 \varkappa) \cdot D_{1,2}(0{,}5; m^2 \varkappa) . \tag{12}$$

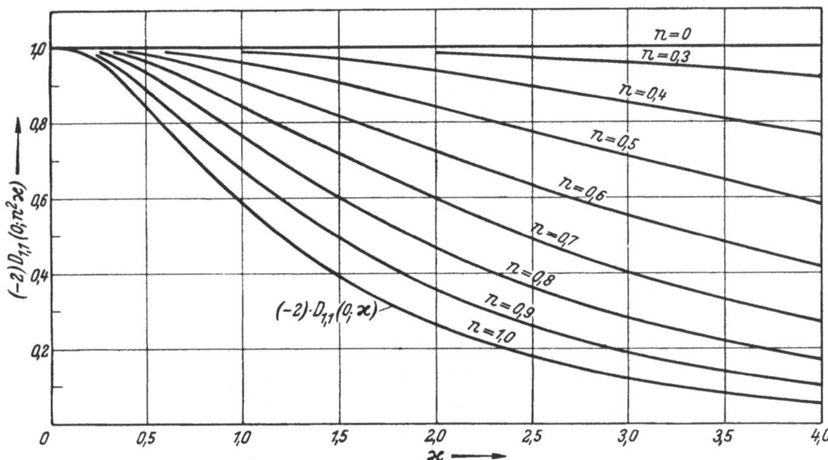

Abb. 21. Funktionswerte $(-2) \cdot D_{1,1}(0; n^2 \varkappa)$

In Abb. 21 und Abb. 22 wurden die Funktionen $(-2) \cdot D_{1,1}(0; n^2\varkappa)$ und $(-4) \cdot D_{1,2}(0{,}5; n^2 \varkappa)$ in Abhängigkeit von $\varkappa$ für verschiedene Seitenverhältnisse n aufgetragen, womit eine rasche Anwendung der Gln. (9) und (12) ermöglicht ist.

Für die bautechnisch interessanten und markanten Sonderfälle des Gleichkantwürfels ($D_1 = D_2 = D_3 = D \to n = m = 1$), der quadratischen Säule ($D_1 = D_2$

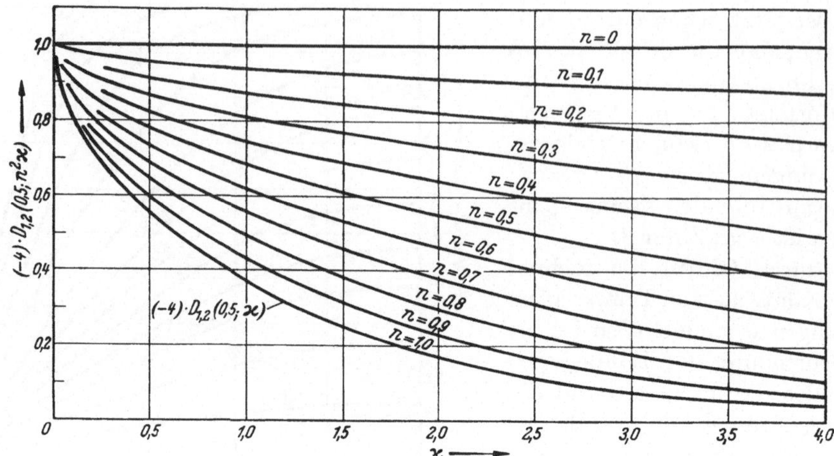

Abb. 22. Funktionswerte $(-4) \cdot D_{1,2}(0{,}5; n^2 \varkappa)$

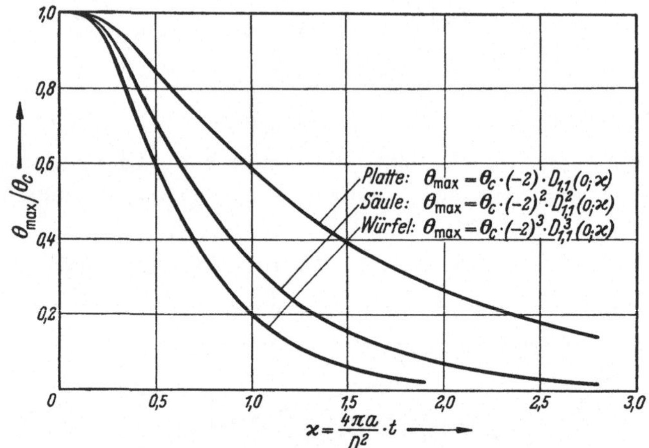

Abb. 23. Temperatur in der Mitte (maximale Temperatur)

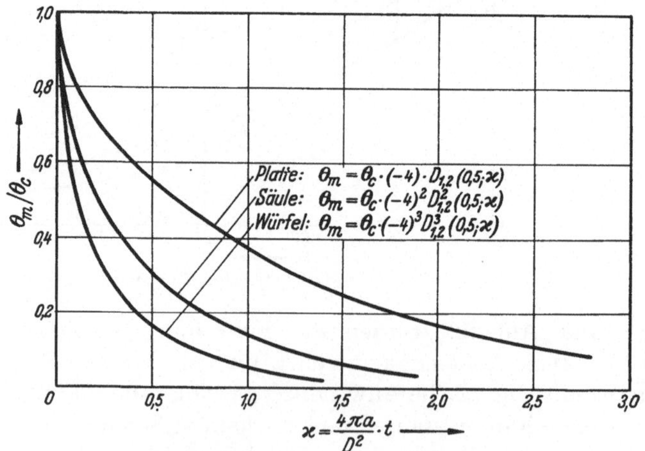

Abb. 24. Der Verlauf der mittleren Temperatur

$= D$, $D_3 = \infty$, $\rightarrow n = 1$, $m = 0$) und der unendlich ausgedehnten Platte ($D_1 = D$, $D_2 = D_3 = \infty$, $\rightarrow n = m = 0$) vereinfachen sich die obigen Gleichungen besonders:

Gleichkantwürfel

$$\Theta_{\max} = \Theta_c \cdot (-2)^3 \cdot D_{1,1}^3 (0; \varkappa) \tag{13}$$

$$\Theta_m = \Theta_c \cdot (-4)^3 \cdot D_{1,2}^3 (0{,}5; \varkappa) \tag{14}$$

quadratische Säule

$$\Theta_{\max} = \Theta_c \cdot (-2)^2 \cdot D_{1,1}^2 (0; \varkappa) \tag{15}$$

$$\Theta_m = \Theta_c \cdot (-4)^2 \cdot D_{1,2}^2 (0{,}5; \varkappa) \tag{16}$$

unendlich ausgedehnte Platte:

$$\Theta_{\max} = \Theta_c \cdot (-2) \cdot D_{1,1} (0; \varkappa) \tag{17}$$

$$\Theta_m = \Theta_c \cdot (-4) \cdot D_{1,2} (0{,}5; \varkappa)\,. \tag{18}$$

Die Abb. 23 und 24 mit der Auswertung der Gln. (13) (15) (17) und (14) (16) (18) lassen einen sehr schönen Vergleich zwischen dem Temperaturverlauf dieser Sonderfälle zu.

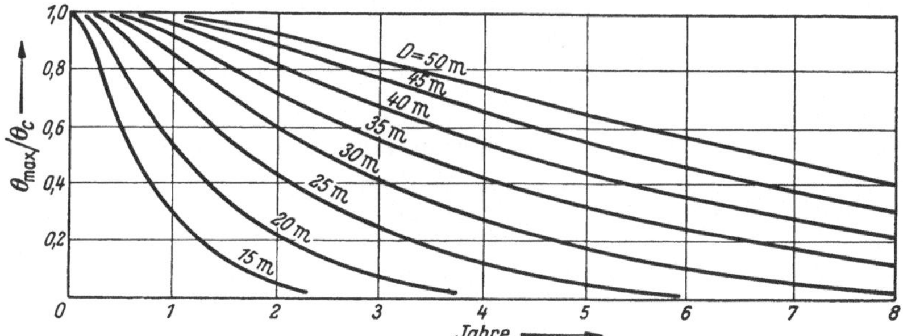

Abb. 25. Temperaturverlauf in der Mitte einer Staumauer der Dicke D

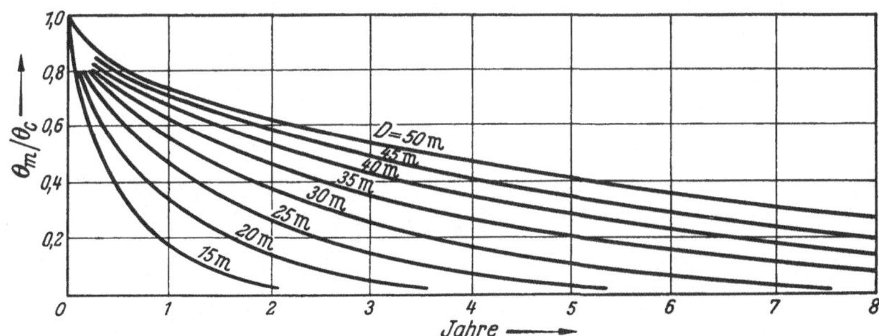

Abb. 26. Mittlere Temperatur einer Staumauer der Dicke D

Es wurde schon eingangs darauf hingewiesen, daß eine Staumauer zwar in einzelnen Mauerblöcken bzw. -bögen hochgeführt wird, diese jedoch im Laufe des Baufortschrittes aneinander anschließen. Damit stellt die Mauer in thermischer Hinsicht eine unendlich ausgedehnte Platte dar, wenn man von der Wärmeabstrahlung von der Mauerkrone und von der Fundamentfläche (dort an den Untergrund) absieht. In Abb. 25 wurde daher der Temperaturverlauf in Mauermitte ($\xi = \pm 0$) entsprechend Gl. (17), und in Abb. 26 die mittlere Temperatur der Mauer entsprechend Gl. (18) für verschiedene Mauerdicken D direkt in Abhängigkeit der Zeit t aufgetragen. Es ist eindrucksvoll zu erkennen, wie außerordentlich lang es dauert, bis die Temperatur auf 10% der Anfangsübertemperatur gesunken ist, wenn die Mauerdicke einmal 15 m übersteigt.

Wie die Definitionsgleichung von $\varkappa$ erkennen läßt, ist die Dauer der natürlichen Abkühlung proportional dem Quadrat der Mauerdicke: eine Staumauer der Dicke $D/2$ hat sich bereits nach einem Viertel der Zeit abgekühlt, die eine Mauer der Dicke D benötigt.

Ähnlich wirkt sich die Aufgliederung der Mauer in einzelne Blöcke aus. Auch hier verringert sich die Abkühlungsdauer ganz erheblich, so daß sich durch solch konstruktive Maßnahmen eine weitere Möglichkeit ergibt, die Temperaturverhältnisse im Bauwerk zu beherrschen.

2.32 Berücksichtigung einer endlichen Wärmeübergangszahl sowie des Einflusses der Schalung

Die unter Ziffer 2.31 mit Hilfe von Theta-Funktionen beschriebenen Temperaturfelder waren unter der Voraussetzung einer unendlich großen Wärmeübergangszahl ($\alpha = \infty$) ermittelt worden: der Wärmeübergang von der Luft an die Mauer ist unter dieser Annahme so gut, daß die Randflächen des Betonkörpers immer dieselbe Temperatur wie die Luft besitzen. Ist nun diese Annahme $\alpha = \infty$ für den vorliegenden Fall der Abkühlung eines Betonprismas durch die umgebende Luft zutreffend? Wie aus Tabelle 7 ersichtlich, bewegen sich die Werte von α größenordnungsmäßig in weiten Grenzen.

Tabelle 7. *Größenordnung der Wärmeübergangszahl α durch Konvektion in kcal/m², °C, h* [5]

Freie Konvektion	
Gase	3 bis 20
Wasser	100 bis 600
Siedendes Wasser	1000 bis 20000
Erzwungene Konvektion	
Gase	10 bis 100
zähe Flüssigkeiten	50 bis 500
Wasser	500 bis 10000
Kondensierender Dampf	1000 bis 100000

Nusselt und Jürgens [17] ermittelten für die Wärmeübergangszahl α (kcal/m², °C, h) von an einer ebenen Platte vorbeistreichender Luft auf Grund von Versuchen folgende Beziehung

$$\left.\begin{aligned} \alpha &= 4{,}8 + 3{,}4 \cdot v && \text{für} \quad v < 5\,\text{m/sec} \\ \alpha &= 6{,}12 \cdot v^{0{,}78} && \text{für} \quad v > 5\,\text{m/sec}, \end{aligned}\right\} \tag{19}$$

wobei v (m/sec) die Luftgeschwindigkeit ist. Die Beziehung der Gl. (19), wurde in Abb. 27 aufgetragen. Wie man leicht erkennen kann, ist $\alpha \ll \infty$, selbst wenn man eine mittlere jährliche Luftgeschwindigkeit von 6 m/sec (nach der Beaufort-Scala: Windstärke 4) annehmen kann.

Es ist bemerkenswert, daß für einen unteren Wert $v = 25$ m/sec (Windstärke 2) sich $\alpha = 13$ kcal/m², °C, h nach Gl. (19) ziemlich genau mit dem von Hirschfeld [9] ermittelten von $\alpha = 12$ kcal/m², °C, h deckt.

Für die häufig bei Massenbetonbauwerken, insbesondere bei Talsperrenbauten vorgenommene Berieselung der Betonoberflächen lassen sich keine derartigen Beziehungen aufstellen. Vergegenwärtigt man sich jedoch, daß bei Berieselung von großen Flächen die Verdunstung des Wassers eine große Rolle spielt, so wird in diesen Fällen die Annahme $\alpha = \infty$ weitgehendst den wirklichen Verhältnissen gerecht werden.

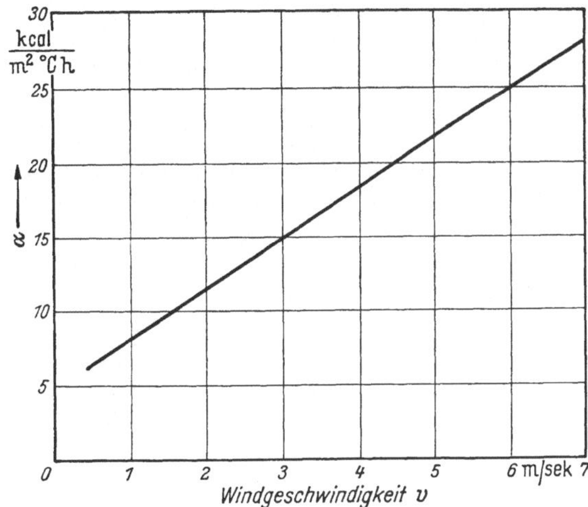

Abb. 27. Wärmeübergangszahl α von einer ebenen Platte an vorbeistreichende Luft

Wie nun SCHWADERER [25] für den Sonderfall gleicher Wärmeübergangsbedingungen an allen Oberflächen des Körpers zeigt, lassen sich die mit Hilfe von Theta-Funktionen dargestellten Temperaturfelder leicht so verallgemeinern, daß sie auch bei Wärmeübergangszahlen $\alpha \neq \infty$ gültig sind. Man hat lediglich in der Gleichung des Temperaturfeldes (9) zu setzen:

$$\Theta = \Theta_c \cdot (-2)^3 \cdot D_{1,1}(\nu_1 \cdot \xi ; \nu_1^2 \varkappa) \cdot D_{1,1}(\nu_2 \cdot \eta ; \nu_2^2 \cdot n^2 \cdot \varkappa) \cdot D_{1,1}(\nu_3 \cdot \zeta ; \nu_3^2 \cdot m^2 \varkappa), \qquad (20)$$

wobei die Funktionen $\nu_1(\varkappa)$, $\nu_2(\varkappa)$, $\nu_3(\varkappa)$ folgenden Bedingungen genügen müssen:

$$\left(\frac{\partial \Theta}{\partial \xi}\right)_{\xi = \pm 0,5} = h_1 \cdot D_1 \cdot \Theta_{\xi = \pm 0,5}$$

$$\left(\frac{\partial \Theta}{\partial \eta}\right)_{\eta = \pm 0,5} = h_2 \cdot D_2 \cdot \Theta_{\eta = \pm 0,5}$$

$$\left(\frac{\partial \Theta}{\partial \zeta}\right)_{\zeta = \pm 0,5} = h_3 \cdot D_3 \cdot \Theta_{\zeta = \pm 0,5}$$

mit $h = \alpha/\lambda_b$
und weiter

$$\text{für} \quad h \cdot D \to \infty \quad \text{muß} \quad \nu \to 1$$

$$\text{für} \quad h \cdot D \to 0 \quad \text{muß} \quad \nu \to 0$$

gehen.

Für die numerische Auswertung von Gl. (20) kann Abb. 21 ohne weiteres herangezogen werden, wenn dort $\bar{n} = \nu \cdot n$ an Stelle von n gesetzt wird.

Anschaulich gedeutet: man denkt sich in jedem Augenblick $\varkappa$ das Prisma mit $\alpha = \infty$ so vergrößert, daß für das in ihm enthaltene wirkliche Prisma mit $\alpha \neq \infty$ die Wärmeübergangsbedingung erfüllt ist.

Für verschiedene Werte $h \cdot D$ wurde nun die Funktion ν ermittelt. Wie man aus Abb. 28 erkennen kann, nähern sich die Werte von ν mit wachsendem $h \cdot D$ immer mehr und mehr dem Wert 1. Schon für $h \cdot D = 100$ sind die Temperaturfelder für $\alpha = \infty$ gültig. Legt man eine Wärmeleitzahl des Betons von $\lambda_b = 2{,}5$ kcal/m, °C, h der Rechnung zugrunde, so ergibt sich für den Mindestwert von normalerweise $\alpha = 13$ kcal/m², °C, h schon für eine nur 10 m dicke Mauer ein Wert $h \cdot D = 52$. Da auf Baustellen meist mit einer höheren Windgeschwindigkeit gerechnet werden kann, wird somit bei dickeren Mauern im allgemeinen das Temperaturfeld unter der Annahme $\alpha = \infty$ berechnet werden können.

Auf dieselbe Weise kann auch der Einfluß der Schalung auf die natürliche Abkühlung des Betonkörpers erfaßt werden. Wie aus Gl. (6a) der Wärmeübergangsbedingung (vgl. Abb. 17) hervorgeht, muß in diesem Fall der Wert ν nicht für den Proportionalitätsfaktor $h \cdot D$, sondern für den Faktor $k \cdot D/\lambda_b$ ermittelt werden.

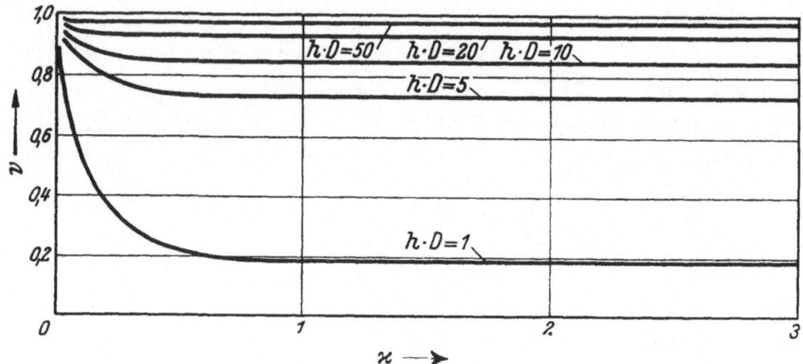

Abb. 28. Die Funktion $\nu(\varkappa)$ für verschiedene Werte von hD

Bekanntlich ist bei ebenen Begrenzungsflächen die Wärmedurchgangszahl k der Schalung gegeben durch

$$k = \frac{1}{\frac{1}{\alpha_1} + \frac{d}{\lambda_s} + \frac{1}{\alpha_2}} \tag{21}$$

wobei α_1 = Wärmeübergangszahl vom Beton auf die Schalung
α_2 = Wärmeübergangszahl von der Schalung an die Luft
d = Dicke der Schalung (in m)
λ_s = Wärmeleitzahl des Schalungsmaterials.

Infolge des satten Anschlusses des Betons an die Schalung kann $\alpha_1 = \infty$ gesetzt werden, und Gl. (21) vereinfacht sich zu

$$k = \frac{1}{\frac{d}{\lambda_s} + \frac{1}{\alpha_2}} \,. \tag{21a}$$

Für sehr kleine Werte von d/λ_s wird also $k = \alpha_2$, und $k \cdot D/\lambda_b$ geht damit wieder in $h \cdot D$ über.

Es ist klar, daß dies immer für eine Stahlschalung zutrifft. Hingegen beeinflußt eine Holzschalung den natürlichen Abkühlungsprozeß schon ganz erheblich. Beispielsweise ergibt sich bei einer Platte von $D = 3{,}0$ m und $\lambda_b = 2{,}8$ kcal/m, °C, h für eine Holzschalung von $d = 0{,}030$ m und $\lambda_s = 0{,}1$ kcal/m, °C, h und mit $\alpha_2 = 25$ kcal/m², °C, h

$$k = \frac{1}{\frac{0{,}03}{0{,}10} + \frac{1}{25}} = 2{,}94, \qquad \frac{\lambda_b}{k \cdot D} = \frac{2{,}8}{2{,}94 \cdot 3{,}0} = 0{,}32\,,$$

wofür Abb. 29 die Temperaturverteilung zeigt. Es ist augenfällig, wie sehr die Schalung das Temperaturgefälle vom Kern der Mauer zu den Außenflächen hin vermindert. Darüber hinaus erkennt man auch, daß die Schalung die Abkühlung sehr verzögert. Ist $\Theta_m/\Theta_c = 0{,}1$ bei $\alpha = \infty$ schon bei $\varkappa = 2{,}62$ erreicht (vgl. Abb. 24), so hat sich die Platte in vorliegendem Fall infolge der Wirkung der Schalung erst bei $\varkappa = 7{,}316$ auf $\Theta_m/\Theta_c = 0{,}1$ abgekühlt.

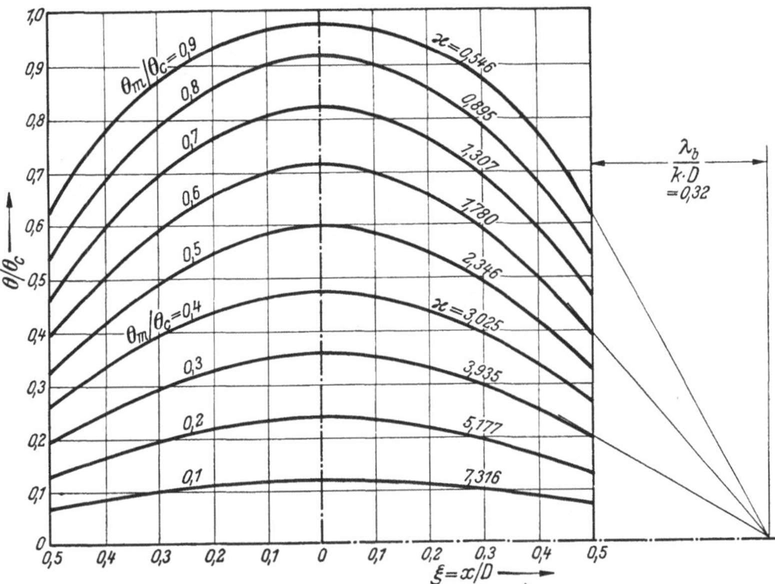

Abb. 29. Temperaturverteilung in einer Mauer bei Berücksichtigung der Schalung (Beispiel)

Auf den Einfluß der Schalung hinsichtlich der Temperaturspannungen wird unter Ziffer 3 eingegangen.

Da jedoch eine Schalung selten länger als 10 Tage am Bauteil gelassen wird, braucht ihr Einfluß nur bei Baukörpern kleiner Abmessungen erfaßt werden, berücksichtigt man, daß die natürliche Abkühlung sich bei Talsperren auf Jahre hinaus erstrecken kann.

2.4 Abkühlung bei linear veränderlicher Anfangstemperatur

Es sei nun eine unendlich ausgedehnte Platte der Dicke D betrachtet, deren Anfangstemperatur zur Zeit $t = 0$ an der einen Oberfläche $\overline{\Theta}_c$, an der anderen $\overline{\Theta}_A$ sei, und die dazwischen linear von $\overline{\Theta}_c$ auf $\overline{\Theta}_A$ abnehme. Diese Ausgangstemperaturverteilung ist bei Talsperren häufig vorhanden, wenn die Lufttemperatur an der wasserseitigen und an der luftseitigen Oberfläche verschieden ist, oder aber in dem Fall, daß hinter der Mauer bereits gestaut wird. Für die Temperaturveränderung in der Mauer ist hier folgende Analyse maßgebend. Darüber hinaus zeigt dieses Beispiel, wie vorteilhaft die Jakobischen Theta-Funktionen und ihre Integrale bei der Darstellung instationärer Wärmeleitvorgänge zur Anwendung kommen.

Führt man in die Fouriersche Differentialgleichung der Wärmeleitung Gl. (5) die dimensionslosen Veränderlichen

$$\overline{\xi} = \frac{x}{2D} \qquad \text{und} \qquad \overline{\varkappa} = \frac{\pi \cdot a}{D^2} \cdot t$$

ein, so stellt sich mit $w = 0$ – die Ableitungen nach y und z verschwinden in dem hier betrachteten Fall der ebenen Wärmeströmung – Gl. (5b) in der bekannten Form dar:

$$4\pi \frac{\partial \bar{\Theta}}{\partial \bar{\varkappa}} = \frac{\partial^2 \bar{\Theta}}{\partial \bar{\xi}^2}.$$

Legt man den Koordinatenursprung ($\bar{\xi} = \pm 0$) an die Oberfläche, für die $\bar{\Theta}_0 = \bar{\Theta}_c$ ist, so genügt von den vier Theta-Funktionen und ihren unzähligen Integralen den vorgegebenen Randbedingungen

$$\Theta = \Theta_c \cdot 2(0{,}5 - \bar{\xi}) \quad \text{für} \quad \bar{\varkappa} = 0 \quad \text{und} \quad 0 \leqq \bar{\xi} \leqq +0{,}5$$

$$\Theta = \Theta_0 = 0 \quad \text{für} \quad \bar{\varkappa} > 0 \quad \text{und} \quad \bar{\xi} = \pm 0,\ \bar{\xi} = +0{,}5$$

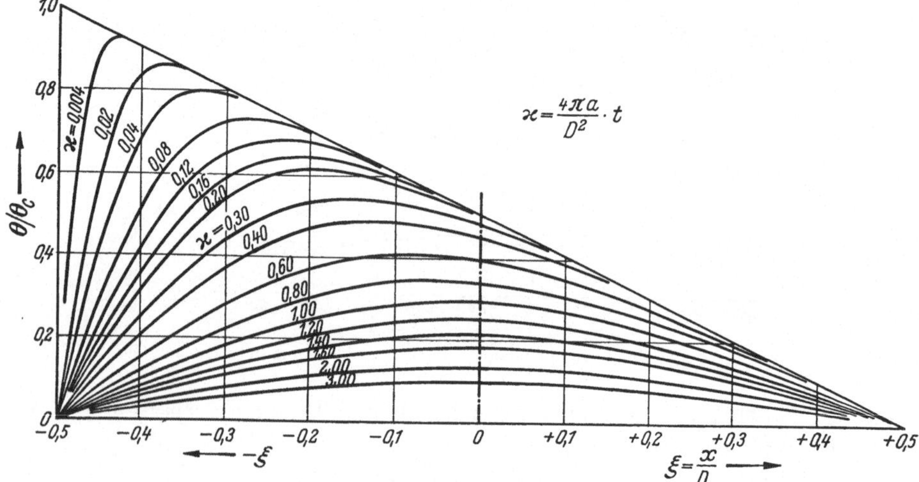

Abb. 30. Temperaturfeld in einer Platte bei linear veränderlicher Anfangstemperatur

das erste Integral $D_{3,1}$ der dritten Theta-Funktion, und die Lösung kann damit sofort angeschrieben werden zu

$$\Theta = \Theta_c \cdot 2 \cdot D_{3,1}(\bar{\xi}; \bar{\varkappa}). \tag{22}$$

Hierbei ist wieder $\Theta = \bar{\Theta} - \bar{\Theta}_A$ und $\Theta_c = \bar{\Theta}_c - \bar{\Theta}_A$.

Durch Integration des Temperaturfeldes über den Bereich von $\bar{\xi} = \pm 0$ bis $\bar{\xi} = +0{,}5$ und nachfolgender Division durch 0,5 erhält man die Gleichung der mittleren Temperatur Θ_m zu

$$\Theta_m = \Theta_c \cdot 4 \cdot [D_{3,2}(0{,}5; \bar{\varkappa}) - D_{3,2}(0; \bar{\varkappa})]. \tag{23}$$

Die Verwendung der Theta-Funktionen gestattet also auch hier wieder die Lösung des Problems in geschlossener Form, wodurch sowohl die mathematische Behandlung als auch die numerische Auswertung vereinfacht wird.

Um der Einheitlichkeit der Darstellung willen und zur Erleichterung der Anwendung, werden nun wieder die Bezeichnungen ξ und $\varkappa$ der Ziffer 2.3 eingeführt. Mit $\bar{\xi} = \frac{1}{4} + \frac{1}{2}\xi$ und $\bar{\varkappa} = \frac{1}{4}\varkappa$

wird aus Gl. (22):

$$\Theta = \Theta_c \cdot 2 \cdot D_{3,1}\left(\frac{1}{4} + \frac{1}{2}\xi ; \frac{1}{4}\varkappa\right) \tag{22a}$$

und aus Gl. (23):

$$\Theta_m = \Theta_c \cdot 4\left[D_{3,2}\left(0,5 ; \frac{1}{4}\varkappa\right) - D_{3,2}\left(0 ; \frac{1}{4}\varkappa\right)\right]. \tag{23a}$$

Bei den Beziehungen der Ziffer 2.3 und auch hier war vorausgesetzt, daß es sich um einen Abkühlungsvorgang handele. Diese Beziehungen lassen sich nun selbstverständlich auch anwenden, wenn der Betonkörper von der Umgebung aufgeheizt wird. Ist

$$\Theta = \Theta_c \cdot F(\xi ; \varkappa)$$

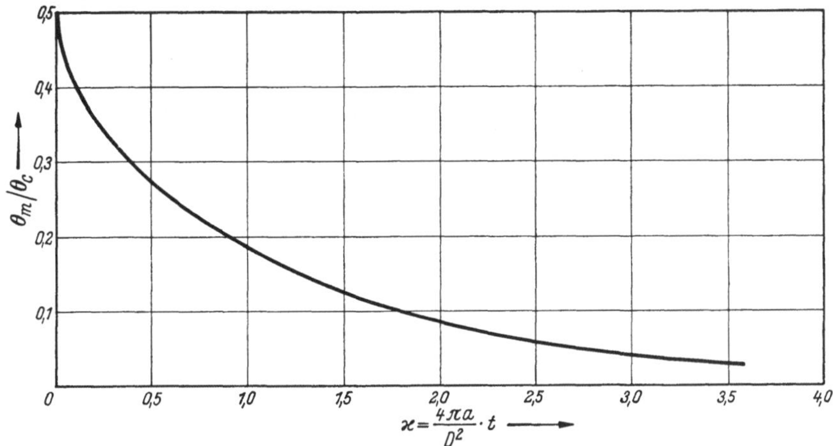

Abb. 31. Verlauf der mittleren Temperatur in einer Platte bei linear veränderlicher Anfangstemperatur

das Temperaturfeld bei Abkühlung, so ergibt sich das Temperaturfeld der Erwärmung ohne weiteres zu

$$\Theta = \Theta_c[F(\xi ; 0) - F(\xi ; \varkappa)]. \tag{24}$$

Mit Gl. (22a) und Gl. (24) läßt sich nun der Temperaturverlauf am folgenden Beispiel kontrollieren:

Die Temperatur des Boulder Dam (Abb. 3) betrug nach Beendigung der künstlichen Kühlung 12 °C. Die mittlere jährliche Wassertemperatur betrug ebenfalls 12 °C, wohingegen die mittlere jährliche Lufttemperatur bei 23 °C lag. In diesem Fall ist also

$$\Theta_c = 23 - 12 = 11 \text{ °C},$$

so daß der Temperaturverlauf an der Meßstelle $\xi = \frac{-11,5}{151} = -0,076$ gegeben ist durch

$$\Theta = \Theta_c\left\{2 \cdot D_{3,1}(0,212 ; 0) - 2 \cdot D_{3,1}\left(0,212 ; \frac{\varkappa}{4}\right)\right\}.$$

Für $t = 6$ Jahre $= 52560$ h wird $\varkappa = \frac{4 \cdot \pi \cdot 0,004}{151^2} \cdot 52560 = 0,115$, und hierfür gemäß Abb. 30

$$\Theta_{\xi = -0,076} \cong 0.$$

Die Temperaturerhöhung im Boulder Dam (Abb. 3) ist somit nicht auf die Aufheizung von außen zurückzuführen, sondern auf die lang anhaltende, langsame Wärmeentwicklung des Zements.

2.5 Der Temperaturverlauf im Beton infolge chemischer Aufheizung unter besonderer Berücksichtigung des Wärmeverlustes an der Oberfläche der einzelnen Betonierschichten

Die Anfangstemperatur im Betonprisma sei $\Theta = 0$. Bei überall gleicher Zementdosierung ist auch die Wärmeentwicklung gleichmäßig verteilt. Es liegen hier also ähnliche Verhältnisse vor, wie in Ziffer 2.3, nur mit dem Unterschied, daß es sich nun nicht mehr um einen einmaligen Ausgangszustand handelt, sondern daß jetzt in jedem Augenblick ein demselben entsprechender, infinitesimaler Ausgangszustand überlagert werden muß. Da die chemische Wärmeentwicklung $w(\varkappa)$ beim Erhärten des Betons ortsunabhängig ist, folgt für die zugehörige Temperaturerhöhung Θ_w, wenn in Gl. (5a) die örtlichen Differentialquotienten unterdrückt werden:

$$4\pi \frac{\partial \Theta}{\partial \varkappa} = \frac{D_1^2}{\lambda_b} w(\varkappa),$$

und integriert man zwischen 0 und $\varkappa$, so wird

$$\Theta_w = \frac{a}{\lambda_b} \int_0^{\varkappa} w(t)\, dt.$$

Hiernach ist die der Wärmeentwicklung entsprechende (adiabatische) Aufheizungstemperatur bekannt (vgl. Ziffer 1).

Für den Fall einer chemischen Aufheizung (hier Wärmeentwicklung des Zementes) bei gleichzeitiger Abkühlung kann der Temperaturverlauf nach TÖLKE [31] angegeben werden zu:

$$\Theta = \int_0^{\varkappa} \frac{d\Theta_w}{d\varkappa_w} \Theta(\varkappa - \varkappa_w)\, d\varkappa_w, \tag{25}$$

wobei Θ_w entsprechend Gl. (3a) und $\Theta(\varkappa - \varkappa_w)$ entsprechend Gl. (9) mit $\Theta_c = 1$ einzusetzen ist.

Gl. (25) ist, wenn man Gl. (3a) und Gl. (9) in sie einführt, in geschlossener Form nicht zu integrieren. Aber auch die numerische oder die graphische Integration stößt auf ganz erhebliche Schwierigkeiten [25].

Die chemische Aufheizung kann aber mit ausreichender Genauigkeit durch ein lineares Diagramm (Beispiel Ziffer 1.6) dargestellt werden, in welchem t_R bzw. $\varkappa_R$ die Reaktionszeit und $\Theta_W^{\max}$ die maximale (adiabatische) Aufheizungstemperatur bezeichnet (entsprechend Gl. (4)).

Damit folgt für den in Gl. (25) auftretenden Differentialquotienten

$$\left.\begin{aligned} \frac{d\Theta_w}{d\varkappa_w} &= \frac{\Theta_W^{\max}}{\varkappa_R} \qquad \text{für} \qquad \varkappa \leqq \varkappa_R \\ \frac{d\Theta_w}{d\varkappa_w} &= 0 \qquad \text{für} \qquad \varkappa \geqq \varkappa_R. \end{aligned}\right\} \tag{26}$$

Werden diese in Gl. (25) eingeführt, so gelangt man unter Berücksichtigung von Gl. (9) und mit $u = \varkappa - \varkappa_w$ zu dem Aufheizungstemperaturfeld im Gleichkantwürfel ($m = n = 1$):

$$\left.\begin{aligned} \Theta &= \frac{\Theta_W^{\max}}{\varkappa_R} \int\limits_0^{\varkappa} (-2)^3 \cdot D_{1,1}(\xi; u) \cdot D_{1,1}(\eta; u) \cdot D_{1,1}(\zeta; u)\, du \quad \text{für} \quad \varkappa \leqq \varkappa_R \\ \Theta &= \frac{\Theta_W^{\max}}{\varkappa_R} \int\limits_{\varkappa - \varkappa_R}^{\varkappa} (-2)^3 \cdot D_{1,1}(\xi; u) \cdot D_{1,1}(\eta; u) \cdot D_{1,1}(\zeta; u)\, du \quad \text{für} \quad \varkappa \geqq \varkappa_R. \end{aligned}\right| \tag{27}$$

Integriert man Gl. (27) nach ξ, η und ζ jeweils von 0 bis + 0,5 und dividiert dann durch 0,125, so erhält man die mittlere Temperatur im Gleichkantwürfel zu

$$\left.\begin{aligned} \Theta_m &= \frac{\Theta_W^{\max}}{\varkappa_R} \int\limits_0^{\varkappa} (-4)^3 \cdot D_{1,2}^3(0{,}5; u)\, du \quad \text{für} \quad \varkappa \leqq \varkappa_R \\ \Theta_m &= \frac{\Theta_W^{\max}}{\varkappa_R} \int\limits_{\varkappa - \varkappa_R}^{\varkappa} (-4)^3 \cdot D_{1,2}^3(0{,}5; u)\, du \quad \text{für} \quad \varkappa \geqq \varkappa_R. \end{aligned}\right| \tag{28}$$

Entsprechend findet man das Aufheizungstemperaturfeld in der quadratischen Säule zu

$$\left.\begin{aligned} \Theta &= \frac{\Theta_W^{\max}}{\varkappa_R} \int\limits_0^{\varkappa} (-2)^2 \cdot D_{1,1}(\xi; u) \cdot D_{1,1}(\eta; u)\, du \quad \text{für} \quad \varkappa \leqq \varkappa_R \\ \Theta &= \frac{\Theta_W^{\max}}{\varkappa_R} \int\limits_{\varkappa - \varkappa_R}^{\varkappa} (-2)^2 \cdot D_{1,1}(\xi; u) \cdot D_{1,1}(\eta; u)\, du \quad \text{für} \quad \varkappa \geqq \varkappa_R, \end{aligned}\right| \tag{29}$$

wobei die mittlere Temperatur in der Säule ist

$$\left.\begin{aligned} \Theta_m &= \frac{\Theta_W^{\max}}{\varkappa_R} \int\limits_0^{\varkappa} (-4)^2 \cdot D_{1,2}^2(0{,}5; u)\, du \quad \text{für} \quad \varkappa \leqq \varkappa_R \\ \Theta_m &= \frac{\Theta_W^{\max}}{\varkappa_R} \int\limits_{\varkappa - \varkappa_R}^{\varkappa} (-4)^2 \cdot D_{1,2}^2(0{,}5; u)\, du \quad \text{für} \quad \varkappa \geqq \varkappa_R, \end{aligned}\right| \tag{30}$$

bzw. in der „unendlich" ausgedehnten Platte zu

$$\left.\begin{aligned} \Theta &= \frac{\Theta_W^{\max}}{\varkappa_R} \int\limits_0^{\varkappa} (-2) \cdot D_{1,1}(\xi; u)\, du \quad \text{für} \quad \varkappa \leqq \varkappa_R \\ \Theta &= \frac{\Theta_W^{\max}}{\varkappa_R} \int\limits_{\varkappa - \varkappa_R}^{\varkappa} (-2) \cdot D_{1,1}(\xi; u)\, du \quad \text{für} \quad \varkappa \geqq \varkappa_R, \end{aligned}\right| \tag{31}$$

wobei die mittlere Temperatur in der Platte ist

$$\left.\begin{aligned} \Theta_m &= \frac{\Theta_W^{\max}}{\varkappa_R}\int_0^{\varkappa}(-4)\cdot D_{1,2}(0{,}5;u)\,du \qquad \text{für} \qquad \varkappa \leqq \varkappa_R \\ \Theta_m &= \frac{\Theta_W^{\max}}{\varkappa_R}\int_{\varkappa-\varkappa_R}^{\varkappa}(-4)\cdot D_{1,2}(0{,}5;u)\,du \qquad \text{für} \qquad \varkappa \geqq \varkappa_R\,. \end{aligned}\right\} \tag{32}$$

Für die maximale Temperatur $\Theta_{\max}$ und die mittlere Temperatur Θ_m können die Funktionswerte der Integrale aus Abb. 32 entnommen werden, so daß damit diese beiden kennzeichnenden Temperaturen leicht berechnet werden können.

Gl. (27) gilt selbstverständlich auch für $m \neq 0$, $n \neq 0$. Man erhält diesen allgemeineren Fall sofort aus Gl. (27), indem man dort schreibt

$$\begin{aligned} &D_{1,1}(\eta; n^2 u) \quad \text{anstelle von} \quad D_{1,1}(\eta; u) \\ &D_{1,1}(\zeta; m^2 u) \quad \text{anstelle von} \quad D_{1,1}(\zeta; u)\,, \end{aligned}$$

und es ergibt sich somit das Aufheizungstemperaturfeld in einem beliebigen Betonprisma zu

$$\left.\begin{aligned} \Theta &= \frac{\Theta_W^{\max}}{\varkappa_R}\int_0^{\varkappa}(-2)^3\cdot D_{1,1}(\xi:u)\cdot D_{1,1}(\eta;n^2u)\cdot D_{1,1}(\zeta;m^2u)\,du \text{ für } \varkappa \leqq \varkappa_R \\ \Theta &= \frac{\Theta_W^{\max}}{\varkappa_R}\int_{\varkappa-\varkappa_R}^{\varkappa}(-2)^3\cdot D_{1,1}(\xi;u)\cdot D_{1,1}(\eta;n^2u)\cdot D_{1,1}(\zeta;m^2u)\,du \text{ für } \varkappa \geqq \varkappa_R\,. \end{aligned}\right\} \tag{27a}$$

Erfolgt die Wärmeentwicklung sehr rasch, d. h. ist $\varkappa_R$ sehr klein, so folgt beispielsweise für Gl. (31)

$$\lim_{\varkappa_R \to 0} \Theta(\xi;\varkappa) = \Theta_W^{\max}\cdot(-2)\cdot D_{1,1}(\xi;\varkappa)\,.$$

Für $\varkappa_R = 0$ geht Gl. (27a) damit wieder in Gl. (10) von Ziffer 2.3 über, wobei lediglich $\Theta_W^{\max}$ an Stelle von Θ_c getreten ist.

Sollte bei einer Staumauer ein sehr langsam abbindender und erhärtender Zement verwendet werden, dessen linearisierte Wärmeentwicklung erst nach $t_R = 200$ Stunden beendet ist, so ergibt sich für eine Mauer von nur 10 m Dicke und einer mittleren Temperaturleitzahl von $a = 0{,}004$ m²/h

$$\varkappa_R = \frac{4\cdot\pi\cdot a}{D^2}\,t_R = 0{,}1\,.$$

Im allgemeinen dürfte dieser Wert wohl einen Größtwert von $\varkappa_R$ darstellen. In Abb. 33 ist nun der Verlauf der mittleren Temperatur Θ_m in Würfel, Säule und Platte gegenübergestellt, berechnet für $\varkappa_R = 0$ und für $\varkappa_R = 0{,}1$.

Zur Beurteilung der natürlichen Abkühlung eines Betonkörpers kann somit in der Praxis mit häufig hinreichender Genauigkeit entsprechend Ziffer 2.3 gerechnet werden, wobei lediglich an Stelle von Θ_c nun $\Theta_W^{\max}$ tritt.

Anders hingegen bei Berücksichtigung des Wärmeverlustes von der Oberfläche der einzelnen Betonierschichten. Bei Staumauern wird ja auch wieder aus arbeitstechnischen Gründen die Herstellung der einzelnen Blöcke in Arbeitsschichten von 1,5 bis 3,0 m Höhe notwendig. Sobald eine Schicht fertiggestellt ist, wird das Betonieren auf einige Tage unterbrochen, um die gewöhnlich verwandten Gleitschalungen hochzuziehen und neu zu versetzen. In dieser Zeit bewirkt die große Oberfläche der im Vergleich zu den Abmessungen der Mauer dünnen Arbeitsschicht einen relativ großen Wärmeabfluß. Durch dünne Arbeitsschichten kann somit schon während der Bauausführung ein großer Teil der vom Bindemittel entwickelten Wärme auf natürliche Weise abfließen.

Andererseits soll die Zahl der durch die einzelnen Schichten entstehenden Arbeitsfugen aus Gründen der Wasserdichtigkeit und des Arbeitsfortschrittes so weit wie möglich vermindert werden, so daß sowohl die Dicke der einzelnen Schichten, als auch die Wartezeit bis zum Aufbringen der nächsten, stets eine Kompromißlösung zwi-

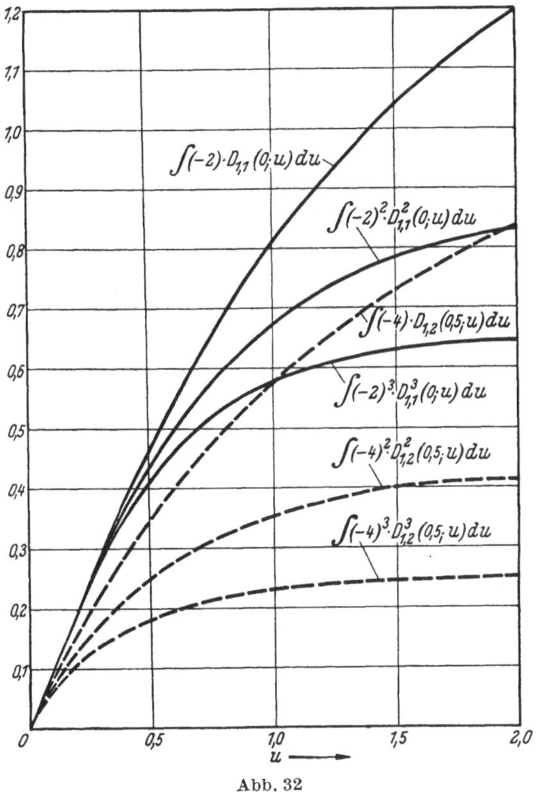

Abb. 32

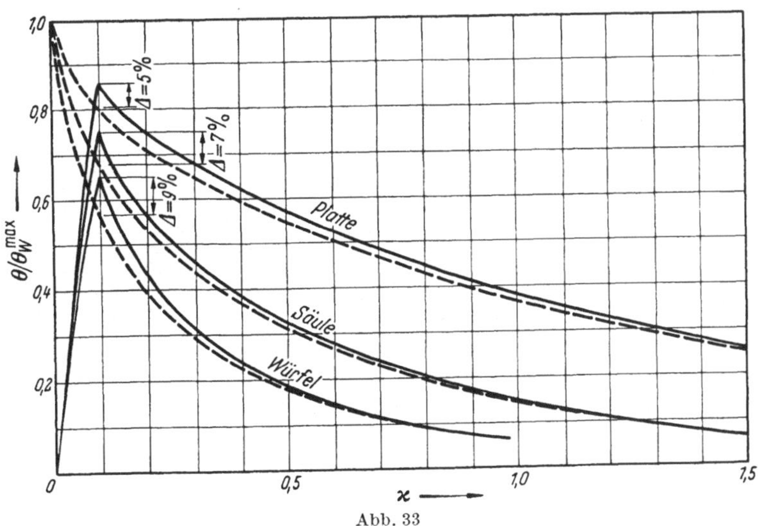

Abb. 33

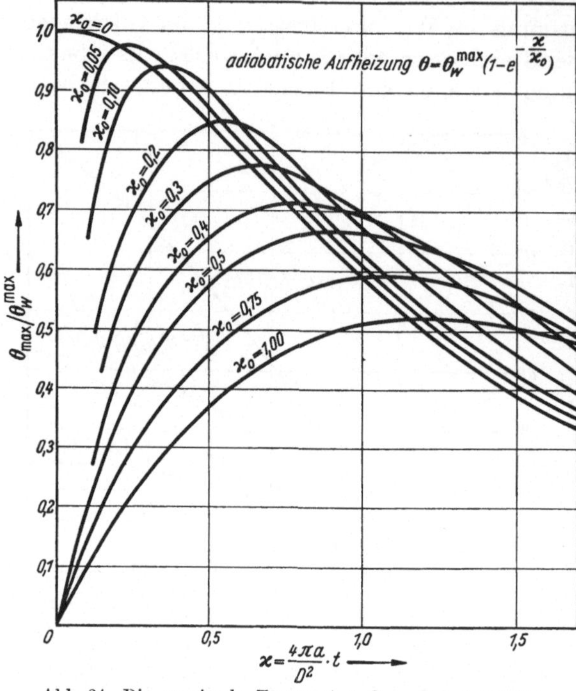

Abb. 34. Die maximale Temperatur Θ_{max} bei chemischer Aufheizung in einem plattenförmigen Baukörper

schen den bautechnischen und den thermischen Anforderungen darstellen wird.

Bei Beschränkung der Wärmeabgabe auf die Oberfläche sind die Unterseite und die Seitenflächen als thermisch isoliert zu betrachten, und man kann den Temperaturverlauf in der Arbeitsschicht mit den vorstehend gefundenen Formeln der Gln. (31) und (32) berechnen, indem man an Stelle der Arbeitsschicht eine doppelt so dicke Betonplatte betrachtet, die von ihren beiden Randflächen aus gekühlt wird. Bei einer Arbeitsschichthöhe von 1,5 m wäre also eine stellvertretende Betonplatte von 3,0 m Dicke einzuführen.

Streng genommen findet nicht nur eine Wärmeabgabe an der Oberfläche der Schicht statt, sondern auch noch an der Unterseite derselben. Nun ist aber die Wärmeaufnahmefähigkeit der Unterschicht begrenzt, und das Temperaturgefälle zu ihr hin klein, so daß man mit genügender

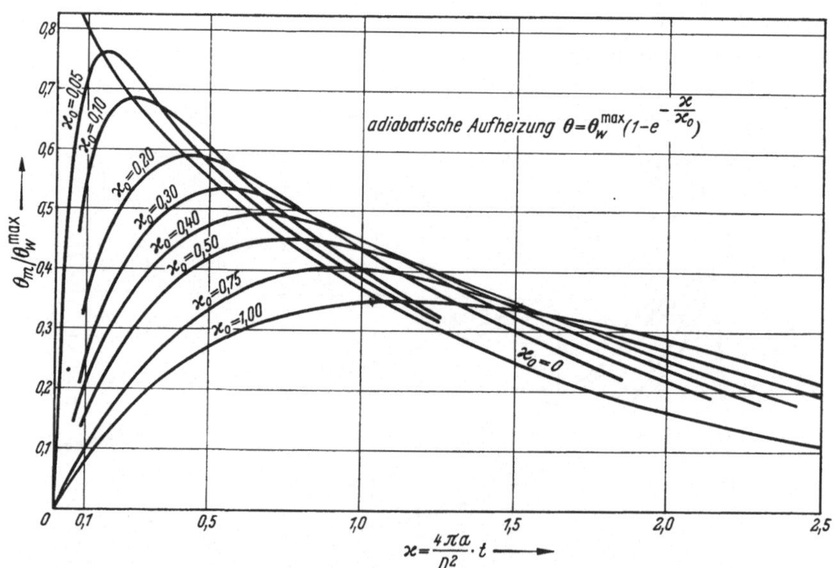

Abb. 35. Verlauf der mittleren Temperatur Θ_m bei chemischer Aufbringung in einem plattenförmigen Baukörper

Genauigkeit die Wärmeabgabe auf die Oberfläche beschränken kann, um so mehr, als man dadurch auf der sicheren Seite bleibt.

In Abb. 34 und 35 wurde der Temperaturverlauf in einer Betonierschicht für die dimensionslosen Kenngrößen $\varkappa$ und $\varkappa_0$ berechnet. Hierbei erwies es sich der Anschaulichkeit wegen als notwendig, auf Gl. (25) zurückzugreifen. Die Integration wurde graphisch durchgeführt, wobei für die adiabatische Wärmeentwicklung Θ_w entsprechend Gl. (3a) das Gesetz

$$\Theta_w = \Theta_W^{\max}(1 - e^{-t/t_0})$$

in Anwendung kam. Man kann sehr schön erkennen, wie mit wachsendem Aufheizungskennwert $\varkappa_0$ die absolut erreichte maximale Temperatur immer kleiner wird (s. auch Abb. 36). Nun zeigt die Darstellung aber auch, daß bei einem Zement mit rascher Wärmeentwicklung (kleiner Wert $\varkappa_0$) der Wärmeabfluß auch ein viel rascherer ist. Demzufolge wäre also ein Zement mit einer zwar raschen, aber niedrigen Wärmeentwicklung vom thermischen Standpunkt aus vorzuziehen. Um so mehr, als die lang anhaltende, langsame Wärmeentwicklung nach Aufbringen der nächsten Schichten zunächst eine beinahe adiabatische Temperaturerhöhung im Beton bewirkt. Die Größe des maximalen Temperaturanstiegs $\Theta^{\max}$ und der Zeitpunkt $\varkappa$ $(\Theta^{\max})$ lassen sich aus Abb. 36 entnehmen.

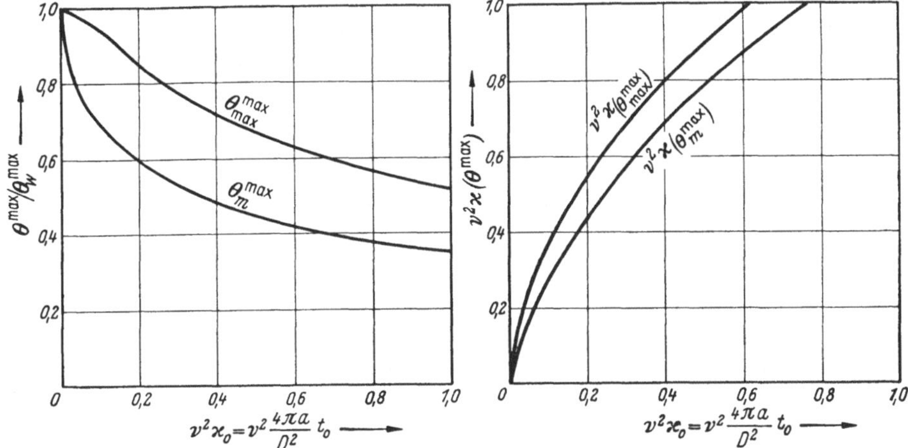

Abb. 36. Maximaler Temperaturanstieg $\Theta^{\max}$ und Zeitpunkt $\nu^2 \cdot \varkappa_{(\Theta^{\max})}$ desselben in einer Platte infolge chemischer Aufheizung

Wie sich leicht zeigen läßt, lassen sich auch bei diesen Aufheizungstemperaturfeldern durch eine einfache Substitution endliche Wärmeübergangszahlen berücksichtigen. Das bedeutet in erster Näherung für die Anwendung von Abb. 34 und 35, daß dort der Parameter die Bezeichnung $\nu^2 \cdot \varkappa_0$ trägt und an der Abzissenachse $\nu^2 \cdot \varkappa$ abzulesen ist.

Unter Ziffer 2.3 wurde darauf hingewiesen, daß im Falle der Berieselung der Betonoberfläche $\alpha = \infty$ den tatsächlichen Verhältnissen weitgehendst gerecht wird. Aber auch ohne Berieselung ist der Einfluß der endlichen Wärmeübergangszahl bei relativ dünnen Betonierschichten nur von geringer Bedeutung, wie nachfolgendes Beispiel zeigen möge:

Ist für einen Zement $\varkappa_0 = 0{,}4$, sind die Betonierschichten 1,5 m hoch (Dicke der betrachteten Ersatzplatte 3,0 m!!), und wird $\alpha = 13$ kcal/m², °C, h als Mindestwert der Rechnung zugrunde gelegt, so ergibt sich für

$$\lambda_b = 2{,}5 \text{ kcal/m, °C, h}$$

$$h \cdot D = \frac{13 \cdot 3{,}0}{2{,}5} = 15{,}6 \rightarrow \nu = 0{,}892\,,$$

und es ist

ohne Berieselung
(Kurve $\nu^2 \cdot \varkappa = 0{,}32$)

$$\Theta_m^{\max} / \Theta_W^{\max} = 0{,}523$$

mit Berieselung
(Kurve $\varkappa_0 = 0{,}4$)

$$\Theta_m^{\max} / \Theta_W^{\max} = 0{,}495\,.$$

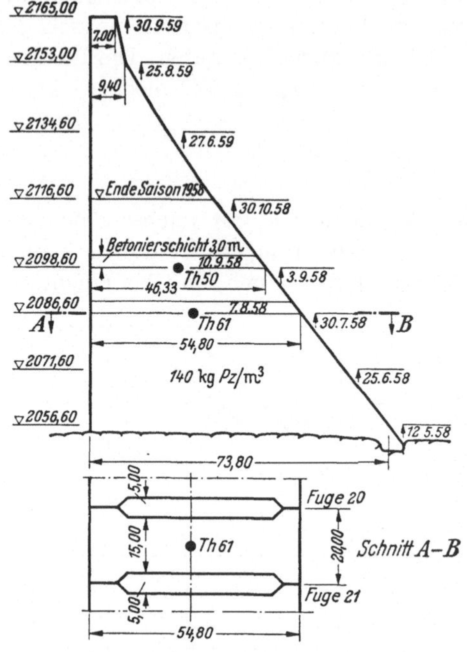

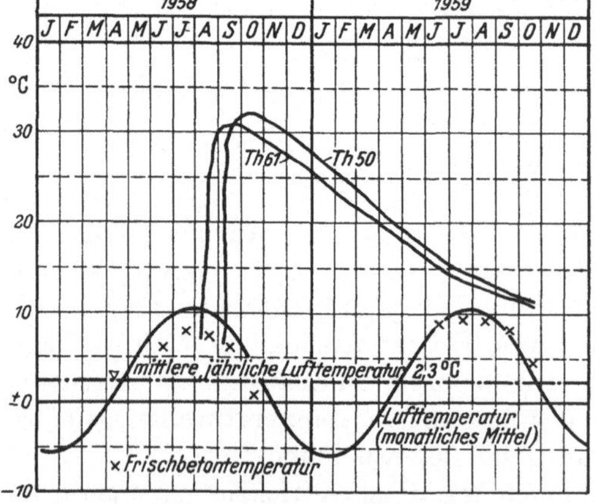

Abb. 37. Temperaturmessungen in einer Staumauer (Bergeller Kraftwerke der Stadt Zürich)

Erinnert man sich der zuvor gemachten Feststellung, daß die Dauer der Aufheizungsperiode gegenüber der des ganzen Abkühlungsprozesses des fertigen Bauteils verschwindend klein ist, so ist damit der beim Aufbringen der nächsten Arbeitsschicht noch vorhandene Wärmeinhalt für den weiteren Abkühlungsprozeß maßgebend. Die mittlere Temperatur Θ_m entsprechend Abb. 35 im Augenblick des Aufbringens der nächsten Betonierschicht stellt somit bei dicken Baukörpern den Ausgangswert Θ_c dar, für den der natürliche Abkühlungsverlauf entsprechend Ziffer 2.3 zu berechnen ist.

Nachstehend ist auf den Rechenblättern 3 und 4 ein Beispiel zur Berechnung des Temperaturanstiegs in der Betonierschicht einer Staumauer (Abb. 37) vorgeführt, und die Ergebnisse der Rechnung mit denen von Temperaturmessungen[1] verglichen.

[1] Die Meßergebnisse und Aufzeichnungen des Beispiels wurden mir freundlicherweise zur Verfügung gestellt von Herrn Dipl.-Ing. BERTSCHINGER, Bergeller Kraftwerke der Stadt Zürich, Vicosoprano, Graubünden, Schweiz.

Rechenblatt 3

Beispiel zur Berechnung des Temperaturanstiegs in der Betonierschicht einer Staumauer

Beton: Berechnung der thermischen Eigenschaften nach Ziffer 2.2.
Zuschlagsmaterial: Granit; Frischbetongewicht $\gamma_b = 2{,}408$ t/m³.

Material kg		Anteil %	Wärmeleitzahl λ_b		Spez. Wärme c_b	
			f_1	ber. Wert	f_2	ber. Wert
Wasser	119	5,0	0,00515	0,026	0,01000	0,050
Zement	140	5,9	0,01095	0,064	0,00128	0,007
Sand	420	17,8	0,02647	0,472	0,00178	0,032
Kies	1729	71,3	0,02497	1,780	0,00169	0,121
				2,342		0,210

$$\lambda_b = 2{,}342 \text{ kcal/m, °C, h} \quad c_b = 0{,}210 \text{ kcal/kg, °C} \quad a = \frac{2{,}342}{0{,}212408} = 0{,}00457 \text{ m}^2\text{/h}$$

Wärmeentwicklung des Zementes: s. Beispiel, Ziffer 1.6, Rechenblatt 1 und 2
Adiabat. Temperaturanstieg im Beton: (s. Beispiel Ziffer 1.6) Kernbeton: $\Theta_W = 22{,}8\,(1 - e^{-t/42})$.
Temperaturanstieg in der Betonierschicht: Höhe der Betonierschicht 3,0 m $\to D = 2 \cdot 3{,}0 = 6{,}0$ m;
α (angenommen) = 13 kcal/m², °C, $h \to hD = 33{,}3 \to \nu = 0{,}945$,

$$\varkappa_0 = \frac{4 \cdot \pi \cdot 0{,}00457}{6{,}0^2} \cdot 42 = 0{,}067 \qquad \nu^2 \cdot \varkappa_0 = 0{,}060.$$

Hierfür nach Abb. 36, wenn keine weitere Betonierschicht mehr aufgebracht würde:

$$\Theta_{\max}^{\max}/\Theta_W^{\max} = 0{,}967 \to \Theta_{\max}^{\max} = 22{,}1 \text{ °C}$$

bei $\nu^2 \cdot \varkappa = 0{,}22 \to \varkappa = 0{,}244$, also nach 153 Stunden, und

$$\Theta_m^{\max}/\Theta_W^{\max} = 0{,}740 \to \Theta_m^{\max} = 16{,}9 \text{ °C}$$

bei $\nu^2 \cdot \varkappa = 0{,}18 \to \varkappa = 0{,}200$, also nach 125 Stunden.

Wird die nächste Betonierschicht aufgebracht

nach	3	7	11	Tagen
also $\varkappa =$	0,115	0,268	0,421	
$\nu^2 \cdot \varkappa =$	0,104	0,242	0,380	

so ist im Augenblick des Aufbringes

$\Theta_{\max}/\Theta_W^{\max} =$	0,81	0,955	0,945	
$\Theta_m/\Theta_W^{\max} =$	0,685	0,74	0,645	
$\Theta_{\max} =$	18,5	21,8	21,6	°C
$\Theta_m =$	15,6	16,9	14,7	°C.

Nach dem Aufbringen der nächsten Betonierschicht verläuft die Wärmeentwicklung infolge der Restwärme des Zementes adiabatisch. Der zugehörige Temperaturanstieg im Beton beträgt:

Aufbringen der nächsten Betonierschicht

nach	3	7	11 Tagen
$\Delta\Theta_W =$	4,3 + 2,8 = 7,1 °C	0,5 + 2,8 = 3,2 °C	0,0 + 2,8 = 2,8 °C.

Rechenblatt 4

Das für die nachfolgende Abkühlung der Mauer maßgebende Temperaturmaximum ist also

$$\Theta^{max}_{max} = 18{,}5 + 7{,}1 = 25{,}6\ °C \quad 21{,}8 + 3{,}2 = 25{,}0\ °C \quad 21{,}6 + 2{,}8 = 24{,}4\ °C$$
$$\Theta^{max}_{m} = 15{,}6 + 7{,}1 = 22{,}7\ °C \quad 16{,}9 + 3{,}2 = 20{,}1\ °C \quad 14{,}7 + 2{,}8 = 17{,}5\ °C.$$

Vergleich der berechneten und der gemessenen Temperaturerhöhung:

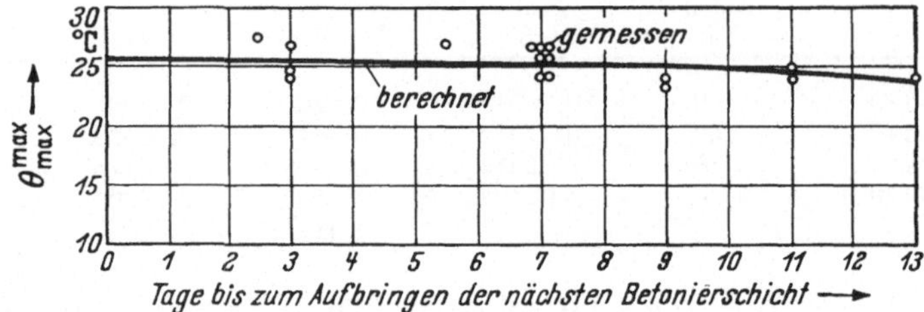

Das langjährige Mittel der monatlichen Lufttemperatur beträgt nach Abb. 37: Mai 5,5 °C, Juni 8,5 °C, Juli 10 °C, August 9,5 °C, September 7,5 °C, Oktober 3 °C. Setzt man voraus, daß die Frischbetontemperatur gleich diesen mittleren monatlichen Lufttemperaturen ist, so ergeben sich für eine Betonierfolge von 7 Tagen die nachstehend aufgetragenen Höchsttemperaturen:

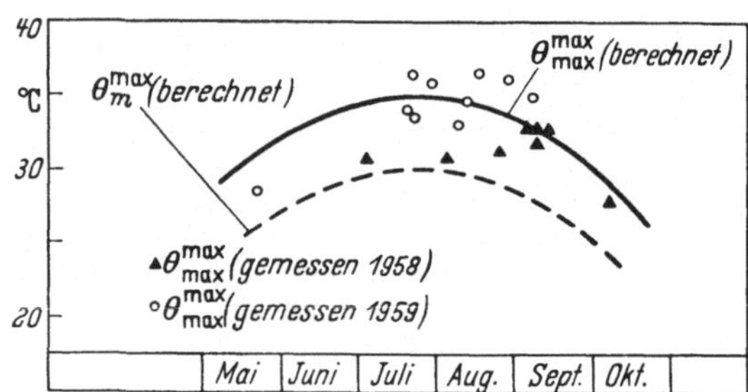

2.6 Der Temperaturverlauf in einer Staumauer infolge der jahreszeitlichen Temperaturschwankungen der Außenluft

Bei der Bestimmung des Temperaturfeldes in einer Staumauer (vgl. Ziffer 2.3) war von der Voraussetzung ausgegangen worden, daß diese eine gleichförmig verteilte Anfangsübertemperatur Θ_c gegenüber der Außenluft $\overline{\Theta_A}$ habe. Für letztere wurde hierbei angenommen, daß ihre Temperatur während des ganzen Abkühlungsprozesses konstant gleich der mittleren Jahreslufttemperatur der Umgebung sei. Tatsächlich unterliegt die Luft jedoch Temperaturschwankungen, deren Einfluß auf das Temperaturfeld im folgenden untersucht werden soll.

Wie Tabelle 8 nach einer Messung von TONINI[1] zeigt, beeinflussen die *täglichen* Temperaturschwankungen den Temperaturzustand eines Betonkörpers nur bis zu einer Tiefe von 0,5 m. Da zudem die einzelnen Blöcke einer Staumauer schon sehr bald — in der Regel nicht später als 14 Tage nach dem Einbringen des Betons in die Schalung — aneinander anschließen, soll sich die folgende

[1] TONINI, D.: Misure di controllo alle dighe di Pieve di Cadore, Valle di Cadore e Val Gallina; Società Adriatica di Elettricità: Impianto idroelettrico Pieve-Boite-Maè-Vajont, Venezia 1956.

Darstellung auf die Berücksichtigung der *jährlichen* Temperaturschwankungen auf den Temperaturzustand einer „unendlich" ausgedehnten Platte beschränken. Für den selteneren Fall, daß die Temperaturschwankungen an den beiden Seiten der Platte verschieden groß sind, sei auf die Literatur verwiesen [*26*].

Tabelle 8. *Wirkung der täglichen Temperaturschwankungen der Luft auf die Temperatur im Beton (nach* TONINI)

Abstand von außen cm	Verzögerung der Temperaturschwankungen im Beton gegenüber denen der Luft h	Verhältnis der max. Temperatur im Beton zu der der Luft %
10	2	62
20	3	38
30	5	23
40	8	14
50	10	4

Für die wärmetheoretische Behandlung ist es nun sehr günstig, daß die jahreszeitliche Temperaturschwankung ziemlich genau einer Kosinus-Schwingung mit der Periode $t_s = 1$ Jahr $= 8760$ h entspricht. Die periodische Temperaturschwankung der Außenluft folge also dem Gesetz

$$\Theta_L = \Theta_L^{\max} \cdot \cos 2\pi \frac{\varkappa}{\varkappa_s}, \tag{33}$$

wobei

$\Theta_L =$ Abweichung der Lufttemperatur von der mittleren jährlichen Lufttemperatur (°C)

$\Theta_L^{\max} =$ maximaler Ausschlag der Lufttemperatur von der mittleren jährlichen Lufttemperatur (°C)

$\varkappa_s = \frac{4 \cdot \pi \cdot a}{D^2} t_s =$ Periode der Schwingung.

Das Problem lautet, wenn $\alpha = \infty$ vorausgesetzt wird,

Differentialgleichung

$$\frac{\partial^2 \overline{\Theta}}{\partial \xi^2} = 4\pi \frac{\partial \overline{\Theta}}{\partial \varkappa} \tag{34}$$

räumliche Bedingung

$$\Theta = \Theta_0 = \Theta_L(\varkappa) \qquad \text{für} \qquad \xi = \pm 0{,}5 .$$

Die Lösung wurde in der Literatur schon vielfach angegeben [*5, 9, 26, 35*]. Es ist

$$\Theta_{(\xi, \varkappa)} = \Theta_L^{\max} \cdot \psi_{(\xi, M)} \cdot \cos 2\pi \left(\frac{\varkappa}{\varkappa_s} - \omega_{(\xi, M)} \right). \tag{35}$$

Hierin ist $\psi =$ der nach der Plattenmitte hin abnehmende maximale Ausschlag der Temperaturschwingung

$\omega =$ Phasenverschiebung der Temperaturschwingung im Beton an der Stelle ξ gegenüber der Außenluft

$M = 2\pi / \sqrt{\varkappa_s}$

und wiederum $\Theta = \overline{\Theta} - \overline{\Theta}_A$.

Die Werte für ψ und ω können den Abb. 38 und 39 entnommen werden.

Aus Abb. 38 wird deutlich, wie mit wachsender Entfernung von der Oberfläche die Temperaturausschläge immer kleiner werden, und das in desto stärkerem Ausmaß, je größer der Parameter

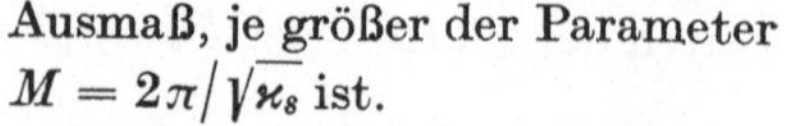

$M = 2\pi / \sqrt{\varkappa_s}$ ist.

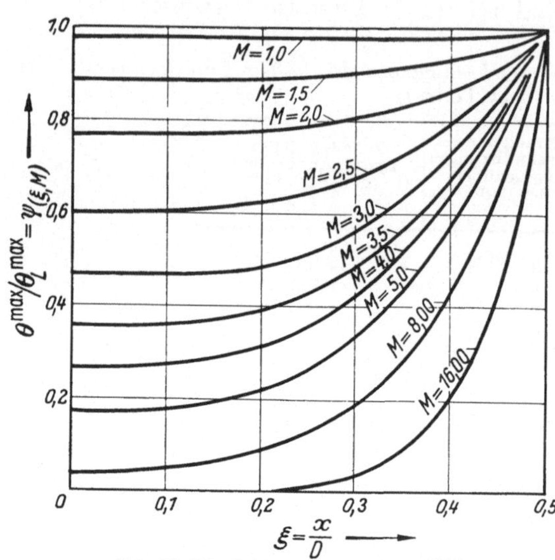

Abb. 38. Die Größe der Amplitude Θ^{max} der Temperaturschwankung

Können beispielsweise Temperaturschwankungen $\leqq 5\%$ vernachlässigt werden, so ergibt sich bei einer mittleren Temperaturleitzahl des Betons von $a = 0{,}004$ m²/h, daß bei einer Mauerdicke von

$$D = \frac{M}{2 \cdot \pi} \sqrt{4 \cdot \pi \cdot a \cdot t_s} = 26{,}7 \text{ m}$$

selbst jahreszeitliche Temperaturschwankungen die Temperatur in Mauermitte nicht mehr beeinflussen.

Aus der Darstellung kann man weiterhin ablesen, bis zu welcher Tiefe der Mauer der Beton einer Frosteinwirkung unterworfen sein wird. Liegt beispielsweise die mittlere jährliche Lufttemperatur bei $+5$ °C, und die tiefste Temperatur des Jahres bei -5 °C, so beträgt also die max. Abweichung von der mittleren jährlichen Lufttemperatur 10 °C. Die Mauer ist nun gegen die Frosteinwirkung durch einen höheren Zementgehalt in den Außenzonen bis zu einer solchen Tiefe zu schützen, für welche die Temperatur auf höchstens ± 0 °C absinkt. Das bedeutet, daß der Zementgehalt bis zu der Tiefe zu erhöhen ist, bei der die maximale Abweichung von der mittleren jährlichen Lufttemperatur nur noch $0{,}5 \cdot \Theta_L^{max} = 5$ °C beträgt. Gemäß Abb. 38 ergibt sich $\Theta^{max} = 0{,}5 \cdot \Theta_L^{max}$ für $M = 4$ bei $\xi = 0{,}34$, für $M = 8$ bei $\xi = 0{,}42$, und für $M = 16$ bei $\xi = 0{,}46$, wofür sich nun eine frostgefährdete Zone von 2,3 m Tiefe errechnet.

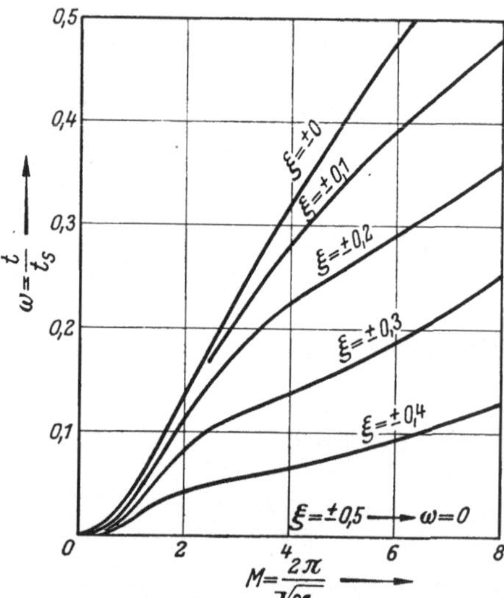

Abb. 39. Phasenverschiebung ω der Temperaturschwankung im Beton gegenüber der der Außenluft

Die mittlere Temperatur des Mauerquerschnitts ist gegeben durch

$$\Theta_m = \Theta_L^{max} \cdot \frac{1}{M} \cdot \psi^* \cdot \cos 2\pi \left(\frac{\varkappa}{\varkappa_s} - \omega^* \right), \tag{36}$$

wobei entsprechend Gl. (35) ist

$\frac{1}{M} \cdot \psi^*$ = die maximale Abweichung der mittleren Temperatur der Mauer von der mittleren jährlichen Lufttemperatur

ω^* = Phasenverschiebung von Θ_m gegenüber Θ_L,

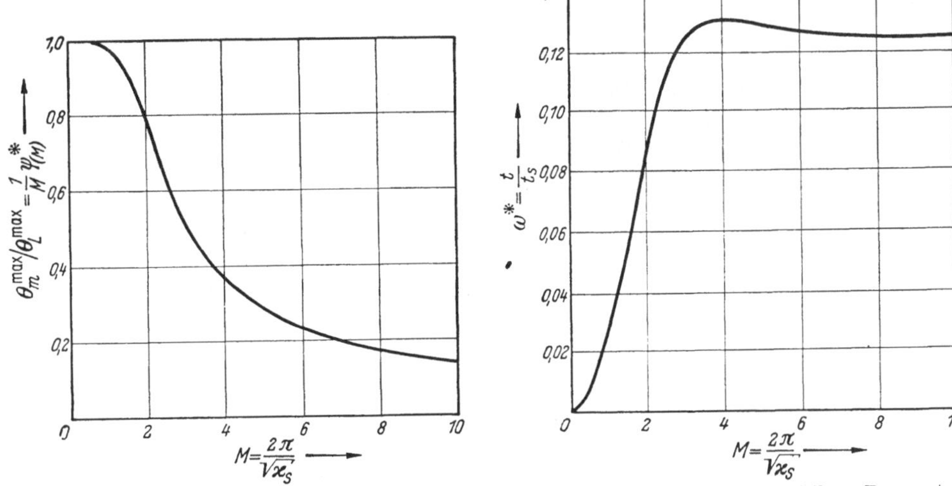

Abb. 40. Amplitude der mittleren Temperatur

Abb. 41. Phasenverschiebung der mittleren Temperatur

so daß unter Verwendung von Abb. 40 und Abb. 41 die mittlere Temperatur ermittelt werden kann.

Wie aus Gl. (35) und (36) ersichtlich, schwanken die Temperaturen in der Mauer nach demselben Gesetz, wie die Temperaturen der Luft. Sie sind jedoch nicht synchron zu dieser, sondern phasenverschoben. Für das Schließen und Auspressen

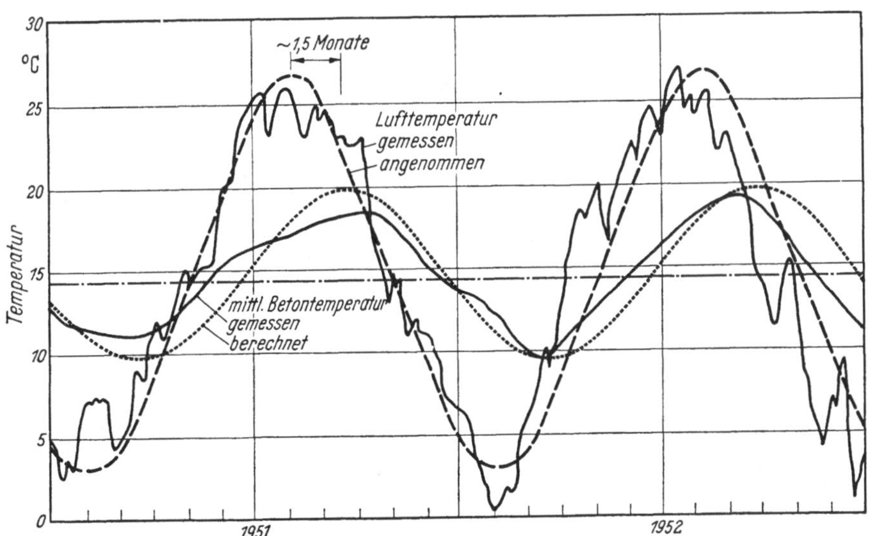

Abb. 42. Gemessene und berechnete Temperaturen in einer Staumauer infolge der jahreszeitlichen Temperaturschwankungen der Luft

der Blockfugen einer Staumauer ist es jedoch wichtig, zu wissen wann vor allem die mittlere Temperatur Θ_m ihr Minimum durchläuft.

Aus Abb. 41 kann man sofort den Bruchteil ω^* der Periodendauer t_s ablesen, um den Θ_m in der Mauer der Lufttemperatur nachfolgt. So ergibt sich z. B. für die Staumauer Pieve di Cadore[1] mit einer mittleren Dicke $D = 14{,}75$ m und $a = 0{,}00525$ m²/h für eine jahreszeitliche Temperaturschwankung ($t_s = 8760$ h)

$$M = 2\pi/\sqrt{\varkappa_s} = 3{,}87 \rightarrow \omega^* = 0{,}129 \qquad \text{und} \qquad \frac{1}{M} \cdot \psi^* = 0{,}392 .$$

Die Phasenverschiebung der mittleren Temperatur Θ_m der Mauer berechnet sich also zu

$$t_s \cdot \omega^* = 0{,}129 \cdot 8760 = 1130\,h = 1{,}55\,\text{Monate},$$

und die maximale Abweichung derselben von der mittleren jährlichen Lufttemperatur zu

$$0{,}392 \cdot 12{,}5 = 4{,}9\ ^\circ\text{C},$$

was sich sehr gut mit den Ergebnissen der Messungen deckt (Abb. 42). Allgemein zeigt Abb. 41, daß für $M > 5$ die Phasenverschiebung $\omega^* = \text{const.} \cong 0{,}125$ ist, und somit die mittlere Temperatur Θ_m bei jahreszeitlichen Temperaturschwankungen in Mauern der Dicke $D > 17$ m ihr Maximum bzw. ihr Minimum $0{,}125 \times 8760 = 1095$ h oder etwa 1,5 Monate später als die Lufttemperatur erreicht.

2.7 Vergleich einer Berechnung eines Temperaturfeldes gemäß Ziffer 2.5 mit der Temperaturmessung als Rechenbeispiel

Zweck der vorangegangenen Untersuchungen war, den Temperaturzustand eines Massenbetonbauwerkes infolge der chemischen Wärmeentwicklung und der natürlichen Kühlung durch die Luft so zu erfassen, daß die Notwendigkeit einer künstlichen Kühlung genügend genau beurteilt werden kann. Um die praktische Handhabung der gefundenen Beziehungen zu erläutern, soll nun ein Rechenbeispiel in kurzen Zügen vorgeführt werden. Als Beispiel wurde eine Schleusenmauer an einer Binnenschiffahrtsstraße gewählt. Wie schon mehrfach darauf hingewiesen wurde, vereinfacht sich die Rechnung bei größeren Baukörpern ganz beträchtlich, wohingegen das gewählte Beispiel die charakteristischen Merkmale einer Temperaturberechnung besonders deutlich werden läßt. An der für das Rechenbeispiel gewählten Schleusenmauer wurden Temperaturmessungen durch die Wasser- und Schiffahrtsdirektion Stuttgart[2] vorgenommen, so daß das Ergebnis der Rechnung mit den Meßwerten verglichen werden kann (Abb. 43).

In den Rechenblättern 5 und 6 sind die einzelnen Schritte der Vorberechnung enthalten: vorweg (a) werden die thermischen Eigenschaften des Betons aus seiner Zusammensetzung bestimmt, wonach auf Grund der chemischen Zusammen-

[1] Literatur, s. S. 42.

[2] Die Meßergebnisse wurden mir freundlicherweise zur Verfügung gestellt von Herrn Reg.-Baudirektor Welt, Leiter der Techn. Konstr.-Abtl. der Wasser- und Schiffahrtsdirektion Stuttgart.

setzung des Portlandzement-Anteils des verwendeten Hochofenzementes 50/50 die Wärmeentwicklung $\overline{W}$ des HOZ unter Berücksichtigung der Mahlfeinheit und des Schlackengehaltes errechnet wird (b), (c), (d). Für den adiabatischen Temperaturanstieg (e) im Beton bei einem Bindemittelgehalt von 265 kg/m³ muß nun noch die Beschleunigung der Wärmeentwicklung durch die stetig höher werdende Temperatur berücksichtigt werden (f): hierbei wurde bei einer Anfangstemperatur

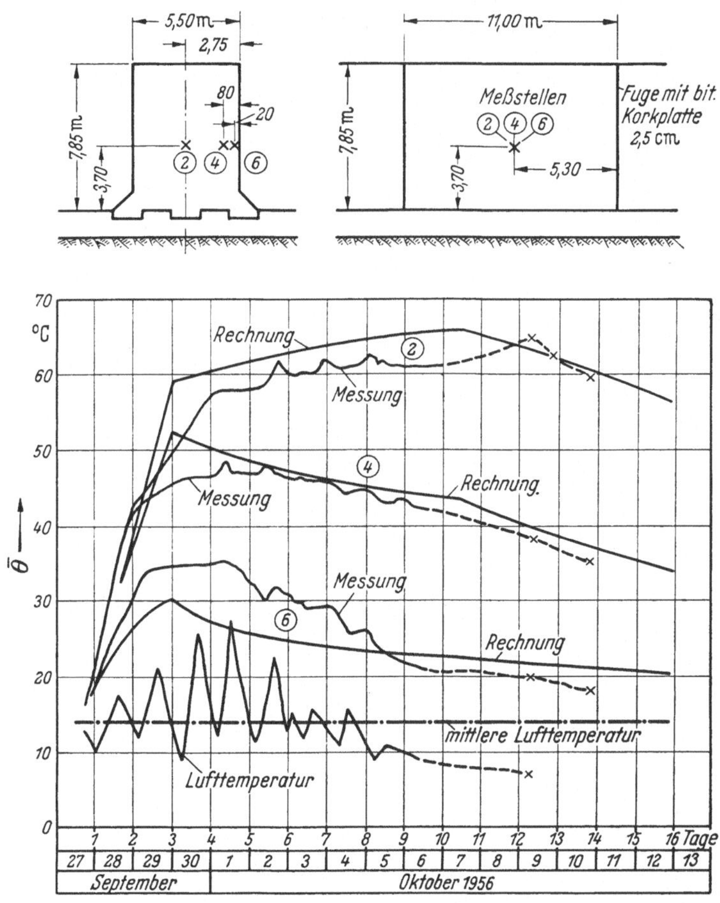

Abb. 43. Temperaturen in einer Schleusenmauer infolge der Wärmeentwicklung des Zementes (Messungen der Wasser- und Schiffahrtsdirektion Stuttgart)

(= mittlerer monatlicher Lufttemperatur) = 14 °C die mittlere Temperatur eines jeden Zeitabschnittes der Rechnung zugrunde gelegt. Es ist bemerkenswert, daß so die Wärmeentwicklung, die sich bei Lagerung einer Betonprobe bei 20 °C auf 1 Jahr hin erstreckt, durch die sich ständig erhöhende Temperatur bereits innerhalb 16 Tagen frei wird. In dem so gefundenen Diagramm der adiabatischen Temperaturerhöhung wurde auch der Verlauf der linearisierten Wärmeentwicklungsfunktion eingetragen: zur besseren Anpassung an den tatsächlichen Verlauf wurden hier die zwei Wärmeentwicklungsfunktionen $\Theta_{W\,\mathrm{I}}$ und $\Theta_{W\,\mathrm{II}}$ überlagert,

Rechenblatt 5

Berechnung des Temperaturverlaufs in einer Schleusenmauer

a) Thermische Eigenschaften des Betons berechnet nach Ziffer 2.2

Material kg		Anteil %	Wärmeleitzahl λ		spez. Wärme c	
			f_1	ber. Wert	f_2	ber. Wert
Wasser	163	6,7	0,00515	0,0345	0,01000	0,0670
Zement	265	10,9	0,01129	0,1233	0,00158	0,0172
Sand	802	32,8	0,02637	0,8650	0,00190	0,0625
Kies	1200	49,6	0,03320	1,6480	0,00187	0,0930
				2,6708		0,2397

$\gamma_b = 2430$ kg/m³ $\quad \lambda_b = 2{,}6708 \dfrac{\text{kcal}}{\text{m, °C, h}} \quad c = 0{,}2397 \dfrac{\text{kcal}}{\text{kg, °C}}$

$$a = \frac{2{,}6708}{0{,}2397 \cdot 2430} = 0{,}00458 \text{ m}^2/\text{h}$$

b) PZ-Klinker: chemische Zusammensetzung SiO_2 19,8%, Al_2O_3 7,7%, Fe_2O_3 3,1%, CaO 64,7%, fr. Kalk 1,2%, SO_3 0,5%;
mineralogische Zusammensetzung berechnet mit Abb. 9 C_3S 50,8%, C_2S 18,4%, C_3A 15,1%, C_4AF 9,4%, $CaSO_4$ 0,9%, fr. Kalk 1,2%.

c) Wärmeentwicklung des PZ-Klinkers berechnet nach Formel (1):

Zeit	nach 3 Tagen	nach 7 Tagen	nach 28 Tagen	nach 90 Tagen	nach 1 Jahr
50,8·a	27,4	25,8	46,1	54,3	62,0
18,4·b	– 0,2	0,7	5,3	9,7	13,6
15,1·c	23,0	48,8	51,9	54,3	55,8
9,4·d	1,9	8,8	12,2	12,9	15,3
0,5·e	4,5	2,2	– 1,1	– 3,6	– 6,7
$\overline{W}$ (kcal/kg)	56,6	86,3	114,4	127,6	144,0

Zuschlag für die größere Feinheit (Blaine 4300 cm²/g):

	10·2,0	10·1,7	10·1,0	10·0,7	10·0,4
=	20,0	17,0	10,0	7,0	4,0
$\overline{W}$ (kcal/kg) 4300	76,6	103,3	124,4	134,6	148,0

d) Wärmeentwicklung des HOZ 50/50 – Verhältniswert R nach Abb. 12:

mit R =	0,68	0,86	0,86	0,86	0,86
$\overline{W}$ (kcal/kg) HOZ	52,0	88,5	107	116	127

e) Der adiabatische Temperaturanstieg im Beton ($\overline{\Theta}_a = 20$ °C)

$$\Theta_w = \frac{265 \cdot \overline{W}}{0{,}24 \cdot 2430} = \quad 23{,}6 \quad 40{,}2 \quad 48{,}6 \quad 52{,}7 \quad 57{,}6\ °\text{C}$$

f) Beschleunigung des Temperaturanstiegs – berechnet nach der Formel:

$$t = t_a / e^{\frac{(\overline{\Theta} - \overline{\Theta}_a)}{10} \ln 2}$$

Frischbetontemperatur $\overline{\Theta}_B = 14$ °C, $\overline{\Theta}_a = 20$ °C.

Rechenblatt 6

Δt_a	$\bar{\Theta}$	$\Delta t_a/\Delta t$	Δt	t (Tage)
3	14 + 0,5 (0 + 23,6) = 25,8	1,52	1,97	1,97
4	14 + 0,5 (23,6 + 40,2) = 45,9	5,80	0,69	2,66
21	14 + 0,5 (40,2 + 48,6) = 58,4	14,4	1,46	4,12
62	14 + 0,5 (48,6 + 52,7) = 64,7	22,5	2,78	6,90
275	14 + 0,5 (52,7 + 57,6) = 69,2	30,6	9,0	15,90

Darstellung des adiabatischen Temperaturanstiegs

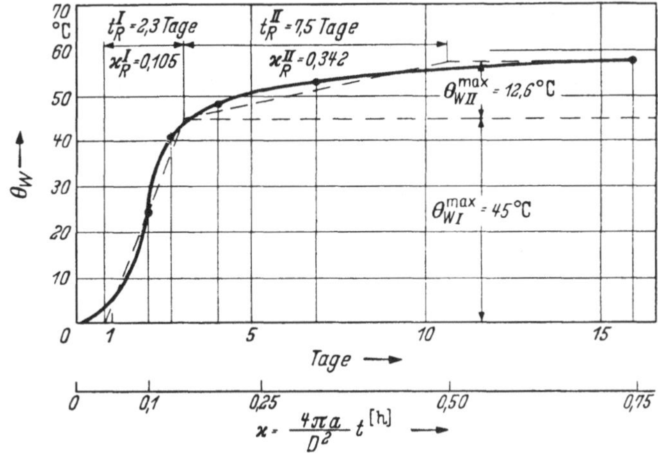

g) Die Temperaturfunktionen bei Abkühlung durch die Luft

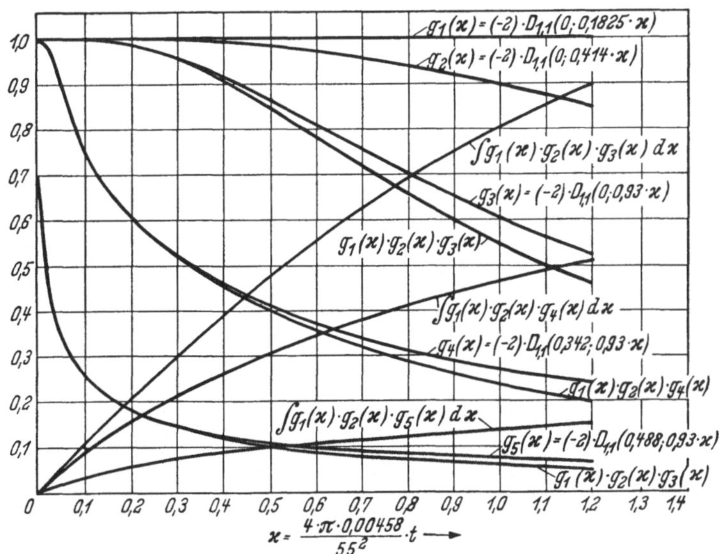

mit

$\varkappa_{R\,\mathrm{I}} = 0{,}105$ und $\Theta_{W\,\mathrm{I}}^{\max} = 45\,°\mathrm{C}$ bzw. $\varkappa_{R\,\mathrm{II}} = 0{,}342$ und $\Theta_{W\,\mathrm{II}}^{\max} = 12{,}5\,°\mathrm{C}$.

Der Berechnung des Temperaturverlaufes in den Punkten 2, 4 und 6 (Abb. 43) wurden nun folgende Voraussetzungen zugrunde gelegt:

1. Die Wärmeübergangszahl α kann entsprechend Abb. 27 mit $\alpha = 25$ kcal/m², °C, h angenommen werden;
2. Die verwendete Stahlschalung bleibe ohne Wirkung auf das Temperaturfeld;
3. Der Wärmeabfluß von der Schleusenmauer an die Sohlenplatte und an den Untergrund entspreche dem an die Luft; demgemäß könne
4. mit genügender Genauigkeit angenommen werden, daß sich die Meßstellen in der Mitte zwischen der Ober- und der Unterseite der Mauer befänden.

Mit

$$D_1 = 5{,}5\,\mathrm{m}, \quad D_2 = 2\cdot(7{,}85 - 3{,}70) = 8{,}30\,\mathrm{m}, \quad D_3 = 11{,}0\,\mathrm{m}$$

also

$$n = 5{,}5/8{,}3 = 0{,}663; \quad m = 5{,}5/11{,}0 = 0{,}5$$

wird

$$h\cdot D_1 = \frac{25}{2{,}67}\,5{,}5 = 51{,}5 \rightarrow \nu = 0{,}965$$

$$h\cdot D_2 = \frac{25}{2{,}67}\,8{,}3 = 77{,}7 \rightarrow \nu = 0{,}97$$

und für die korkbelegten Stirnflächen mit $d_s = 0{,}025$ m und $\lambda_s = 0{,}07$ kcal/m, °C, h wird

$$k = \frac{1}{\frac{0{,}025}{0{,}07} + \frac{1}{25}} = 2{,}77; \quad \frac{k\cdot D}{\lambda_b} = \frac{2{,}77\cdot 11{,}0}{2{,}67} = 11{,}4$$

also

$$\nu = 0{,}855.$$

Bei den hier vorliegenden relativ großen Transformationszahlen bleibt die Veränderlichkeit mit ν unberücksichtigt, zumal man damit auf der sicheren Seite bleibt.

Für die einzelnen Meßstellen ist

$$\text{(2)}:\quad \xi_2 = 0; \qquad \eta_2 = 0; \quad \zeta_2 = 0;$$

$$\text{(4)}:\quad \xi_4 = 1{,}95/5{,}5 = 0{,}355; \quad \eta_4 = 0; \quad \zeta_4 = 0;$$

$$\text{(6)}:\quad \xi_6 = 2{,}55/5{,}5 = 0{,}464; \quad \eta_6 = 0; \quad \zeta_6 = 0;$$

so daß sich der Temperaturverlauf in den einzelnen Meßstellen darstellen läßt durch

Meßstelle 2:

$$\left.\begin{aligned}
\Theta &= \frac{\Theta_W^{\max}}{\varkappa_R}\int_0^{\varkappa}(-2)^3\cdot D_{1,1}(0;0{,}93u)\cdot D_{1,1}(0;0{,}414u)\cdot D_{1,1}(0;0{,}1825u)\,du \qquad \text{für } \varkappa \leqq \varkappa_R\\
\Theta &= \frac{\Theta_W^{\max}}{\varkappa_R}\int_{\varkappa-\varkappa_R}^{\varkappa}(-2)^3\cdot D_{1,1}(0;0{,}93u)\cdot D_{1,1}(0;0{,}414u)\cdot D_{1,1}(0;0{,}1825u)\,du \qquad \text{für } \varkappa \geqq \varkappa_R
\end{aligned}\right\} \quad (37)$$

Meßstelle 4:

$$\left.\begin{aligned}\Theta &= \frac{\Theta_W^{\max}}{\varkappa_R}\int\limits_0^{\varkappa}(-2)^3\cdot D_{1,1}(0{,}342;0{,}93u)\cdot D_{1,1}(0;0{,}414u)\cdot D_{1,1}(0;0{,}1825u)\,du \quad \text{für } \varkappa\leqq\varkappa_R\\ \Theta &= \frac{\Theta_W^{\max}}{\varkappa_R}\int\limits_{\varkappa-\varkappa_R}^{\varkappa}(-2)^3\cdot D_{1,1}(0{,}342;0{,}93u)\cdot D_{1,1}(0;0{,}414u)\cdot D_{1,1}(0;0{,}1825u)\,du \quad \text{für } \varkappa\geqq\varkappa_R\end{aligned}\right\}\quad(38)$$

Meßstelle 6:

$$\left.\begin{aligned}\Theta &= \frac{\Theta_W^{\max}}{\varkappa_R}\int\limits_0^{\varkappa}(-2)^3\cdot D_{1,1}(0{,}448;0{,}93u)\cdot D_{1,1}(0;0{,}414u)\cdot D_{1,1}(0;0{,}1825u)\,du \quad \text{für } \varkappa\leqq\varkappa_R\\ \Theta &= \frac{\Theta_W^{\max}}{\varkappa_R}\int\limits_{\varkappa-\varkappa_R}^{\varkappa}(-2)^3\cdot D_{1,1}(0{,}448;0{,}93u)\cdot D_{1,1}(0;0{,}414u)\cdot D_{1,1}(0;0{,}1825u)\,du \quad \text{für } \varkappa\geqq\varkappa_R\end{aligned}\right\}\quad(39)$$

wobei

$$\varkappa = \frac{4\cdot\pi\cdot a}{D_1^2}\cdot t = \frac{4\cdot\pi\cdot 0{,}00458}{5{,}5^2}\cdot t = 0{,}0019\cdot t^{(\text{Stunden})}.$$

Die einzelnen Temperaturfunktionen wurden nun mit Hilfe von Abb. 20 ermittelt, jeweils miteinander multipliziert und dann graphisch die Integration durchgeführt (s. Blatt 6), so daß damit die Funktionswerte für die numerische Auswertung der Gln. (37), (38) und (39) ermittelt sind.

Die Gln. (37), (38) und (39) wurden nun getrennt ausgewertet für die beiden Wärmeentwicklungsfunktionen $\Theta_{W\,\mathrm{I}}$ und $\Theta_{W\,\mathrm{II}}$, und zwar für

$$\frac{\Theta_{W\,\mathrm{I}}^{\max}}{\varkappa_{R\,\mathrm{I}}} = 45/0{,}105 = 428 \quad \text{und für} \quad \frac{\Theta_{W\,\mathrm{II}}^{\max}}{\varkappa_{R\,\mathrm{II}}} = 12{,}5/0{,}342 = 36{,}6,$$

und so einander überlagert, daß entsprechend der Darstellung auf Blatt 6 der Temperaturanstieg für $\Theta_{W\,\mathrm{I}}$ am Ende des 1. Tages beginnt, während für $\Theta_{W\,\mathrm{II}}$ der Beginn am Ende des 3. Tages liegt. Das Ergebnis ist in Abb. 43 den Meßwerten der drei Meßstellen gegenübergestellt.

Die Übereinstimmung zwischen Rechnung und Messung kann als außerordentlich gut bezeichnet werden, berücksichtigt man vor allem die große Unsicherheit, die durch die theoretische Bestimmung der Wärmeentwicklung in die Rechnung hineingetragen wird. Im allgemeinen wird also eine befriedende Übereinstimmung zwischen Messung und Rechnung nur dann zu erwarten sein, wenn die Wärmeentwicklung auf Grund eines Kalorimeterversuches im voraus bestimmt wurde.

Der Vergleich der beiden Temperaturkurven für den Meßpunkt 6 zeigt nun, daß in der vorliegenden Rechnung die Wärmeübergangszahl etwas zu groß gewählt wurde. Andererseits zeigt jedoch der Vergleich der Kurven der drei Meßstellen untereinander, daß der Einfluß der Wärmeübergangszahl auf den Temperaturzustand der ganzen Mauer selbst bei einer kleinsten Dicke derselben von nur 5,5 m relativ unbedeutend ist.

Auf die Ungewißheit der für die natürliche Abkühlung maßgebenden Wärmeleitzahl wurde schon unter Ziffer 2.2 hingewiesen. Wie auch aus dem hier vorgeführten Beispiel ersichtlich wird, ist sie für die Ermittlung des höchsten Temperaturanstiegs weniger entscheidend.

2.8 Beispiel zur Berechnung des maximalen Temperaturanstiegs in dünnen Baugliedern aus Grobbeton

Bei der Beschreibung der Temperaturverhältnisse in einem Baukörper mittels der Fourierschen Differentialgleichung der Wärmeleitung war gemäß Ziffer 2.1 die Voraussetzung gemacht worden, daß der Beton als homogen angesehen werden

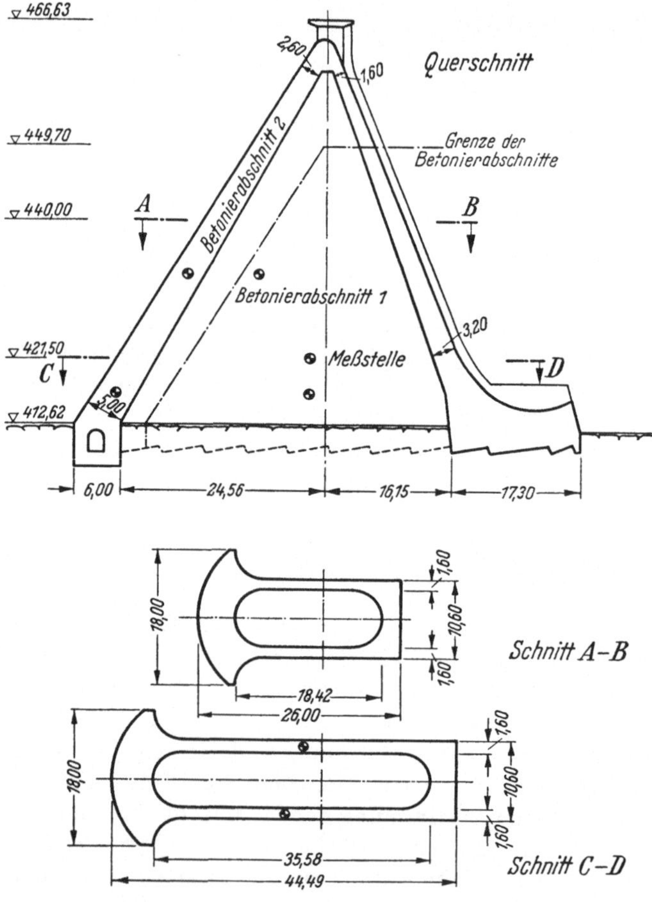

Abb. 44. Pfeilerstaumauer aus Grobbeton — Temperaturmessungen

darf. Daß also die Größe der einzelnen Zuschlagskörner im Vergleich zu den Abmessungen des Baukörpers so klein ist, daß die Wärmeentwicklung als gleichmäßig verteilt angesehen werden kann. Ist nun diese Voraussetzung auch bei einem Baukörper gegeben, bei dem die kleinsten Abmessungen $D = 1{,}60$ m bis $D = 5{,}6$ m betragen und der andererseits aus einem Grobbeton mit Steinen von etwa 30 cm Durchmesser erstellt wird? Diese Frage sei am Beispiel einer Pfeilerstaumauer (Abb. 44) durch Vergleich von Rechnung und Messung untersucht[1].

Auf Blatt 7 wurden zunächst aus der Zusammensetzung des Betons seine thermischen Eigenschaften nach Ziffer 2.2 vorberechnet und nun angenommen, daß das Ergebnis für die zu untersuchenden Fragen genau genug sei. Ebenfalls wurde auf Blatt 7 der adiabatische Temperaturanstieg für den verwendeten Sulfathüttenzement auf Grund der Angaben unter Ziffer 1 errechnet und auf Blatt 8 mathematisch formuliert mit Hilfe der Formeln (3a) und (4). Hierbei wurde auch der Temperaturanstieg errechnet für den Feinbeton allein, in den keine großen Steine eingerüttelt seien.

Nun ist der Anteil der großen Steine im Grobbeton hier groß, so daß auch an relativ vielen Stellen des Betons keine Wärme entwickelt wird. Eine gewisse Abschätzung der Temperaturausgleichsvorgänge zwischen dem Feinbeton und den wärmeentwicklungsfreien Grobsteinen läßt sich dadurch erreichen, daß man entsprechend der Darstellung auf Blatt 8 annimmt, der Grobbeton sei aus einzelnen Schichten von abwechselnd Feinbeton und Grobsteinen aufgebaut. Der Temperaturausgleich zwischen den beiden Schichten kann mit den Formeln der Ziffer 2.5 dargestellt werden, und es ergibt sich für die vorliegenden Verhältnisse, daß die Temperatur im Feinbeton nur 1 °C überhöht ist gegenüber der Annahme der gleichmäßig verteilten Wärmeentwicklung. Für den betrachteten Fall des Grobbetons sind die Verhältnisse des Temperaturausgleichs noch viel günstiger, da hier nur 33% Grobsteine eingerüttelt wurden, und diese gegenüber der Rechenannahme vom Feinbeton gleichmäßig umhüllt sind, so daß die Aufheizung der großen Steine noch rascher erfolgen wird. Schließlich ist die Wärmeleitzahl des kompakten Steines größer als die des Feinbetons, was den Temperaturausgleich ebenfalls gegenüber der Rechenannahme befördert. Es ist somit anzunehmen, daß die Temperatur im Feinbeton weniger noch als 1 °C überhöht sein wird, so daß also durchaus mit der Annahme der gleichmäßig verteilten Wärmeentwicklung gerechnet werden kann.

Der maximale Temperaturanstieg im Beton wurde nun auf Blatt 9 für verschiedene Mauerdicken mit Hilfe von Abb. 36 errechnet, wobei für die Wärmeübergangszahl $\alpha = 13$ kcal/m^2, °C, h der Rechnung zugrunde gelegt wurde.

Ein Vergleich der berechneten und der gemessenen Höchsttemperaturen zeigt nun dennoch abweichende Ergebnisse. Eine Analyse der gemessenen Höchsttemperaturen und des Zeitpunktes ihres Auftretens ergibt unter der Voraussetzung der richtig vorbestimmten Wärmeleitzahl und richtig bestimmter Wärmeübergangszahl folgendes:

Der verwendete Sulfathüttenzement hatte in dem betrachteten Fall eine langsamere Wärmeentwicklung, als dies nach den Darlegungen unter Ziffer 1 zunächst zu erwarten war. Offensichtlich ist der verzögernde Einfluß des Plastocretes größer als angenommen. Der den zeitlichen Verlauf der Wärmeentwicklung kennzeichnende Wert t_0 ergibt sich aus den Messungen übereinstimmend zu $t_0 = 31{,}6$ h.

Die überhöhte Temperatur gegenüber der Rechnung ist nun vermutlich auf eine etwas größere Wärmeentwicklung des Zements zurückzuführen, wenn an-

---

[1] Die Unterlagen für eine Berechnung wurden mir ebenso wie die Meßergebnisse freundlicherweise von Herrn Dipl.-Ing. Bäcker, Duisburg, zur Verfügung gestellt.

genommen werden kann, daß in den dickeren Mauerteilen das Verhältnis von Grobsteinen zu Feinbeton von 0,33 ziemlich genau eingehalten wurde. Bei den dünneren Mauerteilen ist hingegen die Ursache der überhöhten Temperatur zu einem Großteil darin zu suchen, daß der Anteil des Feinbetons größer als 67% war, beispielsweise veranlaßt durch den Einbau der Thermometer und Reglerkästen. Das dürften wahrscheinlich die entscheidenden Gründe sein, daß die Analyse der gemessenen Höchsttemperaturen für den adiabatischen Temperaturanstieg die Werte $\Theta_W^{max} = 14{,}8$ °C bzw. 17,0 °C ergab, gegenüber dem Wert der Vorberechnung von 13,2 °C.

In der Abbildung wurden die gemessenen Höchsttemperaturen und der Zeitpunkt ihres Auftretens den Ergebnissen der Rechnung gegenübergestellt. Die erste Annahme gilt für $\Theta_W^{max} = 13{,}2$ °C und $t_0 = 24$ h, während für die verbesserte zweite Annahme die Werte der Analyse $\Theta_W^{max} = 14{,}8$ °C und $t_0 = 31{,}6$ h verwendet wurden.

Rechenblatt 7

Berechnung des maximalen Temperaturanstiegs in einer Pfeilerstaumauer aus Grobbeton

Beton: Zusammensetzung: 33% Grauwakesteine 30 bis 40 cm, 67% Feinbeton mit 250 kg Zement/m³, 130 l Wasser/m³, 0,6% Plastocrete.

Frischbetongewicht $\gamma_b = 2490$ kg/m³.

Thermische Eigenschaften des Feinbetons berechnet nach Ziffer 2.2:

$\lambda_b = 3{,}168$ kcal/m, °C, h; $c_b = 0{,}214$ kcal/kg, °C; $a = 0{,}00617$ m²/h

Thermische Eigenschaften des Grobbetons:

Material	Anteil %	Wärmeleitzahl λ_b		spez. Wärme c_b	
		f_1	ber. Wert	f_2	ber. Wert
Feinbeton	67	0,03168	2,123	0,00214	0,143
Grauwakesteine ..	33	0,04001	1,320	0,00173	0,057
			3,443		0,200

$\lambda_b = 3{,}443$ kcal/m, °C, h; $c_b = 0{,}200$ kcal/kg, °C;

$$a = \frac{3{,}443}{0{,}2 \cdot 2490} = 0{,}0069 \text{ m}^2/\text{h}.$$

Zement: Sulfathüttenzement SHZ 275 mit 2% PZ-Klinker, 15% Anhydrit und 83% Schlacke, spez. Oberfläche Blaine 3225 cm²/g.

Wärmeentwicklung geschätzt nach Abb. 4 (Ziffer 1.2):

nach	2	3	7	28	Tagen
$\overline{W} =$	33	38	39	40	kcal/kg

Temperaturanstieg adiabatisch: unter Vernachlässigung des Temperatureinflusses, da ein Versuch die verzögernde Wirkung von Plastocrete in den ersten Stunden erwies, später jedoch der Einfluß größenmäßig gering ist.

Mit $Z = 250 \cdot 0{,}67 = 168$ kg/m³ ist

	nach	2	3	7	28	Tagen
$\Theta_w = \dfrac{\overline{W} \cdot Z_b}{c_b \cdot \gamma_b} =$		11,1	12,8	13,2	13,5	°C *im Grobbeton*

und entsprechend mit $Z = 250$ kg/m³ wäre

	2	3	7	28	
$\Theta_w =$	16,0	18,5	19,0	19,5	°C *im Feinbeton*

Rechenblatt 8

Formel für den adiabatischen Temperaturanstieg:

$$\text{Grobbeton} \quad \Theta_w = 13{,}2\,(1 - e^{-t/24}) \qquad t\ \text{(Stunden)}.$$

$$\text{Feinbeton} \quad \Theta_w = \frac{19{,}5}{50}\,t \qquad 0 \leqq t \leqq 50\ \text{h}.$$

Betrachtung zum Temperaturverhalten des Grobbetons:

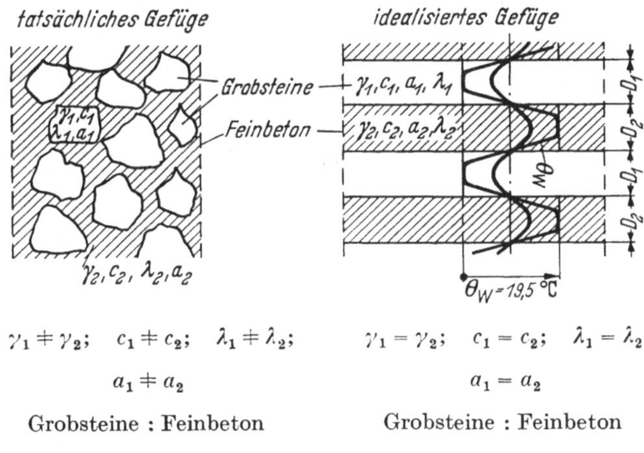

$\gamma_1 \neq \gamma_2$; $c_1 \neq c_2$; $\lambda_1 \neq \lambda_2$;	$\gamma_1 = \gamma_2$; $c_1 = c_2$; $\lambda_1 = \lambda_2$;
$a_1 \neq a_2$	$a_1 = a_2$
Grobsteine : Feinbeton	Grobsteine : Feinbeton
= 1 : 2	= 1 : 1

Für das idealisierte Gefüge sei $D_1 = 0{,}3$ m; $\gamma_1 = 2400$ kg/m³, $\lambda_1 = 3{,}168$ kcal/m, °C, h; $c_1 = 0{,}214$ kcal/kg, °C; $a_1 = 0{,}00617$ m²/h, und es gilt für den Temperaturanstieg im *Feinbeton*:

$$\Theta_w = \frac{\Theta_W^{\max}}{\varkappa_R} \int_0^{\varkappa} \frac{1}{2}\,[1 + (-2) \cdot D_{1,1}(\xi; u)]\,du \qquad 0 \leqq \varkappa \leqq \varkappa_R$$

oder

$$\Theta_w = \underbrace{\frac{1}{2}\,\frac{\Theta_W^{\max}}{\varkappa_R} \cdot \varkappa}_{\text{im Grobbeton}} + \underbrace{\frac{1}{2}\,\frac{\Theta_W^{\max}}{\varkappa_R} \int_0^{\varkappa} (-2) \cdot D_{1,1}(\xi; u)\,du}_{\text{im Feinbeton über den des Grobbetons}} \qquad 0 \leqq \varkappa \leqq \varkappa_R$$

Temperaturanstieg
im Grobbeton im Feinbeton *über* den des Grobbetons.

Mit

$$\varkappa = \frac{4\pi a}{D^2}\,t; \qquad \varkappa_R = \frac{4 \cdot \pi \cdot 0{,}00617}{0{,}3^2} \cdot 50 = 14{,}4; \qquad \Theta_W^{\max} = 19{,}5\ ^\circ\text{C}$$

wird für $\xi = 0$ und $\varkappa = \varkappa_R = 14{,}4$:

$$\Theta_w = 9{,}75 + 1{,}08 = 10{,}8\ ^\circ\text{C}.$$

Der Temperaturunterschied im Feinbeton beträgt also rund 1 °C gegenüber der Annahme, daß der Zement gleichmäßig über den Beton verteilt sei.

Die maximale Temperatur im Bauwerk läßt sich nach Ziffer 2.5 berechnen; die maßgebenden Werte lassen sich für das Gesetz des adiabatischen Temperaturanstiegs im Grobbeton

$$\Theta_w = 13{,}2\,(1 - e^{-t/24}) \qquad \dot{t}_0 = 24\ \text{h}$$

$$\Theta_W^{\max} = 13{,}2\ ^\circ\text{C}$$

aus Abb. 36 entnehmen.

Rechenblatt 9

Berechnungstabelle

Mauerdicke D (m)	1,60	2,97	4,21	5,62
$\varkappa_0 = 4 \cdot \pi\, 0{,}0069 \cdot 24/D^2$	0,81	0,24	0,12	0,07
α (geschätzt)		13 kcal/m², °C, h		
$hD = 13 \cdot D/3{,}443$	6,05	11,2	15,9	21,2
ν nach Abb. 28	0,77	0,86	0,90	0,92
$\nu^2 \cdot \varkappa_0$	0,48	0,18	0,10	0,06
$\Theta_{\max}^{\max}/\Theta_W^{\max}$ nach Abb. 36	0,68	0,87	0,93	0,96
$\nu^2 \cdot \varkappa_{(\Theta_{\max}^{\max})}$ nach Abb. 36	0,88	0,52	0,37	0,27
$\varkappa_{(\Theta_{\max}^{\max})}$	1,48	0,70	0,45	0,32
$\Theta_{\max}^{\max}$ .... °C	9,0	11,5	12,35	12,75
$t_{(\Theta_{\max}^{\max})}$ .... h	44	70	90	111

Vergleich der berechneten und der gemessenen Höchsttemperaturen:

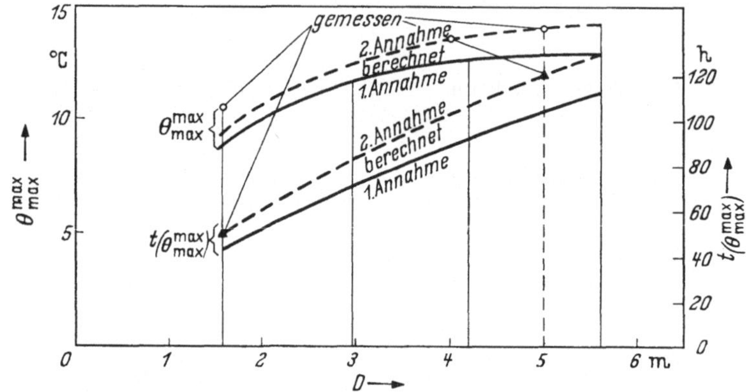

Analyse der gemessenen Höchsttemperaturen

D (m)	$t_{(\Theta_{\max}^{\max})}$	$\varkappa_{(\Theta_{\max}^{\max})}$	α	hD	ν	$\nu^2 \cdot \varkappa_{(\Theta_{\max}^{\max})}$	$\nu^2 \cdot \varkappa_0$	$\Theta_{\max}^{\max}/\Theta_W^{\max}$	$\Theta_{\max}^{\max}$	$\Theta_W^{\max}$	t_0
1,60	51 h	1,725	13	6,04	0,77	1,02	0,63	0,617	10,5	17,0	31,6
5,00	120 h	0,416	13	18,9	0,91	0,35	0,09	0,942	14,0	14,8	31,7
	gemessen								gemessen		

und es ergibt sich aus $\Theta_W^{\max} = 14{,}8$ °C mit $Z = 168$ kg/m³ ein Korrekturwert für die Wärmeentwicklung $\overline{W}_{\max} = 14{,}8 \cdot 0{,}2 \cdot 2490/168 = 44$ kcal/kg Zement, und es gilt für die Temperaturerhöhung $\Theta_w = 14{,}8\,(1 - e^{-t/31{,}6})$. Für $D = 1{,}60$ m ergibt sich $Z = 192$ kg/m³, was einem Grobbeton aus 77% Feinbeton und 23% Grobsteinen entspräche.

2.9 Bestimmung der Wärmeleitzahl λ_b aus Kontrollmessungen am Bauwerk

Eine zufriedenstellende Übereinstimmung einer Berechnung mit den Ergebnissen einer Temperaturmessung liegt im wesentlichen in der richtigen Annahme der Wärmeentwicklung des Zementes, der Wärmeübergangszahl α und der Wärmeleitzahl λ_b begründet.

Auf die Notwendigkeit der experimentellen Bestimmung der Wärmeentwicklung wurde wiederholt hingewiesen. Unter Ausschluß subjektiver Fehlschätzungen kann vielleicht ein Fehler von $\pm 15\%$ angesetzt werden, der nun linear in die Rechnung eingeht. Damit beträgt unter adiabatischen Aufheizungsverhältnissen die Abweichung ebenfalls $\pm 0{,}15\ \Theta_W^{\max}$. Sie wird aber im Verlauf der Abkühlung immer kleiner, und schon für $\varkappa = 2$ ist der Fehler nur noch rund $0{,}04\,\Theta_W^{\max}$.

Für den Einfluß der Wärmeübergangszahl α auf die Richtigkeit der Rechnung ist entscheidend, daß gemäß Ziffer 2.32 α zwischen 5 und 25 liegt, und normalerweise zu $\alpha = 13$ kcal/m², °C, h geschätzt werden kann. Der Fehler einer Berechnung mit der Vereinfachung $\alpha = \infty$ gegenüber einer mit $\alpha = 13$ kcal/m², °C, h beträgt maximal

Mauerdicke D (m)	5	10	20
bei Θ_m	$-0{,}08 \cdot \Theta_c$	$-0{,}045 \cdot \Theta_c$	$-0{,}02 \cdot \Theta_c$
bei $\Theta_{\max}$	$-0{,}07 \cdot \Theta_c$	$-0{,}035 \cdot \Theta_c$	$-0{,}015 \cdot \Theta_c$

und etwa ebensogroß ist der Fehler einer Berechnung mit $\alpha = 13$ gegenüber einer solchen mit $\alpha = 5$ kcal/m², °C, h.

Mit zunehmender Dicke der Mauer wird also ein Fehler in der Wahl von α sehr rasch völlig unbedenklich.

Bei der Festlegung einer geeigneten Wärmeleitzahl λ_b für die Berechnung der Temperaturverhältnisse im Bauwerk ist man zunächst auf eine Schätzung nach Ziffer 2.2 angewiesen, oder aber auf eine experimentelle Ermittlung an einem Versuchskörper. Auf die Ungewißheit einer solchen Schätzung wurde wiederholt hingewiesen. Die experimentelle Ermittlung an einem Probekörper hingegen erbringt lediglich die Wärmeleitzahl eines Betons, wie er gerade durch die Probe repräsentiert wird. Aus der Prüfung der Festigkeit eines Betons ist aber allgemein bekannt, wie sehr die einzelnen Ergebnisse beim Beton streuen können. Diese Streuung liegt bei Talsperrenbetonen beispielsweise bei $\pm$ 15%. In dieser Größe muß auch der Fehler einer Vorberechnung der Wärmeleitzahl nach Ziffer 2.2 erwartet werden. Die Abweichung einer Temperaturberechnung beträgt dann gegenüber dem richtigen Wert für $\Theta_{\max}$ etwa $\pm\ 0{,}15 \cdot \Theta_c$ und für Θ_m etwa $\pm\ 0{,}09 \cdot \Theta_c$, hier aber gleichermaßen für Mauern aller Dicken. Somit ist es notwendig, die Wärmeleitzahl aus den Ergebnissen von Kontrollmessungen am Bauwerk zu ermitteln. Diese Messungen sind nun gerade in Mauermitte vorzunehmen, wo der Einfluß der Wärmeübergangszahl α gegenüber der Wärmeleitzahl λ_b sehr stark zurücktritt.

Bei der Auswertung der Messungen kann man zur Vermeidung mehrmaliger Kontrollrechnungen so vorgehen, wie es hier für eine Staumauer (vgl. Beispiel Ziffer 2.5) vorgeführt werden soll.

Die beiden Kontrollmessungen wurden in der Mitte eines Mauerblocks durchgeführt, dessen kleinste Dicke $D = 15$ m, während die Mauerdicke an diesen Stellen 46,33 bzw. 54,80 m betrug. Erinnert man sich, daß gemäß Ziffer 2.3 die Abkühlung mit dem Quadrat der Mauerdicke langsamer vor sich geht, so kann man den Einfluß der Abkühlung über die Außenflächen der Mauer hier für die

Temperatur in Mauermitte vernachlässigen, und der Temperaturverlauf an den Meßstellen wird beschrieben durch

$$\Theta_{(0;\varkappa)} = \Theta_c \cdot (-2) \cdot D_{1,1}(0; \nu^2 \cdot \varkappa).$$

Mittels Abb. 21 werden nun (für $n = 1$) die Werte $\varkappa = \nu^2 \cdot \varkappa$ für die Abkühlung der Mauer auf Grund der Messung $\Theta/\Theta_c = \frac{\overline{\Theta} - \overline{\Theta}_A}{\overline{\Theta}_0 - \overline{\Theta}_R}$ abgelesen. Beispielsweise für $\Theta/\Theta_c = 0{,}807$ ergibt sich $\nu^2 \cdot \varkappa = 0{,}57$. Die so für die einzelnen Zeitpunkte gefundenen $\nu^2 \cdot \varkappa$-Werte werden nun in einem Diagramm mit linearer Teilung gegen die Zeit aufgetragen, und durch eine Kurve verbunden, aus der sich dann die Temperaturleitzahl a (m²/h) ablesen läßt. In nachstehender Tabelle wurden die Messungen der Thermometer 61 und 50 ausgewertet, die zugehörigen $\nu^2 \cdot \varkappa$-Werte in Abb. 45 aufgetragen und miteinander verbunden. Für Thermometer 61 gilt für die Neigung der gemittelten Geraden:

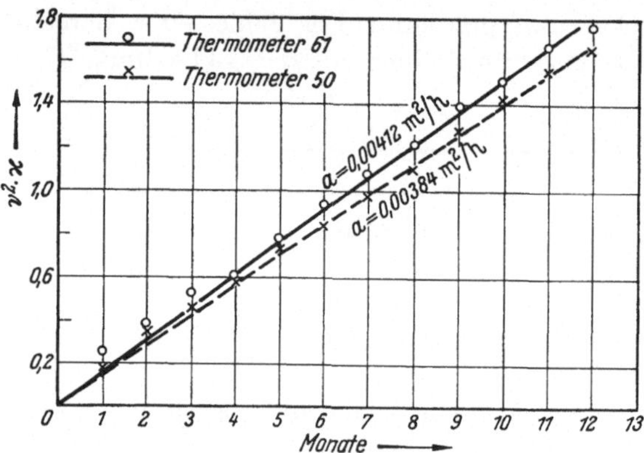

Abb. 45. Bestimmung der Temperaturleitzahl a (m²/h) aus den Ergebnissen der Kontrollmessungen

$$0{,}15 = \frac{4 \cdot \pi \cdot a}{D^2} \cdot 730^{\mathrm{h}} = \frac{4 \cdot \pi \cdot a}{15^2} \cdot 730^{\mathrm{h}}.$$

Gemäß einer Vorberechnung (vgl. Ziffer 2.5 Beispiel) wurde ermittelt $\lambda_b = 2{,}34$ kcal/m, °C, h. Da die Luft in den Hohlräumen zwischen den einzelnen Blöcken fast unbewegt sein wird, ergibt sich für $v = 0$ m/sec aus Abb. 27 eine

Tabelle 9. *Bestimmung der $\nu^2 \cdot \varkappa$-Werte zur Ermittlung der Temperaturleitzahl a aus Kontrollmessungen am Bauwerk*

Monat	Thermometer 61				Thermometer 50			
	$\overline{\Theta}$	$\overline{\Theta} - \overline{\Theta}_A$	$\frac{\overline{\Theta} - \overline{\Theta}_A}{\overline{\Theta}_0 - \overline{\Theta}_A}$	$\nu^2 \cdot \varkappa$	$\overline{\Theta}$	$\overline{\Theta} - \overline{\Theta}_A$	$\frac{\overline{\Theta} - \overline{\Theta}_A}{\overline{\Theta}_0 - \overline{\Theta}_A}$	$\nu^2 \cdot \varkappa$
0	30,8	28,5	1,0	0	32,2	29,9	1,0	0
1	30,4	28,1	0,985	0,18	31,1	28,8	0,964	0,25
2	28,5	26,2	0,92	0,36	29,4	27,1	0,907	0,38
3	26,9	24,6	0,863	0,46	27,0	24,7	0,826	0,53
4	25,3	23,0	0,807	0,57	25,9	23,6	0,79	0,60
5	22,8	20,5	0,72	0,73	23,0	20,7	0,692	0,78
6	21,2	18,9	0,663	0,84	20,8	18,5	0,618	0,93
7	19,4	17,1	0,60	0,97	18,9	16,6	0,555	1,07
8	17,6	15,3	0,537	1,10	17,0	14,7	0,492	1,21
9	15,6	13,3	0,467	1,28	15,2	12,9	0,431	1,39
10	14,1	11,8	0,414	1,43	14,1	11,8	0,392	1,50
11	13,0	10,7	0,376	1,56	12,7	10,4	0,348	1,65
12	12,1	9,8	0,344	1,66	11,9	9,6	0,321	1,75

$\overline{\Theta}$ = Temperatur an der Meßstelle; $\overline{\Theta}_0$ = Temperatur an der Meßstelle zur Zeit $t = 0$; $\overline{\Theta}_A$ = mittlere jährliche Lufttemperatur = 2,3 °C.

Wärmeübergangszahl $\alpha = 5$ kcal/m², °C, h. Es ist also $hD = 5 \cdot 15/2{,}34 = 32$, wofür sich $\nu = 0{,}945$ und $\nu^2 = 0{,}90$ ergibt. Somit errechnet sich die Temperaturleitzahl a aus der Messung zu

$$a = \frac{0{,}15 \cdot 15^2}{4 \cdot \pi \cdot 0{,}90 \cdot 730} = 0{,}00412 \text{ m}^2/\text{h}.$$

Für Thermometer 50 findet man entsprechend $a = 0{,}00384$ m²/h, so daß aus dem Mittelwert beider Messungen $a = 0{,}00398$ m²/h, für den Mittelwert der Raumgewichtsmessungen $\gamma_b = 2408$ kg/m³ und für den vorberechneten Wert der spez. Wärme $c_b = 0{,}21$ kcal/kg, °C sich die Wärmeleitzahl des Betons errechnet zu

$$\lambda_b = a \cdot c_b \cdot \gamma_b$$

$$\lambda_b = 0{,}00398 \cdot 0{,}21 \cdot 2408$$

$$\lambda_b = 2{,}01 \text{ kcal/m, °C, h},$$

ein Wert, der um 14% unter dem nach Ziffer 2.2 vorbestimmten liegt.

3 Die Spannungen in einer Staumauer infolge ungleichförmiger Temperaturverteilung

3.1 Allgemeines

Ungleichförmige Temperaturverteilung ist einer der Gründe, weswegen in einem Körper innere Spannungen vorhanden sein können. Mit der ungleichen Veränderung der Temperatur dehnen sich die einzelnen Elemente des Körpers unterschiedlich. Diese Dehnungen können aber im allgemeinen in dem zusammenhängenden Körper nicht frei erfolgen, auch wenn keine äußeren Kräfte vorhanden sind: es treten in dem Körper sogenannte Zwängsspannungen auf, die es beispielsweise in den nachfolgend behandelten plattenförmigen Baukörpern erzwingen, daß ein Querschnitt senkrecht zur Plattenebene trotz der unterschiedlichen Temperaturdehnung eben bleibt.

In Ziffer 2 wurden die Temperaturfelder in einem Betonkörper auf Grund der Wärmeentwicklung des Zementes und der natürlichen Abkühlung dargestellt, und es soll nun eine Möglichkeit wiedergegeben werden, den hierbei auftretenden Zwängsspannungen rechnerisch nachzugehen. Hierzu ist jedoch die Kenntnis der Zahlenwerte der Materialkonstanten von ausschlaggebender Bedeutung, deren Zahlenwerte[1] für Beton sehr verschieden sind. Beispielsweise kann der Zahlenwert der Wärmedehnzahl α_t zwischen $7{,}4 \cdot 10^{-6}$ und $13{,}1 \cdot 10^{-6}$ schwanken. Bei einer Temperaturveränderung von 10 °C und $E = 200000$ kg/cm² würde dies einem Größenunterschied der Spannungen um etwa 12 kg/cm² entsprechen! Selbst an Betonproben, die unter den genau gleichen Bedingungen hergestellt werden, können die Materialkonstanten noch unterschiedlich sein. Es sei deshalb ausdrücklich darauf hingewiesen, daß es sich lediglich um einen Versuch handeln kann, die Zwängsspannungen rechnerisch-quantitativ zu erfassen.

[1] Hummel: Beton. Betonkalender 1958, Bd. I, S. 136ff. mit der dort angegebenen Literatur.

Wie schon bemerkt, wird eine Staumauer zwar aus arbeitstechnischen Gründen in einzelnen Blöcken oder Bögen hochgeführt. Sobald diese jedoch aneinander anschließen, stellen sie in thermischer Hinsicht eine „unendlich“ ausgedehnte Platte dar: es stellt sich eine eindimensionale Wärmeströmung ein, so daß die Temperaturverteilung nur noch von einer Ortsveränderlichen abhängig ist.

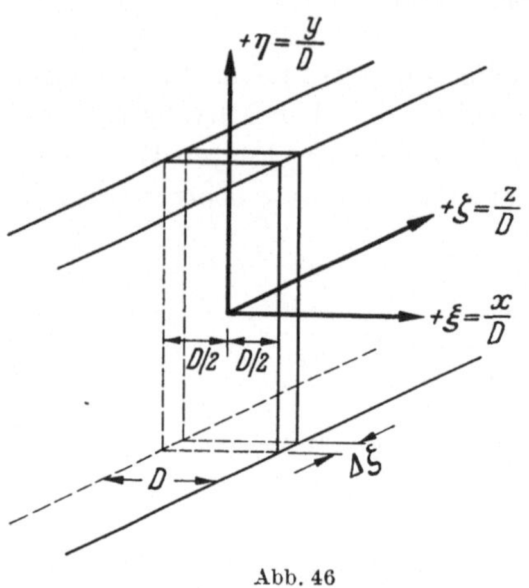

Abb. 46

Denkt man sich entsprechend Abb. 46 durch zwei zur ξ, η-Ebene parallelgeführte Schnitte im Abstand $\Delta\,\zeta$ eine Scheibe aus der Platte herausgeschnitten, so ist in dieser die Temperaturverteilung und damit auch der Spannungszustand immer der gleiche, an welcher Stelle ζ bzw. $\zeta + \Delta\,\zeta$ die Schnitte auch immer geführt werden mögen. Es liegt also in einer solchen Scheibe ein ebener Spannungszustand vor. Die Spannungsverteilung kann unter der Voraussetzung eines allseitig elastischen Verhaltens des Betons mit Hilfe der Theorie der elastischen Scheiben beschrieben werden. Da hierbei später vor allem auch untersucht wird, wie die Spannungen während des Erhärtungsprozesses entstehen, ist dies eine sehr grobe Annahme, indem während der Erhärtung die plastischen Dehnungen eine nicht unerhebliche Rolle spielen.

Die folgende Untersuchung beschränke sich nun auf den wichtigsten Fall einer zur Mittelebene symmetrischen Temperaturverteilung eines plattenförmigen Baukörpers.

3.2 Der Spannungszustand infolge ungleichförmiger Temperaturverteilung

Nach den Gesetzen der Elastizitätstheorie [*40*] können die Spannungen in einer Scheibe (vgl. Abb. 46 und 47) dargestellt werden durch

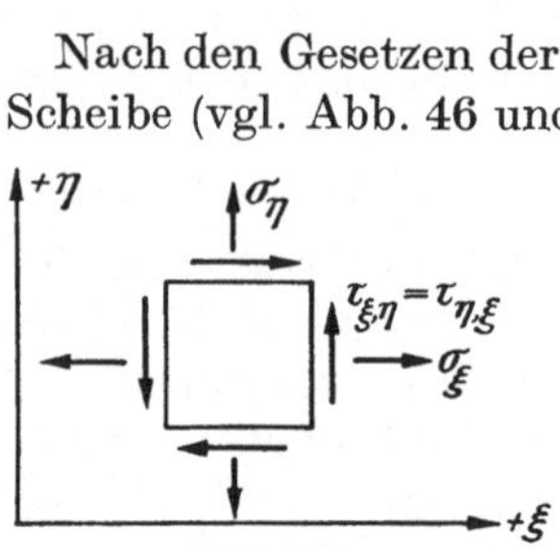

Abb. 47

$$\sigma_\xi = \frac{\partial^2 F}{\partial \eta^2}\,; \qquad \sigma_\eta = \frac{\partial^2 F}{\partial \xi^2}\,; \qquad \tau_{\xi,\eta} = \frac{\partial^2 F}{\partial \xi\, \partial \eta}\,, \tag{40}$$

wobei F = die Airysche Spannungsfunktion ist, die der Gleichung

$$\Delta\,\Delta\, F = -E \cdot \alpha_t \cdot \Delta\, T \tag{41}$$

genügen muß. Hierin ist

$$\Delta = \frac{\partial^2}{\partial \xi^2} + \frac{\partial^2}{\partial \eta^2} = \text{Laplacescher Operator}$$

T = Temperaturveränderung gegenüber dem spannungslosen Zustand (°C) — Erwärmung (+), Abkühlung (—)

E = E-Modul (kg/cm²) $\qquad \alpha_t$ = Wärmedehnzahl (°C^{-1}).

Die gesuchte Lösung muß die Bedingungen enthalten, daß die Temperaturdehnung in η-Richtung der mittleren Temperaturänderung entsprechend ungehindert ist und daß die Spannung σ_ξ an den Rändern $\xi = \pm\, 0{,}5$ zu Null wird.

Die gesuchte Lösung des Problems ergibt sich nach TIMOSHENKO [34] zu

$$\left.\begin{aligned} F &= -E \cdot \alpha_t \left\{ \iint T_\xi d\xi\, d\xi - \frac{1}{2} \xi \int_{-0,5}^{+0,5} T_\xi d\xi \right\} \\ \sigma_\xi &= \pm 0 \\ \tau_{\xi,\eta} &= \pm 0 \\ \sigma_\eta &= E \cdot \alpha_t \{ T_m - T_\xi \} \\ \varepsilon_\xi &= \alpha_t \cdot \mu \cdot T_m - \alpha_t (1 + \mu) \cdot T_\xi \\ \varepsilon_\eta &= \alpha_t \cdot T_m \\ \gamma_{\xi,\eta} &= \pm 0 . \end{aligned}\right\} \qquad (42)$$

Mit Gl. (42) ist der Spannungszustand in der Scheibe von der Dicke $\Delta \zeta$ dargestellt, wobei davon ausgegangen wurde, daß die Dehnungen in ζ-Richtung unbehindert erfolgen können. Es muß nun jedoch berücksichtigt werden, daß die untersuchte Scheibe ein Teil der Platte bzw. des Mauerblocks ist: der Abstand der Dehnungsfugen in einer Mauer ist in den meisten Fällen doch so groß, daß man davon ausgehen kann, daß ein Schnitt parallel zur ξ, η-Ebene eben bleiben wird. Somit liegt tatsächlich nicht ein ebener Spannungs-, sondern ein ebener Formänderungszustand vor. Die Gln. (42) behalten auch in diesem Falle ihre Gültigkeit, es muß lediglich gesetzt werden [40]:

$$\left.\begin{aligned} \bar{E} &= E/(1 - \mu^2) && \text{anstelle von } E \\ \bar{\alpha}_t &= (1 + \mu) \cdot \alpha_t && \text{anstelle von } \alpha_t \\ \bar{\mu} &= \mu/(1 - \mu) && \text{anstelle von } \mu . \end{aligned}\right\} \qquad (43)$$

Da die Dehnungen in ζ-Richtung wie die Spannungen σ_η mit ξ veränderlich sind, kann das Ebenbleiben der Schnitte parallel zur ξ, η-Ebene nur durch gleichzeitig auftretende Spannungen erzwungen werden. Diese erhält man auf sehr einfache Weise dadurch, daß man jetzt sich eine Scheibe der Dicke $\Delta \eta$ parallel zur ξ, ζ-Ebene aus der Mauer herausgeschnitten denkt. Für diese gelten dann dieselben Bedingungen wie die vorstehend entwickelten für die Scheibe parallel zur ξ, η-Ebene. Es müssen lediglich die Indizes η durch ζ ersetzt werden. Es gilt also

$$\sigma_\zeta = \sigma_\eta . \qquad (44)$$

Die Dehnungen $\varepsilon_\zeta = \varepsilon_\eta$ sind konstant und es liegt nach wie vor ein ebener Formänderungszustand vor.

3.3 Anwendung auf die Temperaturfelder bei natürlicher Abkühlung

Die vorstehend entwickelten Beziehungen zwischen dem Eigenspannungszustand eines plattenförmigen Baukörpers und seiner Temperaturverteilung eröffnen nun die Möglichkeit, eine ganze Reihe von wichtigen Fragen zu untersuchen und zu beantworten. Es sei nur an das Beispiel von Ziffer 2.6 erinnert. Es wurde dort die Tiefe der Frostwirkung bestimmt, und es könnten nun die entstehenden Spannungen berechnet werden, um so den Zementgehalt der Außenzonen gleicherweise hinsichtlich der Frostsicherheit und der Rißsicherheit festzulegen. Im Hinblick auf die Notwendigkeit einer künstlichen Kühlung kommt jedoch dem Spannungszustand infolge der Wärmeentwicklung des Zements besondere Bedeutung zu. Er wird im nachstehenden dargestellt, wobei zunächst ein Sonderfall (Ziffer 3.31) behandelt wird, der dem allgemeinen Fall (Ziffer 3.32) gegenübergestellt, wichtige Hinweise für Maßnahmen zur Erhöhung der Rißsicherheit eines Bauwerks erbringt.

3.31 Berechnung der Spannungen für die Temperaturfelder gemäß Ziff. 2.3

Bei der Ermittlung der Spannungen gemäß Ziffer 3.2 war stillschweigend vorausgesetzt worden, daß der Beton sich nach allen Richtungen elastisch verhält, und weiter dem HOOKEschen Gesetz gehorcht. Dies ist in guter Näherung der Fall bei einer Mauer, die während der Erhärtung des Betons durch eine Schalung thermisch so isoliert ist, daß eine ungleichförmige Temperaturverteilung sich praktisch erst nach dem Ausschalen einstellt. Das entstehende Temperaturfeld wurde unter Ziffer 2.3 beschrieben, und es ergibt sich mit

$$T_\xi = -\Theta_c \cdot [1 - (-2)\, D_{1,1}(\xi\,;\varkappa)] \tag{45}$$

der sich hierbei ausbildende Spannungszustand zu

$$\sigma_\eta = \sigma_\zeta = \overline{E} \cdot \overline{\alpha}_t \cdot \Theta_c \cdot [(-4) \cdot D_{1,2}(0{,}5\,;\varkappa) - (-2) \cdot D_{1,1}(\xi\,;\varkappa)]\,. \tag{46}$$

Abb. 48 zeigt durch Auswertung dieser Formel das für die vorliegenden Bedingungen charakteristische Spannungsbild: Druckspannungen im Kern der Mauer und Zugspannungen in den Außenzonen. Diese letzteren sind im Augenblick des Ausschalens am größten und können mit den Werten von Abb. 49 für den jeweiligen Einzelfall berechnet werden. Die Druckspannungen im Kern erreichen ihren Maximalwert hingegen erst zur Zeit $\varkappa \cong 0{,}4$ nach dem Ausschalen. Sie bauen sich dann im Verlaufe der Abkühlung des Mauerblocks ebenso ab wie die Zugspannungen, um schließlich ganz zu verschwinden, wenn die Temperaturunterschiede klein werden und sich die Temperatur der ganzen Mauer dann an die der Umgebung angeglichen hat.

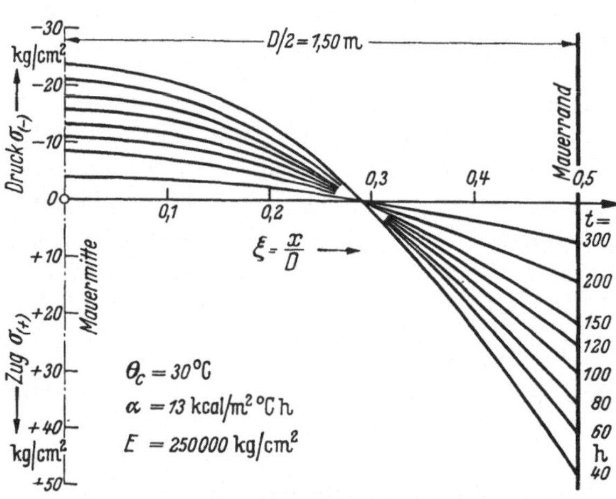

Abb. 48. Spannungen in einer Mauer infolge ungleichförmiger Temperaturverteilung nach Ziff. 2.3

Schon die allgemeine Form der Gl. (46) für die Spannungen σ_η läßt erkennen, daß diese Spannungen um so kleiner sind, je geringer die Wärmeentwicklung im Beton ist. Die Verwendung eines Zements mit niedriger Wärmetönung und eine bestmögliche Herabsetzung des Zementgehalts im Beton sind somit wirksame Mittel zur Vermeidung hoher Temperaturspannungen. Die Spannungen sind aber auch dann kleiner, wenn die Temperaturunterschiede in der Mauer vermindert werden können. Die Möglichkeit, dies durch Anwendung einer entsprechenden Schalung zu erreichen, wird noch unter Ziffer 3.33 untersucht werden.

Der Berechnung der maximalen Zugspannungen ($\xi = \pm 0{,}5$) wurde nun eine Wärmeübergangszahl $\alpha = 13$ kcal/m², °C, h zugrunde gelegt, obwohl gemäß Ziffer 2.32 für die Beurteilung des Temperaturzustandes bei dicken Mauern mit genügender Genauigkeit $\alpha = \infty$ gesetzt werden kann. Würde diese Voraussetzung auch bei der Spannungsermittlung gemacht, so wäre mit $D_{1,1}(0{,}5;\varkappa) = 0$

$$\sigma_{(+)}^{\max} = \bar{E} \cdot \bar{\alpha}_t \cdot \Theta_c .$$

Diese Vereinfachung kann zunächst auch als oberer Grenzwert betrachtet werden. Wie aber unter Ziffer 2.32 und 2.7 an Beispielen deutlich wurde, ist diese Vereinfachung $\alpha = \infty$ bei dünneren Mauern nicht mehr statthaft. Gilt das schon für die Beurteilung des Temperaturzustandes, so ganz besonders für die Berechnung der maximalen Zugspannungen. Abb. 49 zeigt, daß sich für $\alpha = 13$ kcal/m², °C, h eine ganz bedeutende Ermäßigung von $\sigma_{(+)}^{\max}$ gegenüber der Vereinfachung mit $\alpha = \infty$ ergibt, wenn auch der Unterschied mit wachsender Mauerdicke immer geringer wird.

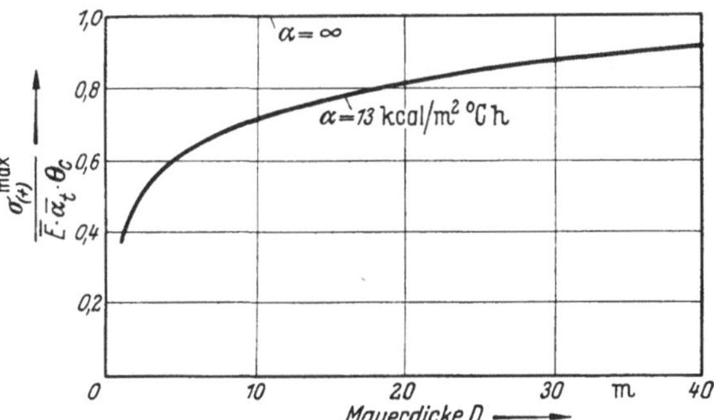

Abb. 49. Maximale Randspannung einer Mauer infolge natürlicher Abkühlung (Ziff. 2.3)

Ein Beispiel möge Abb. 49 noch erläutern. Die Temperaturerhöhung im Beton aus der Wärmeentwicklung des Zements betrage $\Theta_W^{\max} = \Theta_c = 30$ °C, und erfolge so rasch, daß $t_R = \varkappa_R = 0$ gesetzt werden kann. Für die kleinste Wärmeübergangszahl $\alpha = 13$ kcal/m², °C, h ergibt sich nun für eine Mauer der Dicke D

$$D = 5\,\text{m} \qquad\qquad D = 20\,\text{m}$$

$$\frac{\sigma_{(+)}^{\max}}{\bar{E}\cdot\bar{\alpha}_t\cdot\Theta_c} = 0{,}61 \qquad \frac{\sigma_{(+)}^{\max}}{\bar{E}\cdot\bar{\alpha}_t\cdot\Theta_c} = 0{,}82,$$

und es ist somit bei $E = 200000$ kg/cm², $\alpha_t = 0{,}000010$, $\mu = 0{,}2$

$$\sigma_{(+)}^{\max} = 0{,}61 \cdot \frac{200000}{100000} \cdot \frac{30}{(1-0{,}2)} \qquad \sigma_{(+)}^{\max} = 0{,}82\,\frac{200000}{100000}\,\frac{30}{(1-0{,}2)}$$

$$= 46\ \text{kg/cm}^2 \qquad\qquad = 62\ \text{kg/cm}^2,$$

wohingegen sich für $\alpha = \infty$ die maximale Zugspannung für beide Mauern errechnet zu

$$\sigma_{(+)}^{\max} = 1{,}0\,\frac{200000}{100000}\,\frac{30}{(1-0{,}2)} = 75\ \text{kg/cm}^2 .$$

3.32 Beispiel: Spannungen infolge der Wärmeentwicklung der Zemente

Die Voraussetzung für die Spannungsermittlung des vorangegangenen Beispiels wird nun selten gemacht werden können. Beispielsweise wurde bereits gezeigt, daß die Benutzung einer Stahlschalung sich auf die Temperaturverteilung im Beton so auswirkt, als ob der Beton bloß sei. Es wird vielmehr die Regel sein, daß sich schon während des Erhärtungsvorganges eine ungleichförmige Temperaturverteilung einstellt: zu einem Zeitpunkt, zu dem der Beton noch weitgehend seiner elastischen Eigenschaften ermangelt.

Die vorangegangene Untersuchung hatte ergeben, daß das Ebenbleiben der Querschnitte trotz ungleichförmiger Temperaturdehnung eine Dehnung der einzelnen Elemente um den Betrag $\varepsilon = \alpha_t\,(T_m - T_\xi)$ erfordert, wobei in einem völlig erhärteten und elastischen Beton Zwängsspannungen entstehen gemäß dem HOOKEschen Gesetz $\sigma = E\cdot\varepsilon$. Stellt sich eine ungleichförmige Temperaturverteilung jedoch schon beim weichen, langsam erhärtenden Beton ein, so wird sich dieser zum Teil plastisch, also spannungslos dehnen.

Es bezeichne nun $f(\varkappa)$ den elastischen, spannungserzeugenden Anteil der für das Ebenbleiben des Querschnitts erforderlichen Gesamtdehnung $\varepsilon = \alpha_t(T_m - T_\xi)$. Als Funktion der Zeit ist $f(\varkappa)$ im Augenblick des Einbringens des Betons in die Schalung gleich Null, um dann mit fortschreitender Erhärtung auf 1 anzuwachsen. Für jede Veränderung der Dehnung im Verlauf der Erhärtung gilt also ein anderer Wert $f(\varkappa)$, und für die Spannung

$$\frac{1}{\overline{E}}\,\frac{d\sigma}{d\varkappa_{ch}} = f(\varkappa_{ch})\,\frac{d\varepsilon}{d\varkappa_{ch}}$$

bzw.

$$\sigma = \overline{E}\int_0^{\varkappa} f(\varkappa_{ch})\,\frac{d\varepsilon}{d\varkappa_{ch}}\,d\varkappa_{ch}$$

oder schließlich

$$\sigma = \overline{E}\cdot\overline{\alpha}_t\int_0^{\varkappa} f(\varkappa_{ch})\,\frac{d[T_m - T_\xi]}{d\varkappa_{ch}}\,d\varkappa_{ch}. \tag{47}$$

Ist die Funktion $f(\varkappa)$ mathematisch formuliert, so sind mit $T_\xi = \Theta_\xi$ gemäß Gl. (45) die Eigenspannungen bekannt, die beim Abbinden und Erhärten durch die Wärmeentwicklung des Zements in den Baukörper hineingetragen werden.

Unter Ziffer 1 wurde bei der Erörterung der Wärmeentwicklung der Zemente darauf hingewiesen, daß diese im wesentlichen parallel geht zur Festigkeitsentwicklung. Somit liegt es nahe, für $f(\varkappa)$ ein Gesetz zu wählen, das dem der Wärmeentwicklung von Ziffer 1.6 entspricht [Gl. (4)]:

$$f(\varkappa) = \frac{\varkappa}{\varkappa_R} \quad \text{für} \quad \varkappa \leqq \varkappa_R$$

$$f(\varkappa) = 1 \quad \text{für} \quad \varkappa \geqq \varkappa_R. \tag{48}$$

Bei dieser Formulierung vernachlässigt man zwar den nicht unerheblichen Festigkeitszuwachs durch die Gel-Bildung [*13*], und setzt stillschweigend voraus, daß die Festigkeitszunahme zur Gänze dem Kristallisationsprozeß beim Abbinden und Erhärten des Zements zuzuschreiben sei. Für die Ermittlung der Eigenspannungen in plattenförmigen Baukörpern infolge von Temperaturfeldern gemäß Ziffer 2.5 ist aber die Anwendung von Gl. (48) aus mathematischen Gründen zwingend.

Führt man nun Gl. (31), (32) und (48) in Gl. (47) ein, so erhält man nach einigem Umformen die Spannungen infolge der Wärmeentwicklung der Zemente zu

$$\left.\begin{aligned}
\sigma_\eta &= \overline{E}\cdot\overline{\alpha}_t\cdot\frac{\Theta_W^{\max}}{\varkappa_R^2}\int\limits_0^{\varkappa}\varkappa_{ch}[(-4)\cdot D_{1,2}(0{,}5;\varkappa_{ch})-(-2)\cdot D_{1,1}(\xi;\varkappa_{ch})]\,d\varkappa_{ch} \qquad \text{für } \varkappa\leqq\varkappa_R\\
\sigma_\eta &= \overline{E}\cdot\overline{\alpha}_t\cdot\frac{\Theta_W^{\max}}{\varkappa_R^2}\int\limits_0^{\varkappa_R}\varkappa_{ch}[(-4)\cdot D_{1,2}(0{,}5;\varkappa_{ch})-(-2)\cdot D_{1,1}(\xi;\varkappa_{ch})]\,d\varkappa_{ch}+\\
&+\overline{E}\cdot\overline{\alpha}_t\cdot\frac{\Theta_W^{\max}}{\varkappa_R}\int\limits_0^{\varkappa_R}[(-4)\cdot D_{1,2}(0{,}5;\varkappa-\varkappa_w)-(-2)\cdot D_{1,1}(\xi;\varkappa-\varkappa_w)]\,d\varkappa_w+\\
&+\overline{E}\cdot\overline{\alpha}_t\cdot\frac{\Theta_W^{\max}}{\varkappa_R}\int\limits_0^{\varkappa_R}[(-4)\cdot D_{1,2}(0{,}5;\varkappa_R-\varkappa_w)-(-2)\cdot D_{1,1}(\xi;\varkappa_R-\varkappa_w)]\,d\varkappa_w \text{ für } \varkappa\geqq\varkappa_R.
\end{aligned}\right\}\quad(49)$$

Schon weiter vorn wurde gezeigt, daß praktisch $\varkappa_R\to 0$ geht. Ist nunmehr $\varkappa_R \ll 1$, so findet sich obige Gleichung durch eine Grenzwertbestimmung

$$\lim_{\varkappa_R\to 0}\sigma_\eta(\varkappa_R)$$

in der vereinfachten Form

$$\left.\begin{aligned}
\sigma_\eta &= \overline{E}\cdot\overline{\alpha}_t\cdot\Theta_W^{\max}\Big\{[(-4)\cdot D_{1,2}(0{,}5;\varkappa)-(-2)\cdot D_{1,1}(\xi;\varkappa)]-\\
&\qquad -\frac{1}{2}[(-4)\cdot D_{1,2}(0{,}5;\varkappa_R)-(-2)\cdot D_{1,1}(\xi;\varkappa_R)]\Big\}
\end{aligned}\right\}\quad(50)$$

oder

$$\sigma_\eta = \overline{E}\cdot\overline{\alpha}_t\cdot\Big\{[\Theta_m(\varkappa)-\Theta(\xi;\varkappa)]-\frac{1}{2}[\Theta_m(\varkappa_R)-\Theta(\xi;\varkappa_R)]\Big\}$$

$$\text{für}\quad \varkappa\geqq\varkappa_R;\quad 0<\varkappa_R\ll 1$$

einer übersichtlichen Näherungslösung für den Spannungszustand.

Der Fehler der Näherungslösung (50) gegenüber der exakten Gl. (49) beträgt für $\varkappa_R = 0{,}1$ rund 5% und für $\varkappa_R = 0{,}4$ rund 13%, und ist unter Berücksichtigung der vereinfachenden Annahmen des Verfahrens völlig unbedenklich. Eine Analyse der vorstehenden Formel erweist, daß es sich hier nicht um einen abklingenden Temperaturspannungszustand handelt, wie beim ersten Beispiel, und wie man aus dem Temperaturverlauf zu schließen geneigt sein könnte. Bis zum Erreichen der maximalen Temperatur zur Zeit $\varkappa = \varkappa_R$ baut sich zunächst ein Spannungszustand auf ähnlich dem, wie er sich bei Beispiel 1 ergab: mit Druckspannungen im Kern, und Zugspannungen in der schmalen Außenzone. In der vereinfachenden Näherungslösung Gl. (50) fehlt dieses Anwachsen der Spannungen für $\varkappa \leqq \varkappa_R$. Dieses Stadium ist hier durch den Zustand für $\varkappa = \varkappa_R$ gekennzeichnet. Bei dem anschließenden Abbau der Spannungen verschwinden diese jedoch nicht, vielmehr wandeln sich: die verschiedenen Temperaturen von Kern und Außenzone während der Erhärtung des Betons führen zu bleibenden Eigenspannungen im Bauwerk. Es ergeben sich nach Angleichen der Betontemperatur an die der Umgebung Zugspannungen im Kern, während in den Außenzonen Druckspannungen

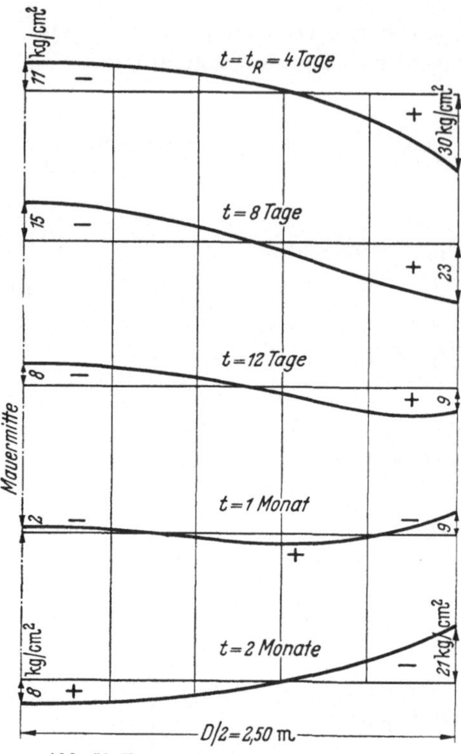

Abb. 50. Temperaturspannungen in einer Mauer infolge der Wärmeentwicklung des Zementes ($\Theta_W^{max} = 50$ °C; $\alpha = 13$ kcal/m², °C, h)

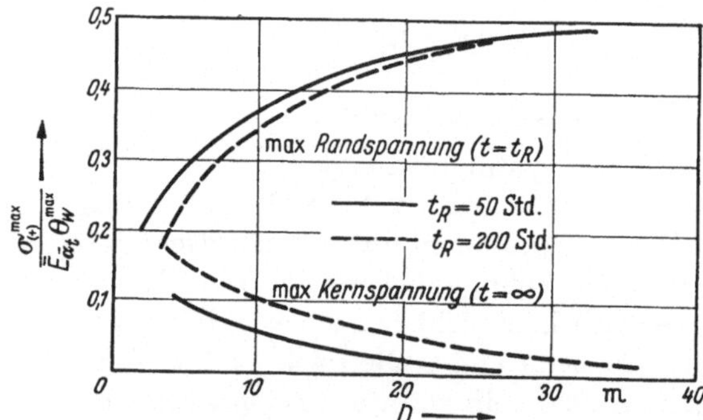

Abb. 51. Die maximalen Zugspannungen im Kern und am Rande einer Mauer der Dicke D

entstehen (Abb. 50). Sollten sich in den Außenzonen zunächst durch Überschreiten der Zugfestigkeit des Betons Risse gebildet haben, so schließen diese sich also im weiteren Verlauf der Abkühlung wieder. Eine Erscheinung, die leicht beobachtet werden kann.

Auch hier zeigt die Formel wieder die direkte Abhängigkeit der Spannungen von der Wärmeentwicklung im Beton. Unter der Voraussetzung, daß Wärme- und Festigkeitsentwicklung parallel verlaufen, weist die Formel auch darauf hin, daß bei langsamer Wärmeentwicklung ein Großteil der unterschiedlichen Temperaturdehnungen spannungslos sind. Je langsamer also die Wärmeentwicklung, desto kleiner ist vor allem die maximale Randspannung.

Für die Beurteilung der Notwendigkeit zum künstlichen Kühlen ist die Kenntnis der maximalen Temperaturspannungen wesentlich: durch Auftreten von sogenannten Schalenrissen [8] an der Oberfläche der Mauer wird die Witterungsbeständigkeit des Bauwerks erheblich beeinträchtigt. Diese maximalen Zugspannungen ergeben sich aus Gl. (50) für $\xi = \pm 0{,}5$ und $\varkappa = \varkappa_R$ bzw. für $\xi = \pm 0$ und $\varkappa = \infty$. Auch hier mußte wieder von der Vereinfachung $\alpha = \infty$ Abstand genommen werden. Das Ergebnis der Berechnung der maximalen Zugspannungen für $\alpha = 13$ kcal/m², °C, h ist in Abb. 51 festgehalten, so daß diese damit für jede beliebige Mauerdicke D und jeden beliebigen Temperaturanstieg Θ_W^{max} sofort ermittelt werden können.

Man beachte, daß es sich hierbei um Θ_W^{max} handelt, wie sie sich gemäß Ziffer 1.6 für die Näherungsformel der Wärmeentwicklung ergibt.

3.33 Der Einfluß einer wärmedämmenden Schalung und der Schalungsdauer auf die Temperaturspannungen einer Mauer

Mit Gl. (50) kann auch dem Einfluß der Schalungsart und -dauer nachgegangen werden. Ziffer 2.32 hatte gezeigt, wie eine Schalung das Temperaturgefälle zwischen Kern und Außenzone vermindert, so daß nach Gl. (50) damit auch die Spannungen herabgesetzt wären. Es ist jedoch zu beachten, daß beim Ausschalen die Temperatur an der Oberfläche plötzlich stark fällt, und damit nun nach dem Ausschalen eine beträchtliche Temperaturdifferenz entsteht, da durch die wärmedämmende Schalung die natürliche Abkühlung sehr verzögert wird.

Als Beispiel hierfür wurden der Temperaturverlauf und die Spannungen einer Mauer der Dicke $D = 7{,}50$ m berechnet. Über den Gang der Berechnung soll nur soviel vermerkt werden, daß bei $\varkappa_R = 0{,}037$ die Vereinfachung $\varkappa_R \to 0$ sowohl für den Temperaturverlauf (vgl. Ziffer 2.5), als auch für die Spannungen in Anspruch genommen wurde. Der Verlauf der Temperaturen nach dem Ausschalen kann nach Ziffer 2.3 berechnet werden, wobei die Ausgangstemperatur Θ_c gleich

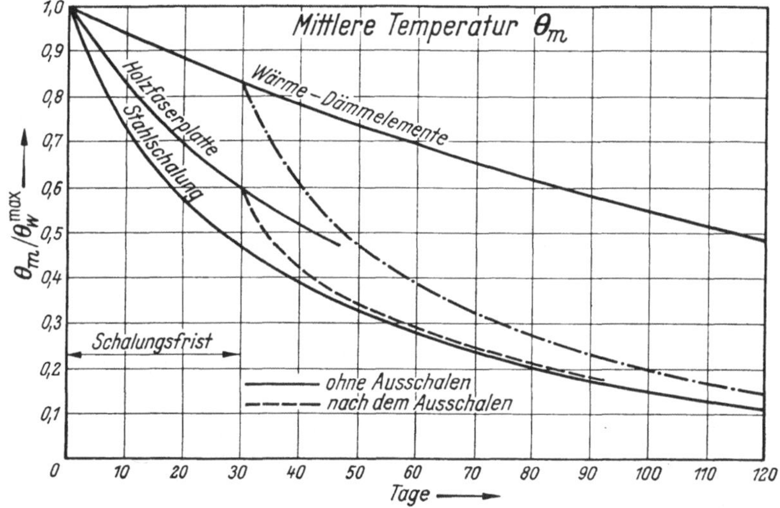

Abb. 52. Verlauf der mittleren Temperatur in einer Mauer der Dicke $D = 7{,}5$ m bei verschiedenem Schalungsmaterial ——— ohne Ausschalen – – – nach dem Ausschalen

der mittleren Temperatur im Augenblick des Ausschalens gesetzt wird. Diese Näherung ist namentlich für die Randspannung unmittelbar nach dem Ausschalen hinreichend genau.

Die Ergebnisse der Rechnung sind in Abb. 52 bis 55 dargestellt. Sie zeigen zunächst, daß durch wärmedämmende Schalungen die Temperaturunterschiede im Bauwerk und damit auch die Spannungen erheblich vermindert werden. Und zwar beträgt in dem betrachteten Beispiel die maximale Randspannung vor dem Ausschalen bei Verwendung von Wärmedämm-Elementen nur 50% der Spannung im Falle der Stahlschalung.

Andererseits wird durch eine wärmedämmende Schalung die natürliche Abkühlung sehr verzögert. Ist nach 30 Tagen die mittlere Temperatur im Falle der Stahlschalung schon auf 45% der Anfangstemperatur gefallen, so beträgt sie im Falle der Wärmedämm-Elemente immer noch 82%.

Die beim Ausschalen plötzlich stark fallende Temperatur an der Oberfläche bringt nun eine erneute Spannungsspitze (Abb. 54), die sogar noch das ursprüngliche Maximum aus der Aufheizung übersteigen kann. Das Entfernen der Stahlschalung bleibt hingegen ohne verändernden Einfluß auf die Temperatur- und Spannungsverhältnisse in der Mauer.

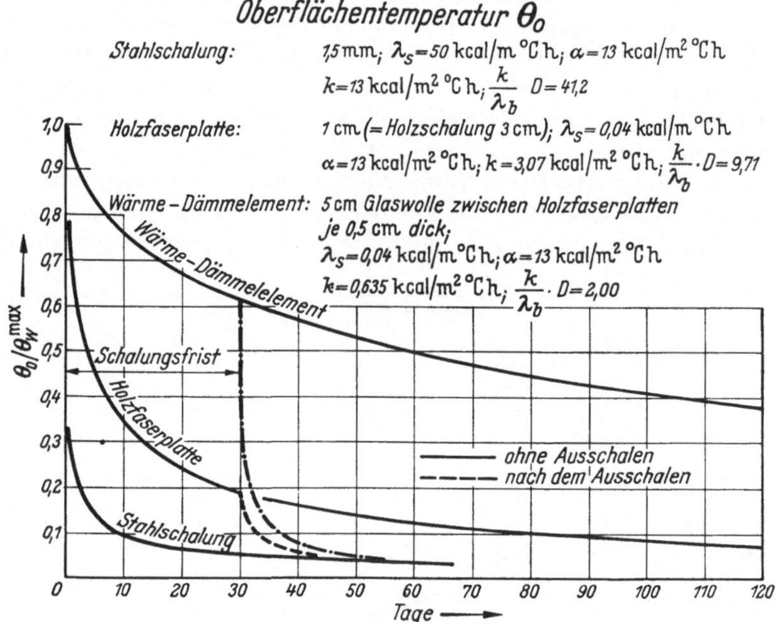

Abb. 53. Verlauf der Oberflächentemperatur einer Mauer der Dicke $D = 7{,}5$ m bei verschiedenem Schalungsmaterial ——— ohne Ausschalen — — — nach dem Ausschalen

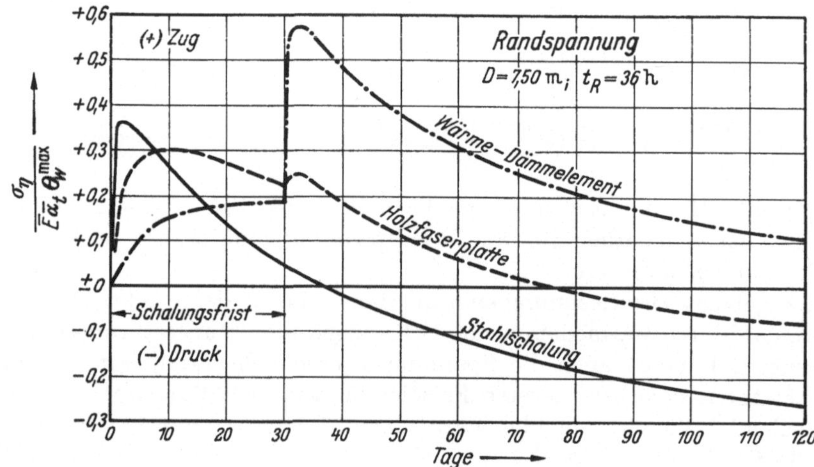

Abb. 54. Die Randspannungen einer Mauer vor und nach dem Ausschalen verschiedener Schalungsmaterialien

Die Größe der maximalen Randspannung ist nun sehr von der Schalungsdauer abhängig (Abb. 55). Charakteristisch für die Verhältnisse bei Verwendung einer wärmedämmenden Schalung ist das Beispiel der Holzfaserplatten. Wird die Schalung nach weniger als 15 Tagen entfernt, so ist die nun auftretende Randspannung noch größer als bei Verwendung einer Stahlschalung. Beläßt man hingegen die Schalung länger am Bauwerk, so daß die Mauer weiter abkühlt, dann wird die maximale Randspannung beim Ausschalen ebenfalls kleiner. Länger als 23 Tage das Bauwerk eingeschalt zu lassen ist überflüssig, denn dann ist nicht mehr die Randspannung nach dem Ausschalen die maßgebende, vielmehr tritt dann die Höchstspannung schon vor dem Ausschalen auf, im Beispiel der Holzfaserplatten nach 10 Tagen.

Die beiden entsprechenden Schalungsfristen für die Wärmedämm-Elemente sind 120 und 226 Tage.

Die Verbesserung der Eigenspannungsverhältnisse im Bauwerk muß hier also durch einen großen Mehraufwand für die Schalung erkauft werden.

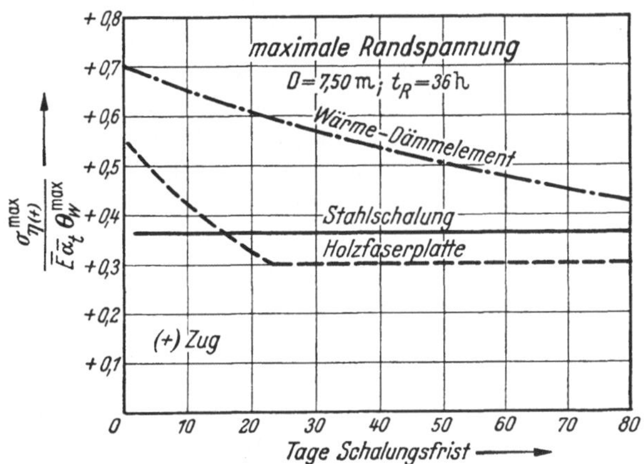

Abb. 55. Die maximale Randspannung einer Mauer in Abhängigkeit der Schalungsdauer bei verschiedenem Schalungsmaterial

Bei den wärmedämmenden Schalungen tritt die Spannungsspitze erst später auf, wenn der Beton schon eine größere Festigkeit aufweist. Es erscheint aber sehr fraglich, ob dadurch die Rißgefahr vermindert werden kann. Denn mit zunehmendem Erhärtungsalter verfestigt sich der Beton zwar, aber gleichzeitig gewinnt der Beton auch einen höheren E-Modul, so daß damit auch die Größe der Spannungen zunimmt. Durch rasche Abkühlung erreicht man dagegen, daß die Spannungsspitze sehr bald auftritt, zu einem Zeitpunkt, in dem der Beton auch entgegen der rechnerischen Annahme Temperaturdehnungen noch teilweise plastisch aufnimmt.

Diesen Vorteilen einer Stahlschalung steht aber ein ganz entscheidender Nachteil gegenüber. Da bei einer Stahlschalung keine wärmedämmende Wirkung vorhanden ist, unterliegt der Beton der unmittelbaren Einwirkung der täglichen Temperaturschwankungen. Diese können in unseren Breiten recht beträchtlich sein, so daß durch die nächtliche Abkühlung der Luft zusätzlich Zugspannungen in die Außenzone des Betons getragen werden. Dies wird in den meisten Fällen zu Schalenrissen führen [*8*]. Hingegen schützt eine Schalung aus Holzfaserplatten oder normalen Holztafeln den Beton wenigstens solange, als er noch eine ungenügende Zugfestigkeit besitzt.

Der Vergleich der Wirkung einer Schalung aus Holzfaserplatten und einer solchen aus Wärmedämm-Elementen zeigte sehr gut, welche Anforderungen an eine wärmedämmende Schalung gestellt werden müssen. Der Wärmeschutz muß einerseits ein zu starkes Temperaturgefälle vom Kern zu den Außenzonen verhüten. Andererseits jedoch wieder nicht zu stark abschließen, weil bis zu dem praktisch noch zulässigen Zeitpunkt für das Ausschalen die Betontemperaturen so weit abgefallen sein müssen, daß nicht durch das Ausschalen plötzlich ein schädlich großes Temperaturgefälle entsteht.

Im allgemeinen wird also eine Holzschalung von 3 cm Brettdicke oder eine Schalung aus 1 cm dicken Holzfaserplatten den Erfordernissen einer Verminderung der Temperaturspannungen am besten gerecht. Solange, wie gesagt, nicht zu früh mit dem Ausschalen begonnen wird.

Der Einfluß der Schalung muß von Fall zu Fall untersucht werden. Da die Sicherheit und Wirtschaftlichkeit eines Bauwerks in nicht zu unterschätzendem Maße von dessen Eigenspannungen beeinflußt wird, kann dieser Frage gar nicht genug Aufmerksamkeit geschenkt werden.

In diesem Zusammenhang darf auch darauf aufmerksam gemacht werden, wie schädlich es ist, die Maueroberflächen mit kaltem Grund- oder Leitungswasser zu berieseln, da hierdurch ähnlich wie durch die nächtliche Abkühlung die Gefahr der Rißbildung ganz beträchtlich erhöht wird. Das unbedingt notwendige Annässen dünner Bauteile sollte daher nur mit fein versprühtem Wasser oder durch feuchtes Abdecken erfolgen [*8*]. Hierbei ist tunlichst dafür zu sorgen, daß das Wasser eine Temperatur in der Höhe der mittleren Lufttemperatur besitzt. Das Annässen soll auch am besten zur Zeit der höchsten Tagestemperaturen geschehen.

4 Zusammenfassende Betrachtung der natürlichen Temperaturverhältnisse

Der vorausgehende Abschnitt hat erkennen lassen, daß Massenbetonbauwerken aus der chemischen Erwärmung durch Rißbildung erhebliche Gefahren für ihren Bestand erwachsen. Der Verformungsbehinderung am Gründungsfelsen und der Gefahr der Spaltrisse wird durch die Dehnungsfugen weitgehend begegnet. Die zahllosen Bauwerke mit Frostschäden an den Außenflächen beweisen jedoch die erhöhte Wassereindringung und Erosion gerade durch Schalenrisse infolge der unter Ziffer 3 beschriebenen Eigenspannungsverhältnisse. Schließen sich auch diese Schalenrisse für das Auge zunächst wieder, so wird dennoch Feuchtigkeit in sie eindringen, besonders dann, wenn sie sich infolge der jahreszeitlichen Temperaturschwankungen wieder öffnen. Darüber hinaus erfordern selbst Temperaturspannungen, die allein dem Beton noch zugemutet werden könnten, im Zusammenwirken mit den statischen Beanspruchungen aus Sicherheitsgründen häufig unwirtschaftlich größere Abmessungen des Bauwerks.

Ziel aller Maßnahmen zur Beherrschung des Temperaturproblems muß nun sein, den Beton eines Blockes so weit abzukühlen, daß seine Temperatur im Zeitpunkt des Zusammenschlusses mit seinen Nachbarblöcken zu einem einheitlich wirkenden Monolith gleich oder sogar tiefer liegt als die mittlere jährliche Lufttemperatur an der Baustelle. Je schneller dies erreicht wird, desto früher kann das Bauwerk seiner Bestimmung übergeben werden. Um auch Schalenrisse zu vermeiden, müssen die Temperaturunterschiede im Bauwerk so klein wie möglich gehalten werden. Ja, es sollte sogar jede Temperaturerhöhung des Betons über die mittlere jährliche Lufttemperatur verhindert werden.

Zunächst ist daher eine *sachgemäße Auswahl des Zementes* zu fordern, für die neben einer geringen Wärmetönung seine Festigkeitseigenschaften, seine technische Frostbeständigkeit, sein Verhalten gegenüber aggressiven Wässern ebenso wie wirtschaftliche Gesichtspunkte maßgebend sind. Durch die Zementindustrie werden heute mit den C_3A-freien Portlandzementen, den Hochofenzementen und dem Sulfathüttenzement dem Verbraucher Bindemittel zur Verfügung gestellt, die sich für Massenbetonbauten vorzüglich eignen.

Dem Problem wird ebenfalls an seiner Wurzel begegnet durch eine weitgehendste *Verringerung des Zementgehaltes* im Beton. Die Wichtigkeit dieser Forderung wird besonders dadurch unterstrichen, daß gemäß Ziffer 1 bis 3 ein Temperaturanstieg und somit auch die Temperaturspannungen im Beton direkt proportional dem Zementgehalt sind.

Der heutige Kenntnisstand von der zweckmäßigen Kornabstufung in Verbindung mit der Verwendung von Rüttelbeton auf Grund der Entwicklung modernster, schwerer Vibrationsinnenrüttler gestattet den Bindemittelgehalt trockener Betone auf 200 kg/m³, vereinzelt sogar bis auf 140 kg/m³* zu senken. Bei Massenbetonbauwerken großer Abmessungen, insbesondere Schwergewichtsstaumauern, sind die statischen Beanspruchungen oft so gering, daß die Festigkeitseinbuße bei der Verminderung des Zementgehaltes in Kauf genommen werden kann. Bei Bauwerken mit hoher Beanspruchung ist jedoch eine Verminderung der Zement- und Mörtelmenge durch *Vergröberung des Betons* angezeigt: beim Rüttel-Grobbeton [*11*] werden in einen normalen Kies-Sand-Beton bis 40% große Steine (25 bis 40 cm) eingerüttelt. Beim Bau der Olef-Talsperre[1] enthielt der Feinbeton 250 kg SHZ 275/m³, in den nun rund 33% Grobsteine eingerüttelt wurden. Damit betrug der Zementgehalt des fertigen Grobbetons 170 kg/m³, und die Temperatur stieg maximal nur um 14 °C. Hingegen war bei einer Biegezugfestigkeit von 50 kg/m² keine Festigkeitseinbuße zu verzeichnen. Der Grobbeton ist damit immer dann vorzüglich geeignet, wenn neben einer geringen Wärmeentwicklung auch eine hohe Festigkeit des Betons gefordert wird.

Sind die Möglichkeiten durch sachgemäße Auswahl und Verminderung des Zementgehaltes erschöpft, so ergibt sich eine weitere durch Verringerung der Abmessungen der Baukörper den Temperaturanstieg zu ermäßigen oder wenigstens die natürliche Abkühlung zu beschleunigen. In dieser Richtung zielt die Erweiterung der ohnedies notwendigen Dehnfugen zu *Kühlspalten*. Wenn man sich vor Augen führt, daß die Abkühlungsdauer mit dem Quadrat der Blockabmessungen wächst, so kann die hervorragende Wirkung der Kühlspalten nicht zweifelhaft sein. Dies ließ auch sehr schön das Beispiel der Staumauer Albigna (Ziffer 2.9) erkennen, wo der Wärmeabfluß über die Außenseiten der Staumauer gegenüber dem der Kühlspalten verschwindend gering war. Bei der Staumauer Rossens/Schweiz wurden außerdem die Kühlspalten ergänzt durch vertikale Kühlschächte in Blockmitte. Letztere waren mit den horizontalen Kontrollgängen verbunden, so daß sie wie Kamine wirkten.

Oft verbieten allerdings statische Gründe die Verringerung der Abmessungen der einzelnen Bauglieder oder erfordern das nachträgliche Einbringen von Verfüllbeton in die Kühlspalten und Kühlschächte. Die Aufheizung des Bauwerks durch den Verfüllbeton kann zwar durch einen niedrigen Zementgehalt desselben sehr gering sein, aber es bildet sich nun durch die nachfolgende Abkühlung des Fugenbetons zwischen ihm und dem Nachbarblock ein sehr feiner Spalt. So ent-

---

* Staumauer Albigna der Bergeller Kraftwerke der Stadt Zürich, Graubünden, Schweiz.

[1] Siehe Bau- und Bauindustrie, 12. Jahrgang (1959) 23/24.

stehen nicht nur doppelt so viel nachträglich auszupressende Fugen wie bei der einfachen Dehnfuge zwischen zwei Baublöcken, sondern dieselben sind auch so fein, daß das Auspressen sehr schwierig wird.

Von der Berieselung der Oberflächen eines Bauwerks mit kaltem Wasser ist man wieder abgekommen. Dem Vorteil der beschleunigten Abkühlung steht der Nachteil vermehrter Schalenrisse entgegen. Hingegen wird bei dünnen Bauteilen durch *wärmedämmende Schalungen* der Rißgefahr durch Verminderung des Temperaturgefälles zwischen Kern und Außenzone erfolgreich begegnet. Daß hierbei die Art der Schalung von Fall zu Fall besonders ausgewählt werden muß, hatten die Untersuchungen der Ziffer 3.33 gezeigt.

Für alle Arten von Temperaturschäden ist die Höhe der Einbringungstemperatur des Betons von erheblicher und zum Teil sogar entscheidender Bedeutung. Da die im Betonkern mit dem Freiwerden der Abbindewärme erreichte absolute Temperatur um so höher liegt, je höher die Einbringungstemperatur war, erhöht sich auch das Temperaturgefälle. Die Bedeutung der Einbringungstemperatur verlangt somit gebieterisch Maßnahmen, die eine unnötige Erhöhung der Temperatur des Betons vor und während des Einbringens in die Schalung verhindern. Der Schutz der Zuschlagstoffe und des Betons vor Wärmeaufnahme durch Sonnenbestrahlung ist daher selbstverständlich.

So vielfältig die natürlichen Möglichkeiten zur Beherrschung der Temperaturverhältnisse auch sind, in vielen Fällen ist dennoch die künstliche Abkühlung des Betons nicht zu umgehen.

5 Die Vorkühlung von Beton

5.1 Allgemeines

Mit Vorkühlung des Betons bezeichnet man die Senkung der Frischbetontemperatur durch künstliche Kühlung der Komponenten des Betons vor dem Mischen. Indem man die Anfangstemperatur des Betons so weit senkt, daß die anschließende Temperaturerhöhung beim Abbinden und Erhärten des Betons lediglich eine Angleichung der Betontemperatur an die Lufttemperatur bringt, werden die Temperaturprobleme in meisterlicher Weise beherrscht. Eine Abkühlung des Bauwerks wird vorweggenommen, und ein schädliches Temperaturgefälle kann gar nicht erst entstehen. So erlaubt die Vorkühlung eine Verringerung der Zahl der Dehnfugen, und die Höhe der Betonierschichten kann allein nach arbeitstechnischen Gesichtspunkten festgelegt werden. Hierdurch wird der Baufortschritt nicht unerheblich beschleunigt.

Am einfachsten ist nun die Kühlung des Anmachwassers in einer Kältemaschine. Indes ist die hierbei hervorgerufene Senkung der Frischbetontemperatur bei den heute im Massenbetonbau üblichen trockenen Betonen nur gering. Zuweilen wird mit gutem Erfolg ein großer Teil des Anmachwassers in Form von Eis zugesetzt. Die zum Schmelzen des Eises benötigte Wärme wird der Betonmischung entzogen, und bewirkt so eine Temperatursenkung des Frischbetons. Aber auch dieser Methode sind durch den angestrebt niedrigen Wassergehalt des Betons Grenzen gesetzt. Darüber hinaus wird durch die Eigenfeuchtigkeit der Zuschlagstoffe die Menge des zuzugebenden Eises weiter beschränkt. So kommt der Kühlung der

Zuschlagstoffe die größte Bedeutung für eine Senkung der Frischbetontemperatur zu. Die Methoden hierfür sind mannigfaltig.

Beim Bau der Detroit-Staumauer [*21*] bestand die Kühlanlage aus sechs Zweizylinder-Ammoniak-Kältemaschinen (vgl. Ziffer 7) mit insgesamt 2116800 kcal/h

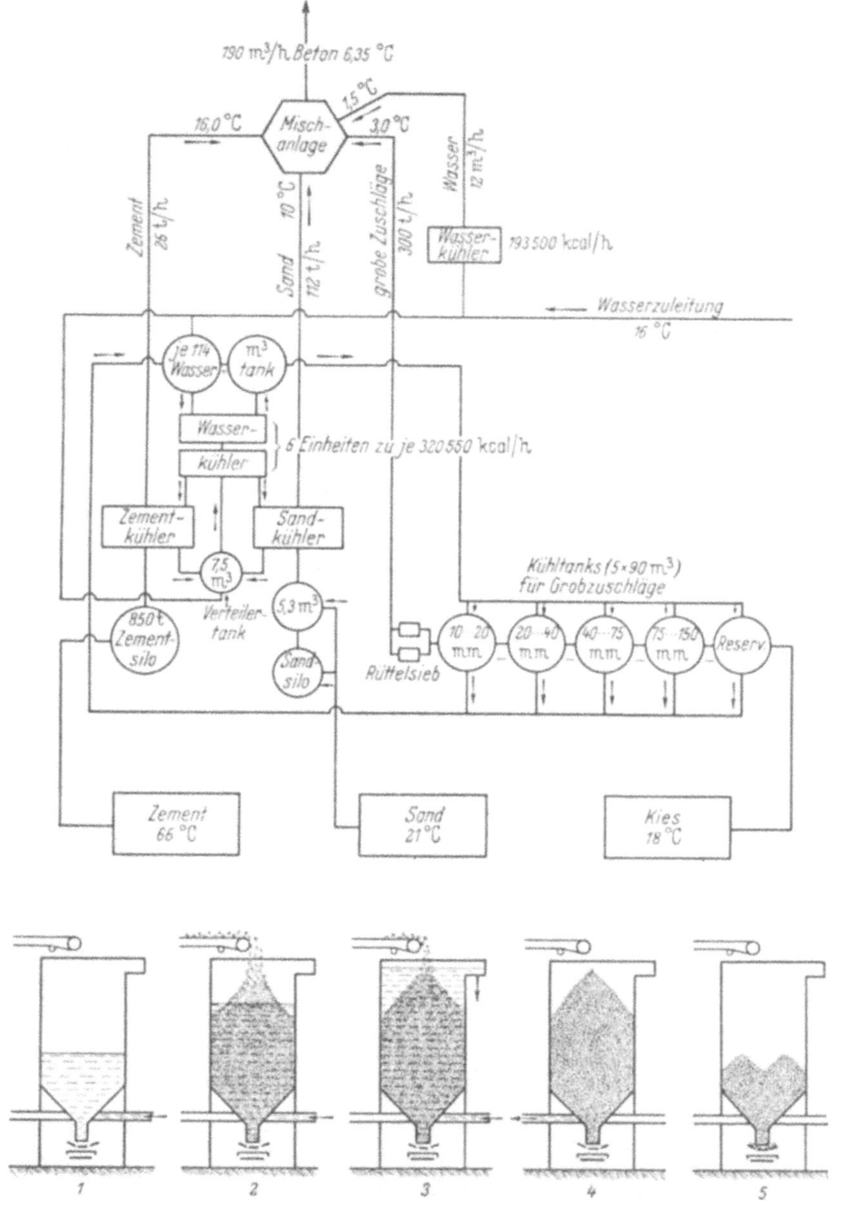

Abb. 56. Arbeitsschema einer Betonkühlanlage [*21*]

Kühlvorgang in den Tanks: *1* Auffüllen mit kaltem Wasser, *2* und *3* Beschicken mit Kies bei weiterem Auffüllen mit kaltem Wasser, *4* Ablassen des Wassers nach beendeter Kühlung, *5* Abziehen der gekühlten Zuschlagsstoffe. Zeitfolge der Arbeitsgänge: *1* 10 Minuten, *2* 15 Minuten, *3* 35 Minuten, *4* 15 Minuten, *5* 15 Minuten

Leistung zur Kühlung von Flußwasser auf 1,5 °C. Von dieser Kühlanlage wurde sowohl der Betonturm mit Anmachwasser beschickt, als auch fünf Kühltanks von je 90 m³ Inhalt zur Kühlung der Grobzuschläge. Für die Zement- und Sandkühlung wurden als Wärmeaustauscher Förderschnecken benutzt, durch deren

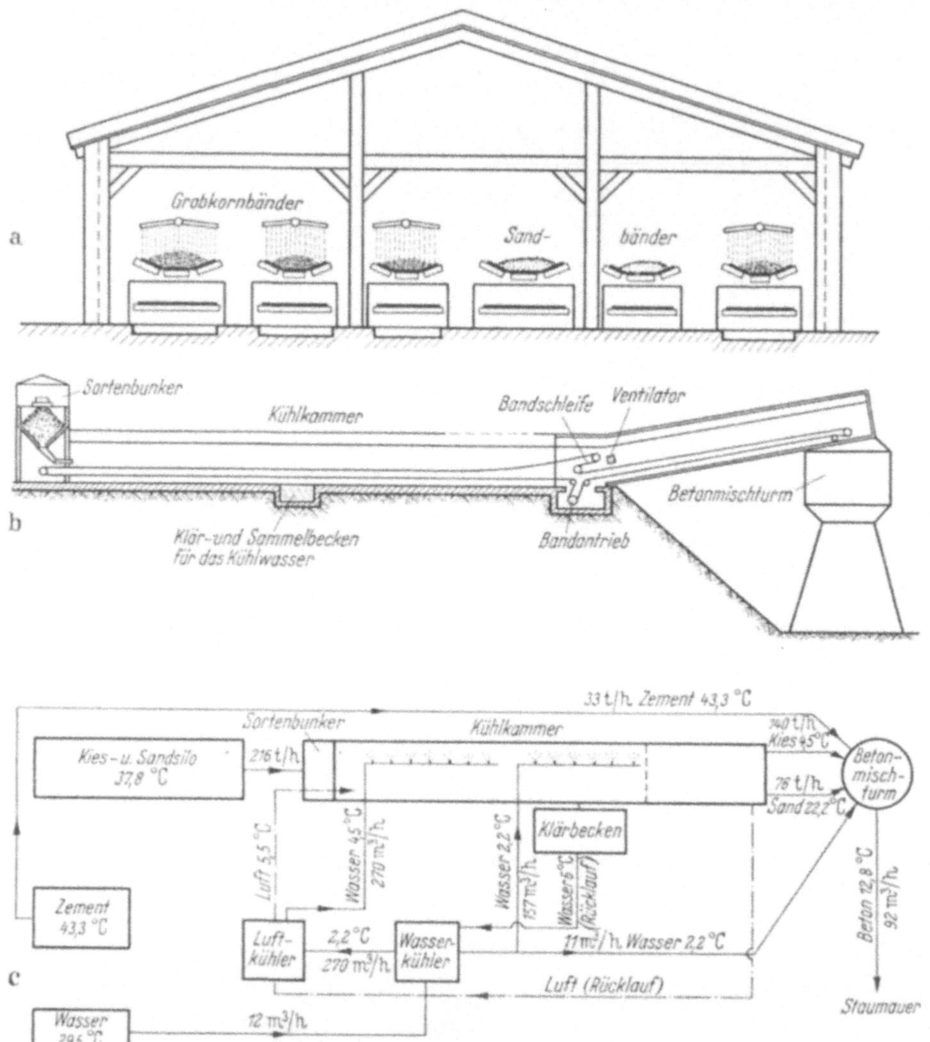

Abb. 57. Die Kühlanlage der Vaitarna-Staumauer/Indien (n. Hofmann)
a) Querschnitt durch die Kühlkammer; b) Längsschnitt durch die Grobkornbänder der Kühlkammer; c) Schemaskizze der Kühlanlage

hohle Wellen und Trogummantelungen ebenfalls auf 1,5 °C gekühltes Wasser floß. Das Arbeitsschema der Kühlanlage zeigt Abb. 56.

Bei der Sariyar-Staumauer/Türkei (Abb. 109) diente hingegen als Kälteträger für die Kühlung der Zuschlagstoffe auf − 6 °C gekühlte Luft, die direkt in die Silotaschen des Betonturmes geblasen wurde.

Eine Lösung der kombinierten Kühlung sowohl mit kaltem Wasser als auch mit gekühlter Luft wurde beim Bau der Staumauer Vaitarna/Indien [*10*] angewandt, wobei sich jene sehr geschickt in das Fließbandprinzip der Betonaufbereitung eingliederte (Abb. 57).

Eine Begrenzung erfährt die Methode der Vorkühlung allerdings dadurch, daß die Anfangstemperatur des Betons im allgemeinen nicht tiefer als etwa 4 bis 5 °C gebracht werden darf, soll sich der Erhärtungsprozeß nicht erheblich verzögern, oder gar durch Gefrieren des Betons überhaupt in Frage gestellt werden. Als Kriterium für die Anwendung der Vorkühlung gilt daher

$$\overline{\Theta}_A - \Theta_w^{\max} = \overline{\Theta}_B \geqq 4\ ^\circ\mathrm{C},$$

wobei $\overline{\Theta}_A$ = mittlere Lufttemperatur
$\Theta_w^{\max}$ = Temperaturerhöhung im Bauwerk infolge der Wärmeentwicklung des Zementes
$\overline{\Theta}_B$ = durch Vorkühlung angestrebte Einbringungstemperatur des Frischbetons.

5.2 Erforderliche Kühltemperatur der einzelnen Komponenten einer Betonmischung

Theoretische Grundlage für die Kühlung der einzelnen Komponenten einer Betonmischung zur Erreichung einer bestimmten Misch- und damit Einbringungstemperatur ist bekanntlich die RICHMANNsche Formel

$$\overline{\Theta}_B = \frac{\sum G_v \cdot c_v \cdot \overline{\Theta}_v}{\sum G_v \cdot c_v} \tag{51}$$

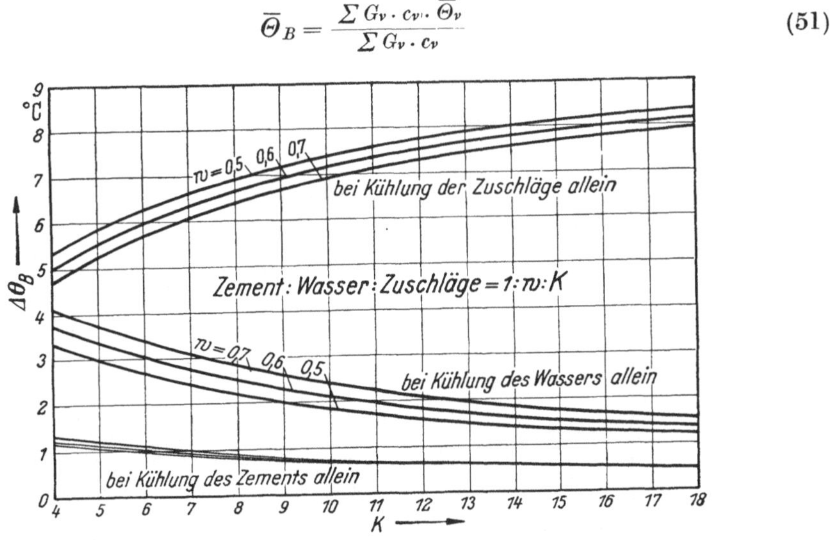

Abb. 58. Temperatursenkung $\Delta\Theta_B$ des Frischbetons bei Vorkühlung einer Komponente um 10 °C

nach der sich die Temperatur $\overline{\Theta}_B$ des Frischbetons errechnen läßt bzw. aus der man umgekehrt errechnen kann, wie weit die einzelnen Komponenten gekühlt werden müssen, soll eine bestimmte Temperatur des Frischbetons erzielt werden.

Um die Auswirkung der Kühlung der einzelnen Komponenten der Mischung — nämlich des Zementes, des Wassers und der Zuschlagstoffe — zu erkennen, zeigt

Wärmebilanz für 1 m³ Beton bei Kühlung von 23 °C auf 7 °C

1	2	3	4	5	6	7	8	9	10	11	12
Rechenvorschrift					$(5) - \bar{\Theta}_B$		$(2) \cdot (3) + (4)$	$(8)[(5) - (7)]$	$(8)[(7) - \bar{\Theta}_B]$	$(8)[(7) - \bar{\Theta}_B]$	$\Sigma(10) - \Sigma(11)$
Zusammensetzung des Betons	spez. Wärme kcal/kg	Gewicht kg	Freie Feuchtigkeit kg	Anlieferungstemperatur °C	Diff. zw. Anlief.-Temp. und Θ_B ($\bar{\Theta}_B = 7$ °C)	angestr. Kühltemperatur °C	äquival. Wassermenge kg	abzuführende Wärmemenge kcal	Wärmebilanz (+) kcal	(−) kcal	Diff. (±) kcal
Zement	0,22	135	—	66	59	16	30	1500	270		
Kies 70/150	0,22	500	5	18	11	3	115	1725		460	
Kies 40/70	0,22	460	5	18	11	3	106	1590		425	
Kies 20/40	0,22	400	4	18	11	3	92	1380		370	
Kies 10/20	0,22	240	2	21	14	3	55	990		220	
Sand 0/10	0,22	590	38	21	14	10	168	3020	505		
Wasser	1,00	60	—	16	9	1,5	60	870		330	
Erwärmung des Betons beim Mischen um 1 °C →									626		− 1805 + 1401
							$\Sigma = 626$	11075	+ 1401	− 1805	− 404

Berichtigung: $\frac{-404}{626} = -0,65$ °C → theoretische Temperatur des Betons nach dem Mischen: $\bar{\Theta}_B = 7 - 0,65 = +6,35$ °C.

Betonierleistung: 190 m³ Beton/Stunde → theoretisch erforderliche Kühlleistung: $190 \times 11075 = 2110000$ kcal/h.

Abb. 59. Beispiel für die Vorkühlung des Betons beim Bau des Detroit Dam/USA (nach ROBERTS [27])

Abb. 58, wie weit die Kühlung einer Komponente um 10 °C die Temperatur der ganzen Mischung senkt. Aus der Abbildung wird deutlich, daß die Kühlung des Zementes praktisch ohne Wirkung bleibt und hinsichtlich des erstrebten niedrigen Wassergehaltes der Betonmischung auch die Kühlung des Anmachwassers allein in den meisten Fällen nicht zu der notwendigen Temperatursenkung führt. Am wirkungsvollsten ist ohne Zweifel die Kühlung der Zuschlagstoffe: bei einer gleichmäßigen Kühlung aller Komponenten sind an der endgültigen Temperatursenkung

die Zuschlagstoffe zu rund 70%,

das Anmachwasser zu rund 20%,

und der Zement zu rund 10%

beteiligt.

Berücksichtigt man jedoch, daß die Kühlung des Anmachwassers im allgemeinen am einfachsten ist, so wird man in jedem Fall das Anmachwasser soweit wie möglich kühlen (also nahezu auf 0 °C), und eine dann noch notwendige weitere Temperatursenkung des Frischbetons durch Kühlung der Zuschlagstoffe bewirken.

Müssen alle Möglichkei- der Vorkühlung ausgenutzt ten werden, so werden Zement und Feinsand mit Kühlschnecken gekühlt

[21], wie sie aus der Lebensmittelindustrie bekannt sind. Damit der Zement nicht durch Feuchtigkeitsaufnahme vorzeitig abzubinden beginnt, ist er nicht tiefer als gerade über den Taupunkt der Luft zu kühlen. Aber auch für den Feinstsandanteil ist der Taupunkt der Luft zweckmäßigerweise die unterste Grenze, auf die seine Temperatur gesenkt werden sollte, da er sonst durch hohe Feuchtigkeitsaufnahme schwer zu transportieren ist. Sand und Zement werden, wenn nötig, also meist gleich tief gekühlt.

Aus vorstehender Rechenvorschrift bzw. aus Abb. 58 läßt sich nun leicht die Temperatur berechnen, auf die die einzelnen Komponenten der Betonmischung gekühlt werden müssen, und wie weit die Temperatur des Frischbetons gesenkt werden kann. Für die Dimensionierung der Kühlanlagen erscheint eine Wärmebilanz recht anschaulich mit dem in Abb. 59 dargestellten Rechenschema. Zur Erleichterung des Verständnisses wurde ein Beispiel der Durchrechnung vorgeführt.

5.3 Der zeitliche Verlauf der Kühlung der Zuschlagstoffe mittels kalter Luft oder kaltem Wasser als Grundlage für die Dimensionierung der Kühlanlagen

Für eine zweckentsprechende und wirtschaftliche Eingliederung einer Vorkühlanlage in die Betonfabrik muß nun vor allem der zeitliche Ablauf der Kühlung der Zuschlagstoffe mittels kalter Luft oder kaltem Wasser bekannt sein.

Für die Beantwortung der Frage, wie lange die Zuschlagstoffe im Kühlmedium (Wasser oder Luft) bleiben müssen, um dessen Temperatur anzunehmen, können die Sand- und Grobkieskörner mit ausreichender Genauigkeit als kugelförmig zugrunde gelegt werden, zumal flache und plattige Sand- und Zuschlagteile eine größere Oberfläche bei geringerer Dicke besitzen und daher schneller die Kühltemperatur annehmen.

Der Temperaturverlauf in einem kugelförmigen Körper bei Abkühlung durch ein gasförmiges oder flüssiges Medium ergibt sich nach GRÖBER-ERK [5] zu

$$\Theta = \Theta_c \cdot 2 \sum_{k=1}^{\infty} \frac{\sin \nu_k - \nu_k \cdot \cos \nu_k}{\nu_k - \sin \nu_k \cdot \cos \nu_k} \cdot e^{-\nu_k^2 \frac{at}{R^2}} \cdot \frac{\sin \nu_k \frac{r}{R}}{\nu_k \cdot \frac{r}{R}}, \tag{52}$$

wobei $\Theta = \overline{\Theta} - \overline{\Theta}_A$ = Übertemperatur im Zuschlagskorn gegenüber dem Kühlmedium, $\Theta_c = \overline{\Theta}_c - \overline{\Theta}_A$ = Anfangsübertemperatur des Zuschlagskorns gegenüber der Temperatur des Kühlmediums $\overline{\Theta}_A$ (also der Temperatur des Wassers oder der Luft) und R = Halbmesser des Zuschlagskornes ist.

Der Eigenwert ν_k ist durch die Bedingung

$$\operatorname{tg} \nu_k = \frac{\nu_k}{(1 - h\, R)}$$

festgelegt, und somit von der relativen Wärmeübergangszahl abhängig.

Bekanntlich werden ähnliche Wärmeübergangszustände durch die NUSSELTsche Zahl

$$Nu = \frac{\alpha \cdot d}{\lambda_M}$$

beschrieben, wobei d eine den Strömungsvorgang kennzeichnende Länge, in diesem Fall der Kugeldurchmesser $2\,R$ ist und λ_M die Wärmeleitzahl des flüssigen oder gasförmigen Mediums. Für die hier sich einstellenden Strömungsvorgänge gilt nach KUDRJASCHEV [5]

$$Nu = 2 + 0{,}388(Re \cdot Pr)^{0{,}5}.$$

Die NUSSELTsche Zahl ist also eine Funktion der REYNOLDSschen und der PRANDTLschen Zahl. Aus der Definitionsgleichung für Nu folgt

$$\alpha = \frac{1}{2} \cdot \frac{\lambda_M}{R} \{2 + 0{,}388(Re \cdot Pr)^{0{,}5}\}$$

und

$$h\,R = \frac{1}{2} \cdot \frac{\lambda_M}{\lambda_s} \{2 + 0{,}388(Re \cdot Pr)^{0{,}5}\}. \qquad (53)$$

Tabelle 10 zeigt für die Kühlmedien Luft und Wasser die Kennzahl $h\,R$ für verschiedene Korndurchmesser und verschiedene Strömungsgeschwindigkeiten der Kühlmedien. Hierbei ist die Wärmeleitzahl λ_s des Zuschlaggesteins mit $\lambda_s =$ 2,25 kcal/m, °C, h zugrunde gelegt, während für die Stoffwerte des Kühlmediums eine mittlere Temperatur $(\overline{\Theta}_c + \overline{\Theta}_w)/2 = 10$ °C gewählt wurde.

Wie man erkennen kann, schwanken die Werte der Wärmeübergangskennzahl für Luft ebenso wie für Wasser in weiten Grenzen, obwohl der Bereich schon durch die Begrenzung der Strömungsgeschwindigkeit nach oben eingeengt ist. So soll nun im folgenden der zeitliche Verlauf der Kühlung für gewisse Sonderfälle beschrieben und dadurch zeitlich eingegrenzt werden.

Tabelle 10. *Kennzahl hR des Wärmeübergangs für Wasser- und Luftströmungen (mit v m/sec) in Kiesschüttungen der Korndurchmesser D (mm)*

Kühlmedium	Wasser				Luft			
Korngröße D	100	70	30	10	100	70	30	10
$v = 0$	0,213				0,0093			
$v = 0{,}1$	11,3	9,53	6,10	3,73	0,04	0,03	0,02	0,02
$v = 1{,}0$	35,1	29,4	19,3	11,3	0,13	0,11	0,07	0,04
$v = 2{,}0$	50,0	44,3	27,3	16,0	0,19	0,15	0,10	0,06

5.31 Verlauf der Kühlung bei sehr kleinen hR-Werten [33]

Für sehr kleine Werte von $h\,R$ verläuft die rechte Seite der Bestimmungsgleichung für ν_k, die Gerade $u_2 = \nu_k/(1 - h\,R)$, nahezu unter 45° (vgl. GRÖBER-ERK [5]). Daher muß die erste Wurzel von ν_k ein sehr kleiner Wert sein.

Die Reihenentwicklung [33]

$$\nu_1 + \frac{\nu_1}{3} + \cdots = \nu_1 + h\,R \cdot \nu_1 + \cdots,$$

welche nach dem 2. Glied abgebrochen werden kann, ergibt für den ersten Eigenwert

$$\nu_1 = \sqrt{3\,h\,R}; \quad \sin\nu_1 = \sqrt{3\,h\,R}; \quad \cos\nu_1 = 1.$$

Die höheren Wurzeln ν_k liegen mit zunehmender Genauigkeit bei

$$\nu_k = (2k - 1)\frac{\pi}{2} \quad \text{für} \quad k = 2, 3, 4, \ldots$$

Mit diesen Werten für ν_1 und ν_k zeigt sich, daß für sehr kleine hR die Glieder der Reihe Gl. (52) ab $k = 2$ bedeutungslos sind, und der von r abhängige Bruch praktisch $\cong 1$ wird.

Es ergibt sich somit für das Temperaturfeld im Zuschlagskorn die vereinfachte Formel

$$\Theta = \Theta_c \cdot e^{-3(hR)\frac{at}{R^2}}$$

oder

$$\Theta = \Theta_c \cdot e^{-12(hR)\frac{at}{D^2}}, \tag{54}$$

mit $D = 2 \cdot R =$ Korndurchmesser.

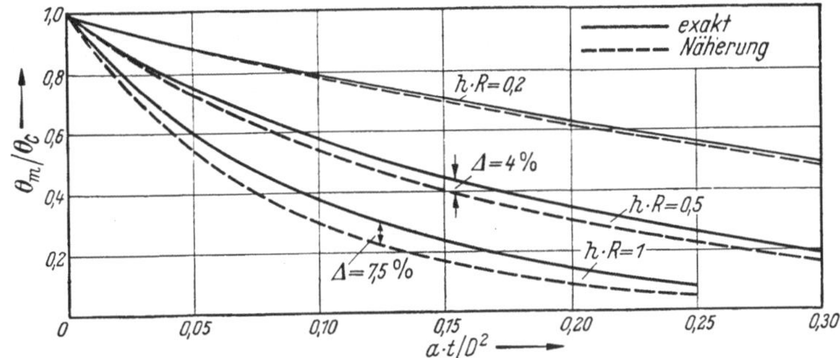

Abb. 60. Vergleich zwischen Näherungsberechnung und exakter Berechnung

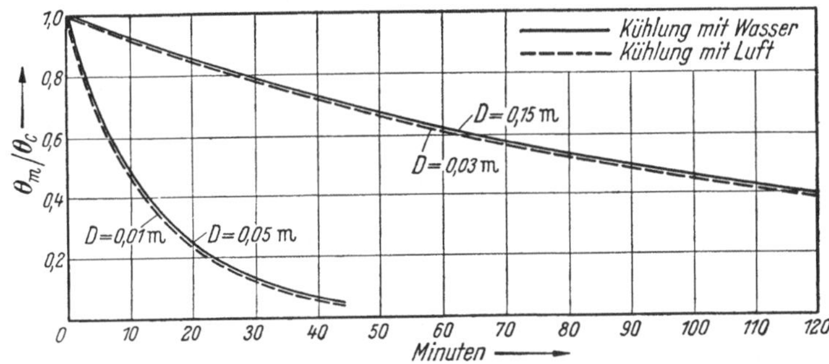

Abb. 61. Kühlverlauf mit Wasser bzw. Luft bei verschiedenen Korngrößen der Zuschlagstoffe

Dieses Ergebnis läßt erkennen, daß bei sehr kleinem hR die Temperatur im Zuschlagskorn praktisch überall die gleiche ist (also $\Theta = \Theta_m$).

Abb. 60 zeigt die gute Übereinstimmung des Temperaturverlaufs nach der Näherungslösung Gl. (54) mit dem einer exakten Berechnung [5].

Erinnert man sich dessen, daß nach Tabelle 10 die Wärmeübergangskennzahl hR für Luft als Kühlmedium durchweg kleiner als 0,2 ist, ergibt sich aus dem Vergleich, daß für Luftkühlung der Temperaturverlauf durch Gl. (54) immer zutreffend beschrieben wird. So soll allen folgenden Untersuchungen bei der Kühlung mit Luft Gl. (54) zugrunde gelegt werden. Aber auch für die Kühlung mit Wasser wird der Temperaturverlauf nach Gl. (54) als Grenzwert zur Anwendung kommen.

In Abb. 61 wird die interessante Tatsache beleuchtet, daß durch entsprechende Wahl des Kühlmediums die Kühlung der einzelnen Korngruppen zeitlich aufeinander abgestimmt werden kann. Diese Möglichkeit wurde beim Bau der Vaitarna-Staumauer/Indien [*10*] sehr geschickt genutzt (Abb. 57) und zeichnete die Kühlanlage durch ein hohes Maß von Wirtschaftlichkeit aus.

5.32 Kühlverlauf bei großen Wärmeübergangszahlen hR

Für große Werte hR liegt die der rechten Seite der Bestimmungsgleichung für ν_k entsprechende Gerade u_2 in nächster Nähe der Abszissenachse, so daß ihre Schnittpunkte mit den Ästen der tg-Funktion u_1 praktisch in die Punkte $\pi, 2\pi, 3\pi, \ldots\ldots, k\pi, \ldots\ldots$ fallen. Somit gilt [*5*] angenähert

$$\nu_k = k \cdot \pi$$
$$\cos \nu_k = (-1)^k \quad \text{für} \quad k = 1, 2, 3, \ldots$$
$$\sin \nu_k = 0\,.$$

Mit diesen Werten ergibt sich aus Gl. (52) die Temperatur im Mittelpunkt ($r = 0$) des Zuschlagkorns zu

$$\Theta_{\max} = \Theta_c \cdot 2 \cdot \sum_{k=1}^{\infty} (-1)^{k+1} \cdot e^{-4\nu_k^2 \frac{at}{D^2}}\,. \tag{55}$$

Die mittlere Temperatur Θ_m des Zuschlagskorns erhält man aus Gl. (52) durch Integration des Temperaturfeldes über eine infinitesimale Folge von Kugelflächen dividiert durch den Kugelinhalt. Mit den obigen Werten für ν_k erhält man

$$\Theta_m = \Theta_c \cdot 6 \sum_{\nu_k=1}^{\infty} \frac{1}{\nu_k^2} \cdot e^{-4\nu_k^2 \frac{at}{D^2}}\,. \tag{56}$$

Die Gln. (55) und (56) lassen sich nun durch die Theta-Funktion ϑ_4 bzw. durch die D-Funktion $D_{3,2}$ wie folgt geschlossen darstellen [*31*]:

$$\Theta_{\max} = \Theta_c \cdot \left\{1 - \vartheta_4\left(0; \frac{4\pi a}{D^2} \cdot t\right)\right\} \tag{55a}$$

$$\Theta_m = \Theta_c \cdot (-12) \cdot D_{3,2}\left(0; \frac{4\pi a}{D^2} \cdot t\right). \tag{56a}$$

Abb. 62 zeigt auch für diesen Fall eine gute Übereinstimmung der Näherungslösung Gl. (56) mit einer exakten Berechnung [*5*] für große Werte von hR, so daß damit für die Kühlung der Zuschlagstoffe mit Wasser auch der andere Grenzwert ermittelt ist, der unter Berücksichtigung der Werte von hR nach Tabelle 10 vorzugsweise bei der Kühlung der Zuschlagstoffe in strömendem Wasser Anwendung finden wird.

Zum Zwecke der Berücksichtigung des Einflusses der Erwärmung des Kühlmediums auf den Kühlverlauf, der im nächsten Abschnitt untersucht werden wird, ist es notwendig, in der Darstellung des Temperaturverlaufs nur das 1. Glied der Reihenentwicklung Gl. (56) zu berücksichtigen, so daß in diesem Fall Gl. (56) die Form

$$\Theta_m = \Theta_c \cdot \frac{6}{\pi^2} \cdot e^{-4\pi^2 \frac{at}{D^2}} \tag{56b}$$

erhält.

Der Vergleich mit der exakten Lösung (Abb. 62) zeigt, daß für $at/D^2 > 0{,}01$ eine angemessene Übereinstimmung vorhanden ist. Vergegenwärtigt man sich,

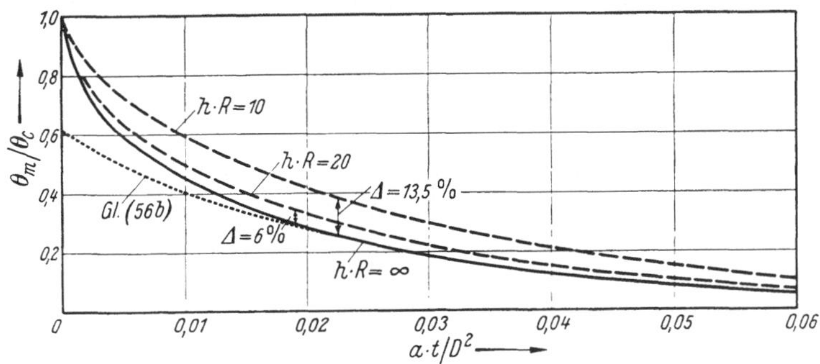

Abb. 62. Temperaturverlauf im Kieskorn für großes $h\,R$

daß für die Praxis lediglich der Endzustand interessiert, so ist eine Verwendung der Näherungslösung nach Gl. (56b) durchaus gerechtfertigt. Darüber hinaus wird unter Ziffer 5.4 noch gezeigt werden, wie das Ergebnis auch für den Bereich $at/D^2 < 0{,}01$ für den dort vorliegenden Fall berichtigt werden kann.

5.4 Die Berücksichtigung der Erwärmung des Kühlmediums

Bei der Darstellung des Kühlverlaufs gemäß Ziffer 5.3 war vorausgesetzt worden, daß das Kühlmedium während der ganzen Dauer der Kühlung nahezu konstant auf der Temperatur $\overline{\Theta}_A$ gehalten werde. Es leuchtet sofort ein, daß das Kühlmedium in Wirklichkeit durch die aus jedem Zuschlagskorn ausströmende Wärme erwärmt wird, und das in desto stärkerem Maße, je geringer die aus wirtschaftlichen Gründen für das Kühlgut zur Verfügung stehende Menge des Kälteträgers ist. Dies bedeutet eine Verringerung der Temperaturdifferenz zwischen Zuschlagskorn und Kühlmedium, so daß beispielsweise bei Kühlung der Zuschlagstoffe in einem mit kaltem Wasser gefüllten Tank dieses sich so erwärmt, daß nach beendetem Wärmeaustausch sich die Temperatur der Zuschlagstoffe und des Wassers unter Umständen erheblich über der Anfangstemperatur des Wassers einspielen wird. Ist ein dauernder Zu- und Abfluß des Wassers gewährleistet, so wird sich durch die Erwärmung desselben beim Durchfluß durch den Tank die Kühlung der Zuschlagstoffe desto mehr verzögern, je geringer die ein- und austretende Wasser-

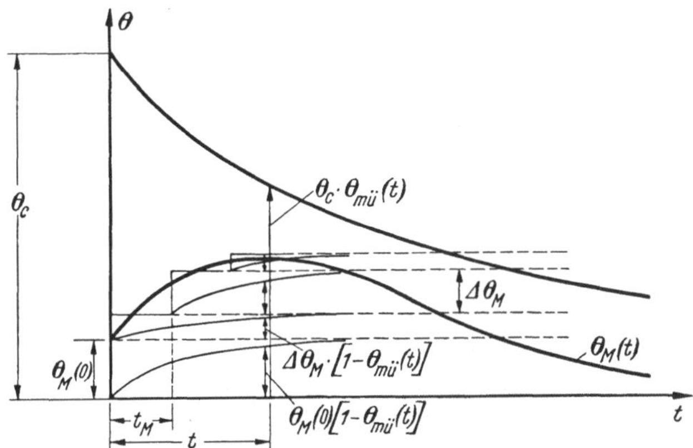

Abb. 63. Überlagerung der Temperaturfunktionen von Abkühlung und Erwärmung

menge ist. Es muß somit noch der Einfluß dieser Erwärmung auf den Temperaturverlauf im Zuschlagskorn untersucht werden.

Die einfachste Art der Behandlung des vorstehenden Problems geschieht auf ähnliche Weise wie bereits unter Ziffer 2.5 bei der Erfassung der Wärmeentwicklung in einem Betonkörper durch Superposition einzelner Wärmeausgleichsvorgänge. Denkt man sich die Erwärmungskurve des Kühlmediums aus einzelnen, treppenförmig einander folgenden Temperaturimpulsen $\Delta\,\Theta_M$ zusammengesetzt, so verringern diese die Temperaturdifferenz. Bezieht man jedoch die Erwärmung des Kühlmediums auf die Temperatur, auf die es in der Kühlanlage gekühlt wird, so bedeutet diese Erwärmung $\Delta\,\Theta_M$ des Kühlmediums auch eine Erwärmung des Zuschlagskornes. Man kann sich also den Kühlverlauf zusammengesetzt denken aus einer Abkühlung des Zuschlagskornes, der mehrere, zeitlich einander folgende Erwärmungsvorgänge überlagert sind. Unter Beachtung der Bezeichnungen von Abb. 63 und mit dem

Abkühlungsgesetz $\Theta_c \cdot \Theta_{m\ddot{u}}(t)$

Erwärmungsgesetz $\Theta_c[1 - \Theta_{m\ddot{u}}(t)]$

ergibt sich hiermit der Temperaturverlauf im Zuschlagskorn zu

$$\Theta_m(t) = \Theta_c \cdot \Theta_{m\ddot{u}}(t) + \Theta_M(0)\,[1 - \Theta_{m\ddot{u}}(t)] + \lim \sum\,[1 - \Theta_{m\ddot{u}}(t - t_M)] \cdot \Delta\,\Theta_M\,.$$

Geht man zur Grenze $\Delta\,\Theta_M \to 0$ über und bildet das Integral von 0 bis t, so erhält man mit $d\Theta_M = \frac{d\Theta_M}{dt_M}\,dt_M$

$$\Theta_m(t) = \Theta_c \cdot \Theta_{m\ddot{u}}(t) + \Theta_M(0)\,[1 - \Theta_{m\ddot{u}}(t)] + \int_0^t [1 - \Theta_{m\ddot{u}}(t - t_M)]\,\frac{d\Theta_M}{dt_M}\,dt_M\,,$$

woraus sich nach den Regeln für partielle Integration ergibt:

$$\Theta_m(t) = \Theta_c \cdot \Theta_{m\ddot{u}}(t) + \Theta_M(t)\,[1 - \Theta_{m\ddot{u}}(0)] + \int_0^t \frac{d\Theta_{m\ddot{u}}(t - t_M)}{dt_M}\,\Theta_M(t_M)\,dt_M\,. \qquad (57)$$

In dieser allgemeinen Formel für den Temperaturverlauf im Zuschlagskorn, in die die Abkühlungs- und Erwärmungsgesetze des jeweils vorliegenden Problems einzuführen sind, ist der Temperaturverlauf Θ_M des Kühlmediums noch unbekannt. Aus der Bedingung, daß der Wärmeverlust des Kühlgutes gleich der Wärmeaufnahme durch das Kühlmedium sein muß, ergibt sich die Bestimmungsgleichung für Θ_M.

5.41 Der Kühlverlauf bei Kühlung der Zuschlagstoffe in einem Tank ohne Zufluß

Zunächst sei nun der Sonderfall untersucht, daß die Zuschlagstoffe in einen mit kaltem Wasser gefüllten Tank gebracht werden bzw. bei Luftkühlung in einen mit kalter Luft erfüllten, abgeschlossenen Raum. Eine Erneuerung des Kühlmediums für die Dauer der Kühlung sei nicht vorgesehen. Da das Kühlmedium ohne mechanisch hervorgerufene Bewegung ist, wird der Wärmeaustausch nach Tabelle 10 durch die Wärmeübergangskennzahlen $hR = 0{,}2$ bei Wasserkühlung bzw. $hR = 0{,}01$ bei Luftkühlung gekennzeichnet. Somit gelten die Formeln für kleine Werte hR, und es ergibt sich aus Gl. (57) unter Berücksichtigung von

Gl. (54) mit

$$\begin{aligned}\Theta_c \cdot \Theta_{m\ddot{u}}(t) &= \Theta_c \cdot e^{-12(h\,R)\frac{at}{D^2}} \\ &= \Theta_c \cdot e^{-\beta t}\end{aligned} \tag{58}$$

der Temperaturverlauf im Zuschlagskorn zu

$$\Theta_m(t) = \Theta_c \cdot e^{-\beta t} + \beta \int_0^t e^{-\beta(t-t_M)} \cdot \Theta_M(t_M)\, dt_M\,. \tag{59}$$

Für die Erwärmung des Kühlmediums gilt nun, daß der Wärmeinhalt desselben gleich dem Wärmeverlust der Zuschlagstoffe sein muß, also

$$\begin{aligned}c_M \cdot \gamma_M \cdot Q_M \cdot \Theta_M(t) &= c_s \cdot \gamma_s \cdot V_s \cdot (\Theta_c - \Theta_m) \\ &= c_s \cdot \gamma_s \cdot V_s \left\{\Theta_c \cdot (1 - e^{-\beta t}) - \beta \int_0^t e^{-\beta(t-t_M)} \cdot \Theta_M(t_M)\, dt_M\right\},\end{aligned} \tag{60}$$

wobei Q_M = Menge des Kühlmediums (in m³) und V_s = Menge des Kühlgutes (in m³) ist.

Durch Umformung ergibt sich mit $\dfrac{c_M \cdot \gamma_M \cdot Q_M}{c_s \cdot \gamma_s \cdot V_s} = K$

$$\frac{\Theta_M(t)}{\Theta_c} \cdot K - \left(-\frac{\beta}{K}\right) \int_0^t e^{-\beta(t-t_M)} \cdot \frac{\Theta_M(t_M)}{\Theta_c} \cdot K\, dt_M = (1 - e^{-\beta t})\,.$$

Die Lösung dieser Integralgleichung findet man als NEUMANNsche Reihe [*23*], die sich für $K > 1$ in eine geschlossene Form bringen läßt. Die gesuchte Erwärmungsfunktion des Kühlmediums ist:

$$\Theta_M(t) = \frac{1}{1+K} \cdot \Theta_c \left\{1 - e^{-\beta \frac{K+1}{K} t}\right\} \quad \text{für} \quad K > 1\,, \tag{61}$$

wovon man sich leicht durch Einsetzen überzeugen kann.

Indem man Gl. (61) in Gl. (59) einführt und die Gleichung sodann integriert, gelangt man zu folgender Darstellung des Temperaturverlaufs im Zuschlagskorn unter Berücksichtigung der Erwärmung des Kühlmediums

$$\Theta_m(t) = \frac{1}{1+K} \cdot \Theta_c \left\{1 + K \cdot e^{-\beta \frac{K+1}{K} t}\right\} \quad \text{für} \quad K > 1\,. \tag{62}$$

Die Temperatur nach beendetem Wärmeaustausch erhält man aus Gl. (61) gleichermaßen wie aus Gl. (62), wenn $t = \infty$ gesetzt wird, zu

$$\Theta_m(\infty) = \Theta_M(\infty) = \Theta_c \frac{1}{1+K}\,. \tag{63}$$

Mit den Stoffwerten

des Zuschlaggesteins	$c_s = 0{,}2$ kcal/kg, °C
	$\gamma_s = 1650$ kg/m³
des Wassers	$c_M = 1{,}0$ kcal/kg, °C
	$\gamma_M = 1000$ kg/m³
bzw. der Luft	$c_M = 0{,}24$ kcal/kg, °C
	$\gamma_M = 1{,}25$ kg/m³

ergibt sich die Temperatur nach beendetem Wärmeaustausch in Abhängigkeit der zur Verfügung stehenden Menge Q_M des Kälteträgers

$$\text{bei Wasserkühlung} \quad \Theta_m = \Theta_c \frac{1}{1 + 3 Q_M / V_s} \tag{63a}$$

$$\text{bei Luftkühlung} \quad \Theta_m = \Theta_c \frac{1}{1 + 0{,}0009 Q_M / V_s}. \tag{63b}$$

Durch Gl. (63b) wird die jedem Kältetechniker bekannte Tatsache verdeutlicht, daß Luft ein sehr schlechter, und damit unwirtschaftlicher Kälteträger ist, so daß für diese Art der Kühlung Luft als Kälteträger auszuscheiden ist: der Kühlraum muß bei Luftkühlung 3/0,0009 = 3333mal größer sein, als bei Wasserkühlung.

Für $V_s = 1\ \text{m}^3$ wurde nun Gl. (63a) ausgewertet, und in Abb. 64 aufgetragen, so daß man sofort ablesen kann, wieviel m³ Kühlwasser bzw. welcher Tankinhalt je m³ Kies erforderlich ist, um eine bestimmte Temperatursenkung zu erreichen. Daneben ist an der rechten Ordinatenachse die Kühldauer angegeben, die benötigt wird, um die Temperatur im Zuschlagskorn auf $\Theta_m = 1{,}1 \cdot \Theta_m(\infty)$ zu kühlen. Die Abbildung läßt nun auch sehr schön erkennen, daß es unwirtschaftlich ist, eine stärkere Temperatursenkung als auf $\Theta_m(\infty) = 0{,}2 . \Theta_c$ anzustreben, indem sonst die erforderliche Kühlwassermenge und die Kühldauer im Verhältnis zum Effekt in unangemessener Weise größer werden. Tatsächlich wird diese Methode als erste Kühlung der Zuschlagstoffe je nach Gestaltung der Kühlanlage in Betracht zu ziehen sein. Wird die Kühlung der Zuschläge dann in strömender Luft oder strömendem Wasser fortgesetzt, so wird es fast stets genügen, die Temperatur derselben zunächst nach der hier beschriebenen Methode auf $\Theta_m = 0{,}3 \cdot \Theta_c$ zu senken.

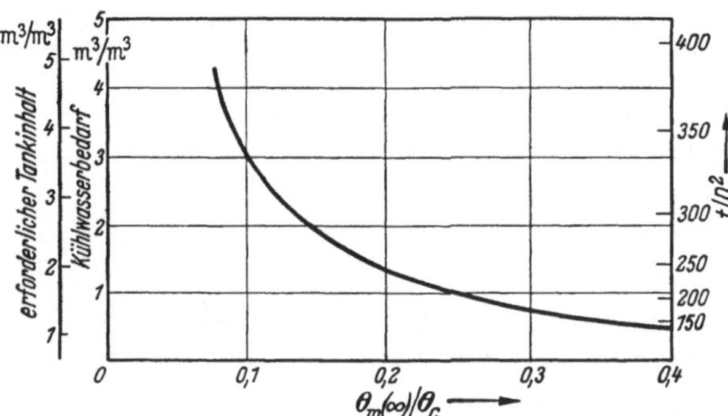

Abb. 64. Kühlwasserbedarf und erforderlicher Tankinhalt je m³ Kies, sowie Kühldauer bei Kühlung in ruhendem Wasser ohne Zufluß

5.42 Der Kühlverlauf bei stetiger Erneuerung des Kühlmediums

Wie aus den Darlegungen unter Ziffer 5.1 deutlich geworden ist, wird man in den meisten Fällen bei Anwendung der Vorkühlung gezwungen sein, die Zuschlagstoffe so tief wie irgend möglich zu kühlen, um so auf eine nachträgliche Kühlung des Betons nach dem Einbringen in die Schalung verzichten zu können. Damit ist es meist nicht zu umgehen, daß das Kühlmedium im Kühltank oder im Kühlraum laufend erneuert wird, sollen diese nicht unwirtschaftlich große Abmessungen erhalten.

Das Prinzip einer solchen mit Wasser arbeitenden Anlage [*21*], bei der das Kühlwasser den Tank durchströmt, zeigt Abb. 56.

Diese Anlage, die neuerdings auch beim Bau der Staumauer Bhakra/Indien[1] gewählt wurde, hat sich außerordentlich gut bewährt, und bietet darüber hinaus der ausführenden Baufirma die Möglichkeit, eventuell schon vorhandene kleinere Tanks oder Silos für die Kühlung zu benutzen.

Für die Kühlung mit Luft ist die stetige Erneuerung und Umwälzung derselben entsprechend den Untersuchungen der Ziffer 5.41 sogar zwingend.

Bei Kühlung mit Luft, und für den einen Grenzwert bei Wasserkühlung (kleine Werte hR), gilt wieder für den Temperaturverlauf im Zuschlagskorn bei Berücksichtigung der Erwärmung des Kühlmediums

$$\Theta_m(t) = \Theta_c \cdot e^{-\beta t} + \beta \int_0^t e^{-\beta(t-t_M)} \cdot \Theta_M(t_M)\, dt_M . \tag{59}$$

Die noch unbekannte Erwärmungsfunktion Θ_M des durch den Tank strömenden Kühlmediums ergibt sich wie folgt:

Die durch die je Zeiteinheit in den Tank ein- und austretende Menge q_M des Kühlmediums abgeführte Wärmemenge ist

$$c_M \cdot \gamma_M \cdot q_M \cdot \Theta_M(t) .$$

Die pro Zeiteinheit aus dem Kühlgut ausströmende Wärmemenge ist

$$-c_s \cdot \gamma_s \cdot V_s \cdot \frac{d\Theta_m}{dt} .$$

Aus der Bedingung, daß diese beiden Wärmemengen gleich sein müssen, ergibt sich unter Berücksichtigung von Gl. (59) die Bestimmungsgleichung für Θ_M zu

$$\Theta_M(t) = -\frac{c_s \cdot \gamma_s \cdot V_s}{c_M \cdot \gamma_M \cdot q_M} \cdot \frac{d}{dt} \left\{ \Theta_c \cdot e^{-\beta t} + \beta \int_0^t e^{-\beta(t-t_M)} \cdot \Theta_M(t_M)\, dt_M \right\} .$$

Setzt man

$$\frac{c_M \cdot \gamma_M \cdot q_M}{c_s \cdot \gamma_s \cdot V_s} = \overline{K} ,$$

und führt die Differentation auf der rechten Seite der Gleichung durch, so lautet die Bestimmungsgleichung für Θ_M nach einer Umformung

$$\Theta_M(t) = \frac{\beta}{\overline{K} + \beta} \Theta_c \cdot e^{-\beta t} + \frac{\beta^2}{\overline{K} + \beta} \int_0^t e^{-\beta(t-t_M)} \cdot \Theta_M(t_M)\, dt_M . \tag{64}$$

Dies ist nun bekanntlich [*30*] die definierende Integralgleichung einer Exponentalfunktion, so daß sich der Temperaturverlauf im Kühlmedium findet zu

$$\Theta_M(t) = \frac{\beta}{\overline{K} + \beta} \cdot \Theta_c \cdot e^{-\beta \frac{\overline{K}}{\overline{K} + \beta} t} . \tag{65}$$

Setzt man Gl. (65) in Gl. (59) ein und führt die Integration durch, so erhält man den Temperaturverlauf im Zuschlagskorn

$$\Theta_m(t) = \Theta_c \cdot e^{-\beta \frac{\overline{K}}{\overline{K} + \beta} t} , \tag{66}$$

wobei wie erinnerlich $\beta = 12\,(hR)\, a/D^2$ ist.

---

[1] J. Amer. Concr. Inst. 28 (1956) S. 185 bis 203; Der Bauingenieur 32 (1957) H. 12, S. 476.

Den Temperaturverlauf für große Werte der Wärmeübergangskennzahl hR findet man analog unter Verwendung der Näherungslösung Gl. (56b), so daß sich in diesem Fall mit $\beta^* = 4\,\pi^2\,a/D^2$ ergibt

$$\Theta_M(t) = \frac{\beta^*}{\overline{K} + \beta^*}\,\Theta_c \cdot \frac{6}{\pi^2} \cdot e^{-\beta^* \frac{\overline{K}}{\overline{K}+\beta^*} t} \tag{67}$$

und

$$\Theta_m(t) = \Theta_c \cdot \frac{6}{\pi^2} \cdot e^{-\beta^* \frac{\overline{K}}{\overline{K}+\beta^*} t}\,. \tag{68}$$

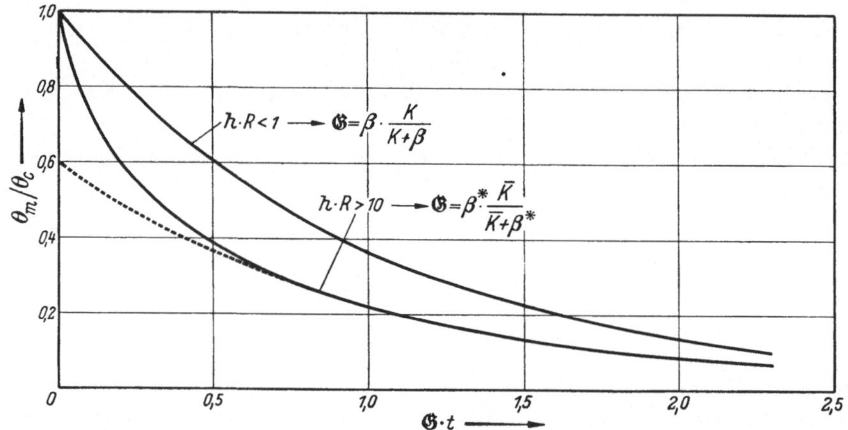

Abb. 65. Temperaturverlauf im Zuschlagskorn bei Kühlung in einem Tank mit stetiger Erneuerung des Kühlmediums

Der Verlauf der mittleren Temperatur $\Theta_m(t)$ im Zuschlagskorn in Abhängigkeit der dimensionslosen veränderlichen

$$\mathfrak{G} \cdot t = \frac{\beta \cdot \overline{K}}{\overline{K} + \beta} \cdot t \quad \text{bzw.} \quad \mathfrak{G} \cdot t = \frac{\beta^* \cdot \overline{K}}{\overline{K} + \beta^*} \cdot t$$

wurde in Abb. 65 entsprechend Gl. (66) bzw. (68) aufgetragen. Dabei wurde für den Fall des bei Wasserkühlung notwendigen zweiten Grenzwertes für große Werte hR der Temperaturverlauf für $\beta^* \cdot \overline{K} \cdot t/(\overline{K} + \beta^*) < 0{,}01$ dadurch gewonnen, daß für $\overline{K}/(\overline{K} + \beta^*) = 1$ der Temperaturverlauf nach Gl. (68) mit dem nach Gl. (56) identisch sein muß. Der genaue Verlauf der Funktion entsprechend Gl. (68) für $\beta^* \overline{K} \cdot t/(\overline{K} + \beta^*) < 0{,}01$ wurde punktiert eingetragen, da er nur von rein theoretischem Interesse ist.

Mit Gl. (66) und Gl. (68) sind die für die Dimensionierung einer Kühlanlage wichtigen Beziehungen gefunden. Es sei jedoch noch eine kritische Betrachtung angeschlossen, wodurch sich durch numerische Auswertung vorstehender Formeln wichtige Hinweise für die praktische Gestaltung der Kühlanlagen gerade auch in wirtschaftlicher Hinsicht ergeben.

Da Gl. (68) nur den Sonderfall $hR = \infty$ wiedergibt, sei die Untersuchung auf den Fall der Gl. (66) beschränkt, deren Anwendung immerhin für einen gewissen Bereich von hR sowohl bei Luftkühlung als auch bei Wasserkühlung zulässig ist.

Maßgebend für das zeitliche Abklingen des Temperaturausgleichsvorganges bei der Kühlung ist der Faktor $\mathfrak{G}$. So ergibt sich beispielsweise für die Abkühlung eines Zuschlagskornes auf $\Theta_m = 0{,}1 \cdot \Theta_c$ entsprechend Gl. (66), oder aber aus Abb. 65 abzulesen

$$(\mathfrak{G} \cdot t)_{10} = 2{,}3,$$

und hieraus durch Umformen und Einsetzen der eigentlichen Werte für $\mathfrak{G}$ die Kühldauer zu

$$t_{10} = 2{,}3 \cdot \left\{ \frac{D^2 \cdot}{12(h\,R)\,a} + \frac{c_s \cdot \gamma_s \cdot V_s}{c_M \cdot \gamma_M \cdot q_M} \right\}. \tag{69}$$

Wie man ohne weiteres erkennt, geht für $q_M \to \infty$

$$t_{10} \to t_{10}^{\min} = 2{,}3 \frac{D^2}{12(h\,R)\,a},$$

womit die Mindestkühldauer gefunden ist, die das Ausströmen der Wärme aus dem einzelnen Korn auf Grund von dessen Größe, den thermischen Eigenschaften des Gesteins und den Wärmeübergangsbedingungen benötigt.

Wie schon unter Ziffer 5.3 dargelegt wurde, ist die Wärmeübergangskennzahl von ruhender Luft 0,009, und die von Wasser 0,2. Die Mindestkühlzeiten von Wasserkühlung und Luftkühlung verhalten sich demgemäß wie

$$t_{\text{Wasser}} : t_{\text{Luft}} = 0{,}009 : 0{,}2 = 1 : 22.$$

Da die Kühldauer bei Wasserkühlung für die Praxis auch ohne große Strömungsgeschwindigkeiten des Wassers relativ kurz ist, wird dort eine künstliche Erhöhung und Verbesserung der Wärmeübergangsbedingungen nur in Ausnahmefällen erforderlich. Hingegen ist eine künstliche Umwälzung bei Luftkühlung unbedingt erforderlich: bei Windgeschwindigkeiten in der Kühlkammer von 2 m/sec ist gemäß Tabelle 10 eine Verkürzung der Kühlzeit auf 0,009/0,06 = 0,15, d. h. auf 15% der Kühldauer in ruhender Luft möglich.

Wird nun weitergehend Gl. (69) mit q_M/V_s multipliziert, so erhält man mit $\overline{Q}_M = q_M . t/V_s$

$$(\overline{Q}_M)_{10} = 2{,}3 \left\{ \frac{D^2 \cdot q_M/V_s}{12(h\,R)\,a} + \frac{c_s \cdot \gamma_s}{c_M \cdot \gamma_M} \right\} \tag{70}$$

die gesamte Kühlmenge, die benötigt wird, um auf $\Theta_m = 0{,}1\ \Theta_c$ zu kühlen. Und zwar in Abhängigkeit des sekundlichen Durchflusses, womit auch die Abhängigkeit von der Kühldauer gegeben ist.

Gl. (70) zeigt, daß der gesamte Kühlwasserbedarf bzw. Kühlluftbedarf sich aus zwei Beträgen zusammensetzt. Der zweite in Gl. (70) ist durch den Abtransport der aus den Zuschlagskörnern abfließenden Wärme bedingt und daher von der Kühldauer unabhängig und gleich groß. Hingegen stellt der erste Betrag die Summe der Kühlwassermenge bzw. Kühlluft dar, die während der Mindestkühlzeit durch den Tank strömt und daher um so geringer ist, je kleiner der spezifische Durchfluß q_M/V_s gewählt wird.

Gl. (70) wurde in Abb. 66 für die Kühlung mit Luft und in Abb. 67 für die Kühlung mit Wasser dargestellt. Während für Luft ein Mittelwert $h\,R = 0{,}10$ der numerischen Berechnung zugrunde gelegt wurde, ergab es sich als zweckmäßig, für die Kühlung mit kaltem Wasser die beiden Grenzwerte $h\,R = 1{,}0$ und $h\,R = \infty$

in die Berechnung einzuführen. Wenn auch für $h R = 1{,}0$ Gl. (66) nur noch beschränkt Gültigkeit besitzt (Tabelle 10), so ist damit eine klare Abgrenzung gegenüber der Kühlung in einem Tank ohne Zufluß ($h R = 0{,}2$) erreicht. Zu beachten ist, daß für den zweiten Grenzwert $h R = \infty$ nun Gl. (68) anzuwenden ist.

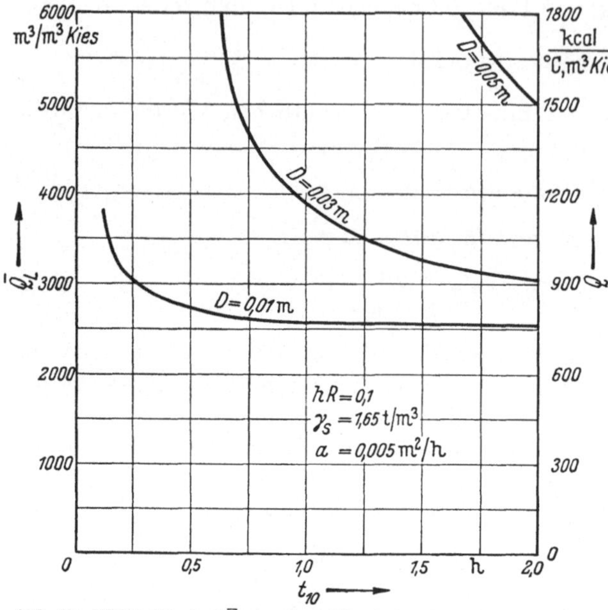

Abb. 66. Kühlluftbedarf $\bar{Q}_L$ um 1 m³ Kies in t_{10} (h) auf $\Theta_m/\Theta_c = 0{,}10$ zu kühlen

Abb. 66 läßt im Vergleich zu Abb. 67 sehr schön erkennen, wie gewaltig die Luftmengen sind, die bei Luftkühlung zu bewegen sind, und denen gegenüber die Mengen kalten Wassers geradezu geringfügig erscheinen. Beim Bau der Talsperre Sariyar/Türkei[1] wurden die Zuschlagstoffe mittels kalter Luft gekühlt, und zwar derart, daß die kalte Luft direkt in die Silotaschen des Betonturmes

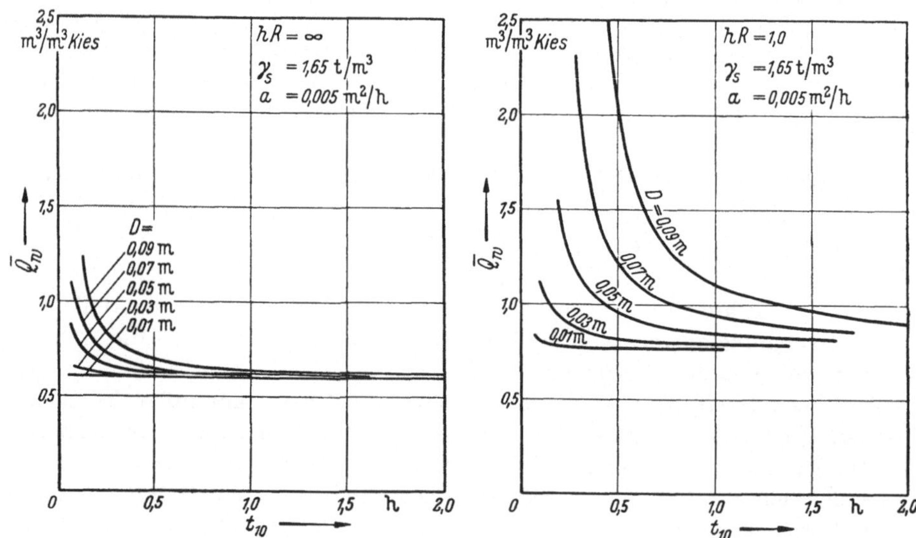

Abb. 67. Gesamter Kühlwasserbedarf $\bar{Q}_w$ (m³/m³ Kies) und Kühldauer t_{10} (h) zur Kühlung von Kies der Korngröße D (m) von $\Theta_m/\Theta_c = 1{,}0$ auf $\Theta_m/\Theta_c = 0{,}10$ ($h R = \infty$ unterer Grenzwert; $h R = 1{,}0$ oberer Grenzwert)

[1] Beschreibung und Erfahrungsbericht über die Kühlanlage wurden mir freundlicherweise von Herrn Dr.-Ing. e. h. Dr.-Ing. Meyer-Heinrich, Fa. Philipp Holzmann A. G., Frankfurt, zur Verfügung gestellt; ein Bericht über die Talsperre Sariyar wurde in Hochtief-Nachrichten, 30. Jahrgang, Juli-August 1957, und in „Der Bauingenieur", 33. Jahrgang (1958), H. 8, S. 302 veröffentlicht.

eingeblasen wurden. Hat dieses Kühlschema auch unbestreitbar den großen Vorzug, daß das Fließbandprinzip der Betonfabrik nicht im mindesten unterbrochen wird, so kann es nach diesem Vergleich der Kühlmengen nicht verwundern, daß der Einbau der Luftkanäle in den dort verwendeten Johnsonturm erhebliche und schwierige Umbauten erforderte.

Mit den Werten der Abb. 66 und 67 ist eine erste, überschlägige Bemessung der Kühlanlagen nicht nur für den Fall möglich, daß die Temperatur im Zuschlagskorn auf $\Theta_m = 0{,}1 \,.\, \Theta_c$ gesenkt wird, sondern auch dann, wenn auf irgendeinen anderen Wert die Temperatur gesenkt werden soll. Es ist dann lediglich aus Abb. 65 an Stelle von 2,3 bzw. 1,8 der der Temperatursenkung entsprechende Wert von $\mathfrak{G} \cdot t$ abzulesen, und die erforderliche Kühlmenge sowie die erforderliche Kühldauer mit $\mathfrak{G} \cdot t/2{,}3$ bzw. für $h R = \infty$ mit $\mathfrak{G} \cdot t/1{,}8$ zu multiplizieren.

Eine Gegenüberstellung der abgeführten Wärmemenge und der Kältemenge, die entsprechend Gl. (70) zur Kühlung aufzuwenden ist, zeigt nun sehr anschaulich, wie sich das Verhältnis ändert je nach der erstrebten Temperatursenkung. Aus Abb. 68 wird weiter die Überlegenheit der Wasserkühlung verdeutlicht. Es ist nun allerdings zu berücksichtigen, daß die Anwendung der Wasserkühlung eine Beschränkung insoweit bedeutet, daß das Wasser nur bis knapp über 0 °C, hingegen Luft wesentlich tiefer gekühlt werden kann. Macht man von dieser Möglichkeit Gebrauch — beispielsweise wurde bei der Kühlanlage der Talsperre Sariyar die Luft auf — 6 °C gekühlt —, so wird das Verhältnis χ wesentlich verbessert.

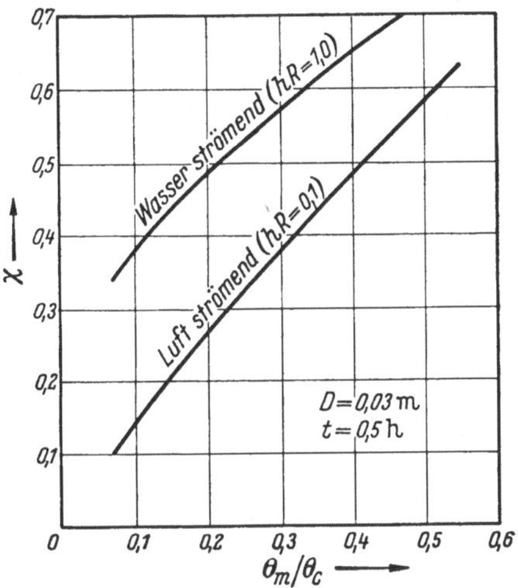

Abb. 68. Verhältnis χ von abgeführter Wärme zur erforderlichen Kältemenge

Tabelle 11 zeige schließlich eine Gegenüberstellung einiger Kühlanlagen mit den kennzeichnenden Angaben. Wenn die Tabelle auch keine direkten Rückschlüsse auf die Wirtschaftlichkeit der verschiedenen Kühlmethoden erlaubt, so gibt sie doch einen recht guten Anhalt für die Größe solcher Anlagen.

Tabelle 11

Name der Staumauer	Art der Vorkühlung	Temperatursenkung des Frischbetons durch die Vorkühlung	Installierte Kühlleistung kcal/h	Betonierleistung m³/h
Bhakra	Wasser	18 °C	4235000	250
Detroit	Wasser	16 °C	2116800	190
Vaitarna	Wasser, Luft	24 °C	1600000	92
Sariyar	Luft	17 °C	2700000	140
Fort Gibson	Eis	22 °C	1200000	60

5.5 Senkung der Einbringungstemperatur des Frischbetons durch Zugabe von Splittereis

Gegenüber der in den vorausgehenden Abschnitten behandelten Art der Vorkühlung des Betons unterscheidet sich die Methode der Temperatursenkung durch Zugabe eines Teils des Anmachwassers in Form von Eis dadurch, daß hier die Schmelzwärme des Eises eine weitere zusätzliche Senkung der Frischbetontemperatur hervorruft. Es ergibt sich in diesem Fall die Temperatur des Frischbetons nicht aus der Mischung einzelner Komponenten bestimmter Eigentemperatur, sondern der Mischung wird die zum Schmelzen des Eises benötigte Wärme entzogen, wodurch sich die Temperatur des frischen Betons erniedrigt.

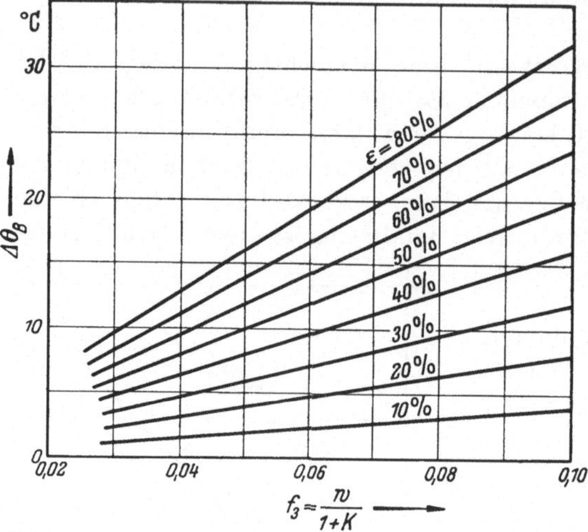

Abb. 69. Temperatursenkung $\Delta\,\Theta_B$ des Frischbetons bei Zugabe von ε% des Anmachwassers in Form von Eis

Bekanntlich beträgt die Schmelzwärme von Eis 80 kcal/kg, d. h. es sind 80 kcal notwendig, um 1 kg Eis zum Schmelzen zu bringen. Wird der Betonmischung ε% des Anmachwassers in Form von Eis zugesetzt, so ermäßigt sich die Temperatur $\overline{\Theta}_B$ des Frischbetons — allein durch das Schmelzen des Eises, wohlgemerkt — um

$$\left.\begin{aligned}\Delta\,\Theta_B &= \frac{w\cdot 80\cdot\varepsilon}{100\cdot(1+\mathrm{K})\cdot 0{,}2}\\ &= 4\cdot f_3\cdot\varepsilon,\end{aligned}\right\} \qquad (71)$$

wenn das Mischungsverhältnis Zement : Wasser : Zuschlagstoffe durch $1:w:K$ gegeben ist bzw. wo $f_3 = w/(1+K)$ das Verhältnis von Anmachwasser zu den gesamten Trockenzuschlägen darstellt. Ist mit Gl. (71), die in Abb. 69 dargestellt ist, die mögliche zusätzliche Temperatursenkung $\Delta\,\Theta_B$ ermittelt, so kann man nun für die „gedachte“ Temperatur $\overline{\Theta}_B^*$

$$\overline{\Theta}_B^* = \overline{\Theta}_B + \Delta\,\Theta_B$$

die entsprechend den Angaben der Ziffer 5.2 notwendige Temperatur $\overline{\Theta}_F$ und $\overline{\Theta}_K$ ermitteln, auf die die Zuschläge und der Zement gekühlt werden müssen, um zusammen mit der Temperatursenkung $\Delta\,\Theta_B$ die gewünschte Frischbetontemperatur $\overline{\Theta}_B$ zu erreichen.

Setzt man andererseits voraus, daß der Betonmischung nur Wasser von 0 °C zugesetzt wird, so errechnet sich die Temperatur des Frischbetons aus Gl. (51) unter Berücksichtigung der Formel (71) zu

$$\overline{\Theta}_B = \frac{(1+K)\cdot 0{,}2\cdot\overline{\Theta}}{1{,}0\cdot w + 0{,}2(1+K)} - \frac{\varepsilon\cdot w\cdot 80}{100(1+K)\,0{,}2}, \qquad (72)$$

wobei $\overline{\Theta}_F = \overline{\Theta}_K = \overline{\Theta}_Z = \overline{\Theta}$ die Temperatur der Zuschlagstoffe und des Zementes ist, die ohne Kühlung derselben im allgemeinen gleich der mittleren monatlichen Lufttemperatur angenommen werden kann.

In Abb. 70 ist die Beziehung der Gl. (72) graphisch aufgetragen unter Benützung des Ausdruckes $f_3 = w/(1+K)$.

Es sei vermerkt, daß bei den vorstehend angeschriebenen Formeln vorausgesetzt wurde, daß die zum Schmelzen des Eises erforderliche Wärme gänzlich der Betonmischung entzogen würde, und somit deren Temperatur entsprechend

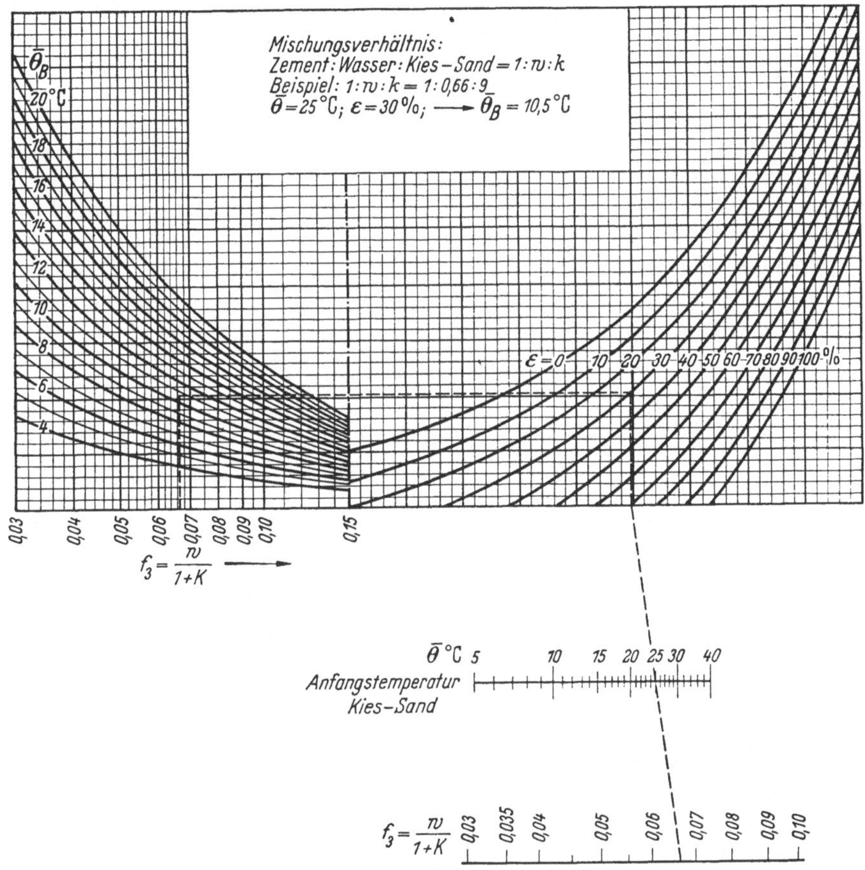

Abb. 70. Diagramm zur Bestimmung der Frischbetontemperatur $\bar{\Theta}_B$ bei Zugabe von ε% des auf 0 °C gekühlten Anmachwassers in Form von Eis

Gl. (71) senken würde. Tatsächlich ist in der Praxis jedoch lediglich mit einem Wirkungsgrad von etwa 70% zu rechnen, so daß in den Formeln ε mit 0,7 zu multiplizieren wäre. Berücksichtigt man, daß auch der Wirkungsgrad der Eismaschinen ein geringerer ist, als der bei der Erzeugung von Kühlluft oder kaltem Wasser, so ist zu erwarten, daß vom energiewirtschaftlichen Standpunkt die Kühlung durch Zugabe von Splittereis der mittels kaltem Wasser gleichwertig sein dürfte. De facto kann diese Frage jedoch nur durch die Praxis geklärt werden.

5.6 Über die Korngröße des zugegebenen Splittereises

Für den eigentlichen Baubetrieb ist noch die Frage nach der Schmelzdauer des der Mischung zugegebenen Eises von gewisser Bedeutung, da das Eis vor dem Einbringen des Betons in die Schalung geschmolzen sein muß, sollen nicht unerwünschte Poren in den Beton hineingetragen werden. Dabei kann nicht erwartet werden, daß dies auf dem Wege von der Mischtrommel zur Einbringungsstelle geschieht. Die Mischdauer des Betons muß daher so verlängert werden, bis alles Eis geschmolzen ist, oder aber muß die Größe des einzelnen Eiskornes so gehalten werden, daß es während der üblichen Mischzeit von $2^1/_2$ Minuten geschmolzen ist.

In der Mischtrommel wird das Mischgut so kräftig durchgemischt, daß man für die theoretische Behandlung dieses Problems annehmen kann, daß die Zuschlagstoffe gleichmäßig und vollständig vom Kühlmittel – hier das schmelzende Eis – umgeben sind. Bezüglich des Temperaturverlaufs im Zuschlagskorn sind damit die Voraussetzungen für die Anwendung der Gl. (52)ff. gegeben. Umgekehrt kann auch vorausgesetzt werden, daß die einzelnen Eiskörner so gleichmäßig vom Mischgut umhüllt werden, daß ein stetiger Wärmeübergang angenommen werden kann. Wird darüber hinaus auch für das Splittereis die Kugelform der mathematischen Behandlung zugrunde gelegt, so ergibt sich die zum Schmelzen einer Eiskugelschale der Dicke dr notwendige Wärmemenge dQ zu

$$dQ = Q_0 \cdot \gamma_e \cdot 4 \cdot \pi \cdot r^2 \, dr,$$

wobei $Q_0 = 80$ kcal/kg wieder die Schmelzwärme des Eises ist. Diese Wärmemenge muß nun durch die Außenhaut des Eiskornes eintreten, es gilt also auch

$$dQ = \alpha_e \cdot 4 \cdot \pi \cdot r^2 \cdot \overline{\Theta} \cdot dt,$$

wenn α_e die Wärmeübergangszahl vom Zuschlagskorn zum Eis, und $\overline{\Theta}$ die Temperaturdifferenz zwischen Eis und Mischgut ist.

Aus den beiden Bestimmungsgleichungen für die Wärmemenge ergibt sich, wenn dQ eleminiert wird, die Gleichung für den Zusammenhang zwischen der Korngröße des Eises $D_e = 2\,R_e$ und der Dauer t_e, bis dieses geschmolzen ist:

$$\int_0^{R_e} dr = \frac{\alpha_e}{Q_0 \cdot \gamma_e} \int_0^{t_e} \overline{\Theta}_{(t)} \, dt. \tag{73}$$

Da das Kühlgut sehr kräftig gemischt wird, kann man für den Temperaturverlauf im einzelnen Zuschlagskorn Gl. (56a) als kennzeichnend ansehen. Führt man also Gl. (56a) in Gl. (73) ein, so erhält man nachdem auf beiden Seiten integriert wurde:

$$\eta^2 = (-48)\,(h\,R_e)\,\frac{\gamma_s \cdot c_s \cdot \lambda_e}{\gamma_e \cdot Q_0 \cdot \lambda_s} \cdot \Theta_c \left[D_{3,4}\left(0;\, \frac{4\pi a}{D_s^2} \cdot t_e\right) - D_{3,4}(0;0)\right], \tag{74}$$

wobei

$$\alpha_e = \frac{(h\,R_e) \cdot \lambda_e}{R_e}; \quad \eta = R_e/R_s = D_e/D_s.$$

Für D_s ist hierin der mittlere Durchmesser der Zuschlagskörner entsprechend der Sieblinie des Betons zu setzen.

Mit den Zahlenwerten

Eis	$\gamma_e = 920$ kg/m³;	$\lambda_e = 1{,}92$ kcal/m, °C, h
Zuschlaggestein	$\gamma_s = 2500$ kg/m³;	$\lambda_s = 2{,}50$ kcal/m, °C, h
	$c_s = 0{,}2$ kcal/kg, °C	

und einer Wärmeübergangskennzahl $h\,R_e = 8$ wird

$$\eta^2 = \Theta_c \cdot 2 \cdot \left[D_{3,4}\left(0;\ \frac{4\pi a}{D_s^2}\, t_e\right) - D_{3,4}(0;0)\right]. \tag{74a}$$

Damit ist die Abhängigkeit der Schmelzdauer t_e von der Anfangstemperatur der Zuschlagstoffe $\overline{\Theta}_c$ und dem Verhältnis η von Eisgröße zur durchschnittlichen Zuschlagskorngröße angegeben. In Abb. 71 wurde Gl. (74a) ausgewertet und zeigt damit die Abhängigkeit der Eisgröße von der Anfangstemperatur $\overline{\Theta}_c$ der Zuschlagstoffe, wenn das Eis während der üblichen Mischzeit von $2^1/_2$ Minuten geschmolzen sein soll. Es zeigt, daß die Eisgröße bei den grobkörnigen Betonen des Talsperrenbaues praktisch nur noch von der Temperatur des Betons bedingt ist, wobei selbst diese Unterschiede gering sind. Ein Vergleich mit den Erfahrungen beim Bau der Staumauer von Castelo do Bodo[1] zeigt eine gute Übereinstimmung der gefundenen Ergebnisse mit den Erfahrungen der Praxis.

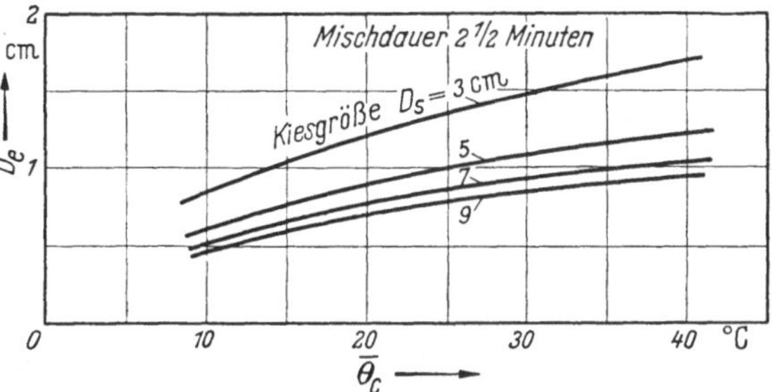

Abb. 71. Die Korngröße D_e von Splittereis bei einer Mischdauer t_e = 2,5 Min. in Abhängigkeit der Anfangstemperatur und der mittleren Korngröße der Zuschläge

Unter Umständen erweist es sich als zweckmäßig, das Eis in noch feinerer Form als Eisschnee der Mischung zuzusetzen. Dann kann es nämlich wie Zement mittels einer Schnecke transportiert oder, wie auf der Baustelle Tunnel Rendsburg, mittels Preßluft durch Rohre direkt in die Mischanlage geblasen werden.

5.7 Verminderung thermischer Spannungen durch Vorkühlen — Beispiel

Durch die feste Verbindung von Beton in den Arbeitsfugen oder mit der Gründungssohle entstehen in den aufbetonierten Bauteilen Temperaturrisse. Während die Temperatur des Gründungsfelsens oder der Gründungsplatte etwa der mittleren monatlichen Lufttemperatur entspricht, erwärmt sich der obere Bauteil durch die Wärmeentwicklung des Zementes. Bei der nachfolgenden Abkühlung bis zum Ausgleich mit der Lufttemperatur ist die Verkürzung des oberen Bauteils durch die Gründungsplatte behindert. Die durch eine solche äußere Behinderung der thermischen Ausdehnung und Verkürzung hervorgerufenen Systemspannungen lassen nun häufig die sogenannten Spaltrisse entstehen [*8*].

Die Verminderung dieser Spannungen auf ein unschädliches Maß durch Vorkühlung sei an dem Beispiel des Tunnels Rendsburg[2] gezeigt, wo im ersten Arbeitsgang die Gründungsplatte, und in einem zweiten Wände und Decke betoniert wurden.

[1] SCHNITTER, E.: Staumauer und Kraftwerk Castelo do Bodo in Portugal. Schweiz. Bauzeitung, 69. Jahrgang, H. 10 u. 11, Zürich 1951.

[2] Ein Erfahrungsbericht wurde mir freundlicherweise von Herrn Oberreg.-Baurat VOGEL, Neubauabteilung Tunnel Rendsburg, zur Verfügung gestellt.

Um die befürchteten Temperaturrisse zu vermeiden, hatte die Bauherrschaft vorgeschrieben, daß bei allen einseitig dem Wasserdruck ausgesetzten Bauteilen die Temperatur des Mischgutes oberhalb der Arbeitsfugen mindestens 5 °C weniger betrage, als die Temperatur des Betons unterhalb der Arbeitsfugen.

Die Vorkühlung des Betons wurde nun auf sehr geschickte Weise in drei Stufen erreicht:

1. durch Berieselung der Zuschlagstoffe der Körnungen 7/15 und 15/30 mit aus der Wasserhaltung der Baugrube anfallendem Grundwasser von 10 bis 13 °C (Leistung rund 120 m^3/h),

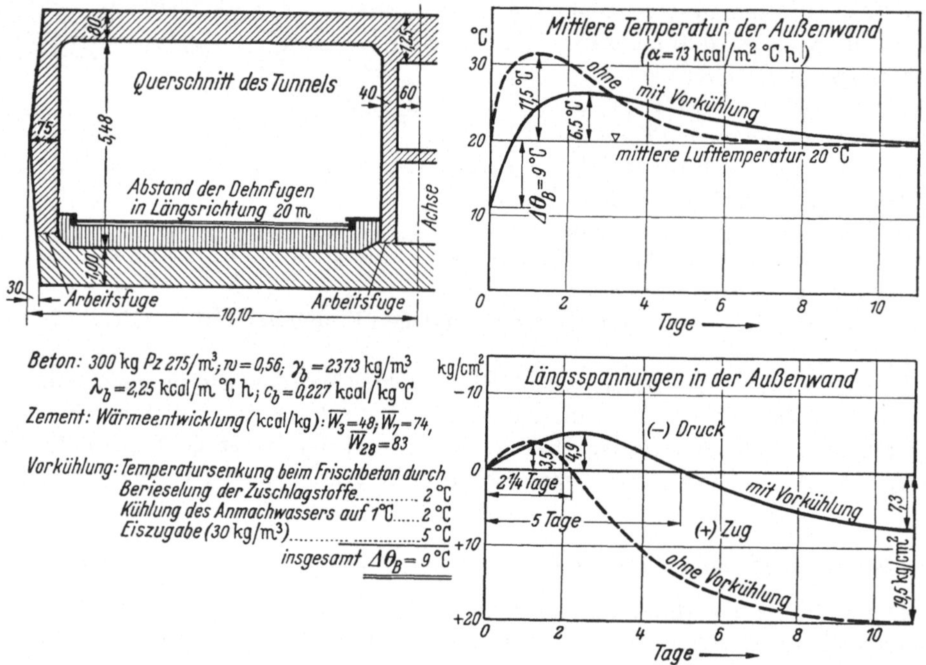

Abb. 72. Verminderung der thermischen Längsspannungen in einer Tunnelwand durch Vorkühlen des Betons

2. durch Kühlung des Anmachwassers des Betons in einer Kompressorkühlanlage auf rund 1 °C (Leistung 9000 l/h), und

3. durch Zugabe eines Teils des Anmachwassers des Betons in Form von Eisschnee (20 bis 30 kg/m^3), der mit einer Raspel aus Blockeis gewonnen, und mit Preßluft durch Rohre ∅ 100 mm direkt in den Mischer geblasen wurde.

Außerdem wurde dafür gesorgt, daß der Zement mit einer Temperatur von rund 27 °C angeliefert wurde, während er normalerweise eine Temperatur von 55 bis 60 °C hatte.

Mit diesen Mitteln war es möglich, die Temperatur des Frischbetons von rund 20 °C durch Berieselung der Zuschlagstoffe um rund 2 °C, durch die Kühlung des Anmachwassers um weitere rund 2 °C, und durch die Zugabe von Eisschnee nochmals um 5 °C, also insgesamt um 9 °C auf rund 11° zu senken.

Da sich das Mischgut in der 100 bis 250 m langen Pumpleitung in den Sommermonaten häufig um 1 bis 1,5 °C erwärmte, wurde zeitweise die Leitung auf einer Strecke von 30 bis 50 m mit Blockeis gekühlt.

Schließlich wurde der Beginn des 2. Arbeitsganges oberhalb der Arbeitsfuge (Abb. 72) in die Nachtstunden gelegt, und so die Ermäßigung der Frischbetontemperatur durch die kühlere Nachtluft ausgenützt.

Für die Untersuchung der thermischen Längsspannungen in den Wänden des 2. Arbeitsganges gelangt man zu einem Ergebnis, wenn man voraussetzt, daß die Gründungsplatte starr sei und die thermische Dehnung der frisch aufbetonierten Wand in der Arbeitsfuge vollkommen verhindere. Sieht man von der ungleichen Temperaturverteilung in den — relativ dünnen — Wänden ab, so ist die Längsspannung unmittelbar über der Arbeitsfuge der mittleren Temperatur der Wand proportional. Entsprechend den Überlegungen unter Ziffer 3.32 kann für sie die Formel angeschrieben werden

$$\sigma = -E \cdot \alpha_t \int_0^t f_{(t_{ch})} \frac{d T_m}{d t_{ch}} d t_{ch}$$

mit $T_m = \Theta_m$ nach Gl. (25).

Über den Rechengang zur Auswertung vorstehender Formel sei bemerkt: bei der Berechnung des Temperaturverlaufs in der Wand war ein eindimensionales Temperaturfeld vorausgesetzt, also auf die Berücksichtigung des Wärmeflusses von der Wand zur Gründungsplatte verzichtet worden. Die Wärmeentwicklung wurde nicht mathematisch formuliert (Ziffer 1), sondern entsprechend den versuchstechnisch ermittelten Werten aufgetragen, und die Rechenoperationen mit den üblichen graphischen Methoden durchgeführt. Hierbei wurde jedoch der Einfluß der Kühlung auf den Ablauf der Wärmeentwicklung (Ziffer 1) berücksichtigt.

Für die Berechnung der Spannungen wurde die Integration ebenfalls graphisch vollzogen, wobei das Erhärtungsgesetz parallel der Wärmeentwicklung von $f_{(0)} = 0$ auf $f_{(\infty)} = 1$ anwächst. Der E-Modul des völlig erhärteten Betons ($t = \infty$) wurde seiner Zusammensetzung entsprechend [*11*] mit $E = 240000$ kg/cm² angenommen.

Das Ergebnis der Berechnung im Vergleich für den gekühlten und für den ungekühlten Beton zeigt Abb. 72. Mit rund 8 kg/cm² beträgt die maximale Zugspannung bei gekühltem Beton etwa die Hälfte der bei ungekühltem Beton, und zeigt so die Richtigkeit der gewählten Maßnahmen. Berücksichtigt man, daß diesen thermischen Zugspannungen noch solche aus dem Schwinden des Betons überlagert sein werden, so ist die Wichtigkeit einer Vorkühlung des Betons gerade bei Bauteilen unter Wasserdruck unzweifelhaft.

6 Die Rohrinnenkühlung

6.1 Allgemeines

So vorteilhaft die Vorkühlung des Betons in gemäßigtem und tropischem Klima ist, so ist ihr durch die Begrenzung der möglichen Temperatursenkung ein Erfolg versagt, wenn die mittlere Lufttemperatur sehr niedrig ist, wie beispielsweise bei

Baustellen im Hochgebirge. Hier wird die nachträgliche Kühlung des Betons durch die Rohrinnenkühlung wirtschaftlich.

Beim Ductube-Verfahren werden beim Betonieren mit Druckwasser gefüllte Gummischläuche eingelegt, die nach dem Erhärten des Betons wieder aus dem Bauwerk gezogen werden können. Durch die zurückbleibenden Hohlräume läßt man nun solange kaltes Wasser strömen, bis das Bauwerk abgekühlt ist.

Im Talsperrenbau hat sich die künstliche Kühlung durch Zirkulation kalten Wassers in eingebauten Kühlschlangen durchgesetzt, eine Methode, wie sie beim Bau des Boulder Dam [*35*] vom US Bureau of Reclamation entwickelt und seither auch in der Schweiz mit Erfolg angewendet wurde. Die Kühlschlangen bestehen aus Flußstahlrohren von 15 bis 25 mm Durchmesser, die auf den Betonierschichten verlegt und an die Hauptleitungen des Kühlwasserkreislaufes angeschlossen werden. Eine Zusammenstellung der kennzeichnenden Daten ausgeführter Rohrkühlsysteme von Staumauern zeigt Tabelle 12.

Tabelle 12

Rohrabstand – horizontal	m	1,2 – 3,0
Rohrabstand – vertikal	m	1,5 – 3,0
Rohrlänge je m^3-Beton	m	0,2 – 0,4
Länge der einzelnen Rohrschlangen	m	150 – 250
Rohrdurchmesser	mm	15 – 25
Kühlwasserdurchfluß je m^3-Beton	cm^3/sec	0,15 – 0,8
Kühlwasserverbrauch je m^3-Beton	m^3	1,75 – 3,5

Im allgemeinen wird der Beton einer Schwergewichtsmauer auf die mittlere Jahreslufttemperatur gekühlt. Während man bei einer Bogenstaumauer die steifen Fundamentblöcke eher unterkühlen wird, kann bei ihren biegsameren oberen Bogenelementen eine gewisse Überhöhung der Betontemperatur gegenüber dem Jahresmittel der Lufttemperatur im Augenblick des Fugenschlusses in Kauf genommen werden.

Gekühlt wird sofort vom Zeitpunkt des Einbringens des Betons an. Die Dauer des Kühlens ist bei künstlich gekühltem Wasser von der Dimensionierung des Kühlsystems abhängig. Sind natürliche Gewässer mit genügend kaltem Wasser vorhanden, so fällt die Hauptkühlzeit im allgemeinen in den Winter. Bei Frühlingsbeginn besitzt dann die Mauer die tiefste Temperatur (vgl. auch Ziffer 2.6), und zu diesem Zeitpunkt kann der Fugenschluß durch Einpressen von Zementmilch vorgenommen werden.

Während bei der Vorkühlung der gesamte Temperaturzustand und dessen Veränderungen nach unten verschoben werden, bewirkt die Rohrinnenkühlung eine mehr oder weniger parallel mit der Wärmeentwicklung stattfindende Wärmeabfuhr bis zur Abkühlung auf die erforderliche Temperatur. Wird durch die Vorkühlung ein Temperaturspannungszustand a priori vermieden, so ist dies bei der Rohrinnenkühlung aus wirtschaftlichen Gründen meist nicht möglich. Es ist einleuchtend, daß die Wärmeabfuhr desto intensiver ist, je enger die Kühlrohre liegen. So ist zwar eine Ermäßigung des Temperaturgefälles vom Kern der Mauer zu ihren Außenzonen möglich, und damit auch eine Verminderung der unter Ziffer 3 beschriebenen Eigenspannungen ebenso wie die thermischer Systemspannungen. Andererseits entsteht nun durch die inneren Temperaturunterschiede ein neuer Spannungszustand mit großen Zugspannungen längs der Kühlrohre.

Kennzeichen der Rohrinnenkühlung ist daher vor allem die kontrolliert beschleunigte, gleichmäßige Abkühlung und ihre große Anpassungsfähigkeit.

Die Vorgänge beim Wärmeaustausch zwischen Kühlwasser und Beton und die Wirkung der Rohrinnenkühlung auf die Temperatur- und Spannungsverhältnisse sollen nun in den folgenden Abschnitten beschrieben werden, um so die Grundlagen für die zweckmäßige Dimensionierung der Kühlanlage zu erhalten.

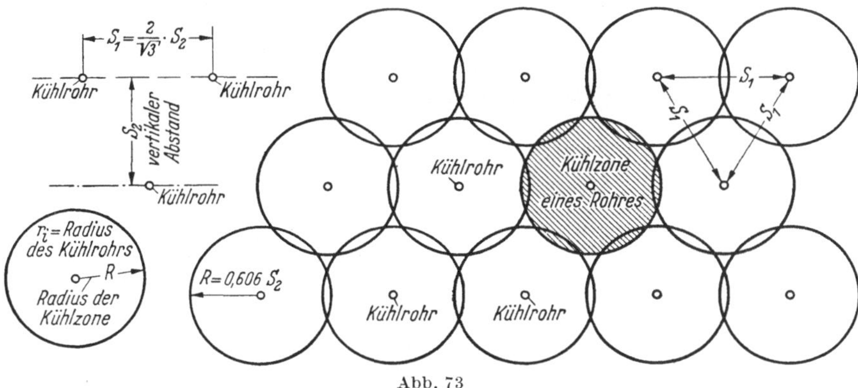

Abb. 73

Wie ein Querschnitt (Abb. 73) senkrecht zu den Kühlrohren zeigt, kann bei der üblichen Anordnung der Kühlrohre um jedes einzelne näherungsweise eine kreiszylinderförmige Kühlzone angenommen werden, in deren Achse sich das Kühlrohr befindet. Aus Symmetriegründen findet nun durch die äußere „Mantelfläche" des Zylinders kein Wärmefluß statt, so daß man sich den Zylinder hier thermisch isoliert denken kann. Weiter muß bei der Länge jeden einzelnen Rohres in jedem beliebigen Schnitt senkrecht der Rohrachse die Temperaturverteilung die gleiche sein. Damit ist es gestattet, das vorliegende Wärmeleitproblem rotationssymmetrisch zu linearisieren, wodurch sich einmal die theoretische Behandlung wesentlich vereinfacht und zum anderen sich die Temperaturfelder durch bekannte und tabulierte Funktionen darstellen lassen.

6.2 Die Temperaturverteilung um das einzelne Rohr (strenge Lösung)

Auf Grund der vorhergehenden Überlegungen wird nun bei der folgenden mathematischen Behandlung des Wärmeleitproblems ein unendlich langer Hohlzylinder betrachtet, dessen Anfangstemperatur überall gleich $\overline{\Theta}_c$, der an den Außenflächen thermisch völlig isoliert und an der Innenfläche der Temperatur $\overline{\Theta}_A$ = konstant ausgesetzt sei. Eine innere Wärmequelle sei zunächst nicht vorhanden, und der Wärmedurchgangswiderstand des Kühlrohres könne vernachlässigt werden. Der Außenradius des Hohlzylinders sei R, und der Innenradius r_i (= Radius des Kühlrohres).

Die partielle FOURIERsche Differentialgleichung der Wärmeleitung lautet in Zylinderkoordinaten, da vorausgesetzungsgemäß $w = 0$ und die Ableitungen nach z und φ verschwinden müssen, und mit $\varrho = \frac{r}{R}$

$$\frac{\partial \overline{\Theta}}{\partial t} = \frac{a}{R^2}\left(\frac{\partial^2 \overline{\Theta}}{\partial \varrho^2} + \frac{1}{\varrho}\,\frac{\partial \overline{\Theta}}{\partial \varrho}\right), \tag{75}$$

mit den Rand- und Anfangsbedingungen

$$\overline{\Theta} = \overline{\Theta}_c \qquad \text{für} \quad t = 0 \quad \text{und} \quad \varrho_i \leqq \varrho \leqq 1$$

$$\frac{\partial \overline{\Theta}}{\partial \varrho} = h \cdot R\,(\overline{\Theta} - \overline{\Theta}_A) \qquad \text{für} \quad t > 0 \quad \text{und} \quad \varrho = \varrho_i$$

$$\frac{\partial \overline{\Theta}}{\partial \varrho} = 0 \qquad \text{für} \quad t > 0 \quad \text{und} \quad \varrho = 1\,.$$

Die Lösung des vorhandenen Problems läßt sich in Analogie zu bekannten Sonderfällen [*5*], [*26*], [*35*], anschreiben zu

$$\Theta_{(\varrho,t)} = \Theta_c \cdot \sum_{k=1}^{\infty} C_k \cdot Z_0(\nu_k' \cdot \varrho) \cdot e^{-\nu_k'^2 \cdot \frac{at}{R^2}}, \tag{76}$$

mit der maximalen Temperatur $\Theta_{\max}$ am Zylinderaußenrand ($\varrho = 1$):

$$\Theta_{\max}(t) = \Theta_c \cdot \sum_{k=1}^{\infty} C_k' \cdot e^{-\nu_k'^2 \frac{at}{R^2}}, \tag{77}$$

und der mittleren Temperatur Θ_m des Hohlzylinders:

$$\Theta_m(t) = \Theta_c \cdot \sum_{k=1}^{\infty} C_k'' \cdot e^{-\nu_k'^2 \frac{at}{R^2}}. \tag{78}$$

Hierbei ist $\Theta = \overline{\Theta} - \overline{\Theta}_A$ und $\Theta_c = \overline{\Theta}_c - \overline{\Theta}_A$

$$Z_0(\nu_k' \cdot \varrho) = \left\{ \frac{J_0(\nu_k' \cdot \varrho)}{J_1(\nu_k')} - \frac{N_0(\nu_k' \cdot \varrho)}{N_1(\nu_k')} \right\}$$

J_0 = BESSELsche Funktion erster Art und nullter Ordnung
J_1 = BESSELsche Funktion erster Art und erster Ordnung
N_0 = NEUMANNsche Funktion nullter Ordnung
N_1 = NEUMANNsche Funktion erster Ordnung
und ν_k' = ein Eigenwert.

Mit

$$Z_1(\nu_k' \cdot \varrho) = \left\{ \frac{J_1(\nu_k' \cdot \varrho)}{J_1(\nu_k')} - \frac{N_1(\nu_k' \cdot \varrho)}{N_1(\nu_k')} \right\}$$

lautet die Bestimmungsgleichung für den Eigenwert ν_k':

$$-\frac{\nu_k'}{h\,R} = \frac{Z_0(\nu_k' \cdot \varrho_i)}{Z_1(\nu_k' \cdot \varrho_i)}, \tag{79}$$

und die Gleichungen für die Konstanten C sind:

$$C_k = \frac{-2\,\frac{\varrho_i}{\nu_k'} \cdot Z_1(\nu_k' \cdot \varrho_i)}{Z_0^2(\nu_k') - \varrho_i^2 \cdot Z_0^2(\nu_k' \cdot \varrho_i) - \varrho_i^2 \cdot Z_1^2(\nu_k' \cdot \varrho_i)} \tag{80}$$

$$C_k' = C_k \cdot Z_0(\nu_k') \tag{81}$$

$$C_k'' = -C_k\,\frac{2 \cdot \varrho_i}{\nu_k'(1 - \varrho_i^2)} \cdot Z_1(\nu_k' \cdot \varrho_i)\,. \tag{82}$$

6.3 Eine Näherungslösung als Folge der Wärmeübergangsbedingung

Für die numerische Darstellung des Temperaturverlaufes um das einzelne Rohr ist entsprechend Ziffer 6.2 die Kenntnis der relativen Wärmeübergangszahl $h = \alpha/\lambda_b$ Voraussetzung, um aus Gl. (79) die für die zeitliche Temperaturabklingung maßgebenden Eigenwerte ν_1', ν_2', ..., ν_k', ... bestimmen zu können. Die Wärmeübergangsvorgänge zwischen einem festen und einem flüssigen Medium werden bekanntlich durch die NUSSELT-Zahl Nu gekennzeichnet (vgl. Ziffer 5.3). Bisher gibt es keine mathematische formulierte Beziehung für die Zahl Nu, die allgemeine Gültigkeit haben kann, da auf die Wärmeübergangszahl α bzw. die Nusselt-Zahl Nu nicht nur die Reynoldsche Zahl Re einwirkt, sondern auch der Einfluß der Prandtl-Zahl Pr, der Rohrlänge L und der temperaturabhängigen Stoffwerte berücksichtigt werden muß. Für die bei der Rohrinnenkühlung vorliegenden Verhältnisse mit durchweg turbulenter Strömung ($Re > 2300$) und Rohrlängen $L = 100$ bis 600 m ($L/r_i = 2500$ bis 20000) kann die von HAUSEN (vgl. [5]) empirisch aufgestellte Gleichung als die gelten, welche die genannten Einflüsse am besten erfaßt. Sie lautet

$$Nu = 0{,}116\left[1 + \left(\frac{2 \cdot r_i}{L}\right)^{2/3}\right](Re^{2/3} - 125) \cdot Pr^{1/3} \cdot \left(\frac{\eta_{Fl}}{\eta_M}\right)^{0,14}, \tag{83}$$

wobei η_{Fl} = dynamische Zähigkeit des Wassers in der Rohrmitte,
η_M = dynamische Zähigkeit des Wassers an der Rohrwand.

Bei den kleinen Rohrdurchmessern kann $\eta_{Fl}/\eta_M = 1$ gesetzt werden. Wählt man für die temperaturabhängigen Stoffwerte des Wassers eine mittlere Temperatur von 8 °C[1], und setzt entsprechend den üblichen Verhältnissen $r_i/L = 0$, so erhält man Gl. (83) in der Form

$$Nu = 0{,}25(Re^{2/3} - 125) \tag{83a}$$

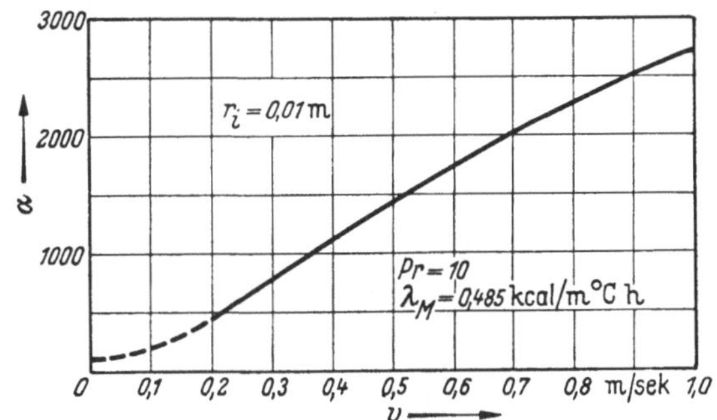

Abb. 74. Die Wärmeübergangszahl α (kcal/m², °C, h) vom Wasser (Geschwindigkeit v) auf das Rohr (ø 20 mm)

und mit $Nu = \frac{\alpha \cdot 2 \cdot r_i}{\lambda_M}$, $Re = \frac{v \cdot 2 \cdot r_i}{\nu_M}$ (ν_M = kinematische Zähigkeit des Wassers)

$$\alpha = 3{,}19 \cdot \frac{1}{r_i} \cdot [(v \cdot r_i)^{2/3} - 2{,}38] \tag{83b}$$

die Wärmeübergangszahl α in Abhängigkeit der Fließgeschwindigkeit v (m/sec) des Wassers und des Rohrradius r_i (m).

Die numerische Auswertung von Gl. (83b) für einen üblichen Kühlrohrradius $r_i = 0{,}01$ m zeigt Abb. 74. Gemäß Gl. (79) ist die Kennzahl hR für den Eigenwert ν' maßgebend, für die sich aus Gl. (83b) mit $h = \alpha/\lambda_b$ und $\lambda_b = 2{,}5$ kcal/m, °C, h die Beziehung

$$h\,R = 1{,}275 \cdot \frac{1}{\varrho_i} \cdot [(v \cdot r_i)^{2/3} - 2{,}38] \tag{83c}$$

ergibt.

[1] Tabellen der Stoffwerte von Wasser in Abhängigkeit der Temperatur z. B. bei GRÖBER/ERK/GRIGULL [5].

In Abb. 75 wurde Gl. (83c) für einen Mittelwert von $r_i = 0{,}01$ m dargestellt, so daß der Wert hR in Abhängigkeit der Fließgeschwindigkeit v des Kühlwassers in den Kühlrohrschlangen und in Abhängigkeit der Größe der Kühlzonen der Abbildung entnommen werden kann. Wie zu erkennen ist, liegt der Wert für hR bei den normalerweise zu erwartenden Verhältnissen zwischen $hR = 200$ und $hR = 1000$.

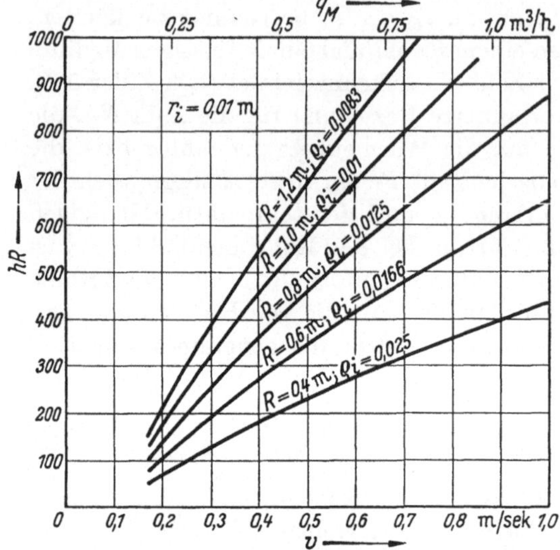

Abb. 75. Die Kennzahl hR des Wärmeübergangs in Abhängigkeit der Größe R der Kühlzone und der Fließgeschwindigkeit v (m/sec) des Kühlwassers

Die Bestimmung der Eigenwerte ν' ist eine sehr mühsame Angelegenheit und läßt sich nur in Verbindung mit einer guten Funktionstafel [3] in erträglicher Weise erledigen. Abb. 76 zeigt die vielen Äste der rechten Seite der Bestimmungsgleichung (79). Die Schnittpunkte mit der Geraden $-\nu'/hR$, welche die linke Seite der Bestimmungsgleichung darstellt, ergeben die Eigenwerte ν'.

In Tabelle 13 sind nun 2 Beispiele nach vorstehender Rechenvorschrift festgehalten, und es zeigt sich das überraschende und zu begrüßende Ergebnis, daß die Reihendarstellungen entsprechend Gln. (76), (77) und (78) für $t > 48$ h so rasch konvergieren, daß für die zeitliche Temperaturabklingung mit vollkommen ausreichender Genauigkeit schon das erste Glied der Reihendarstellung genügt. Damit kann man aber nicht nur die so mühsame Arbeit der Bestimmung der Eigenwerte ν' auf die erste Wurzel ν_1' (Abb. 76) beschränken, es ergibt sich hier-

Tabelle 13

$R = 1$ m; $t = 48$ h; $\varrho_i = 0{,}01$; $hR = \infty$; $a = 0{,}004$ m²/h					
k	1	2	3	4	5
ν_k'	0,725	4,290	7,546	10,77	13,97
$e^{-\nu_k'^2 \cdot at/R^2}$	0,9041	0,0293	0,0000..	0,0000..	0,0000..
$C_k' \cdot e^{-\nu_k'^2 \cdot at/R^2}$ ...	0,9602	0,00237	0,0000..	0,0000..	0,0000..
$C_k'' \cdot e^{-\nu_k'^2 \cdot at/R^2}$ ...	0,8847	0,00018	0,0000..	0,0000..	0,0000..

$R = 1$ m; $t = 48$ h; $\varrho_i = 0{,}10$; $hR = 20$; $a = 0{,}004$ m²/h					
k	1	2	3	4	5
ν_k'	0,960	4,714	8,157	11,57	14,97
$e^{-\nu_k'^2 \cdot at/R^2}$	0,8378	0,0140	0,0000..	0,0000..	0,0000..

aus auch die Möglichkeit, den Temperaturverlauf im Beton infolge Rohrinnenkühlung in geschlossener Form darzustellen. Wird in den Gln. (76), (77) und (78) nur das erste Glied berücksichtigt, so können die Indizes und das Summenzeichen wegfallen, und es ergeben sich die Näherungslösungen für den Temperaturverlauf in der außerordentlich durchsichtigen Form

$$\Theta_{(\varrho,t)} = \Theta_c \cdot C \cdot Z_0(\nu' \cdot \varrho) \cdot e^{-\nu'^2 \frac{at}{R^2}} \quad (84)$$

$$\Theta_{\max} = \Theta_c \cdot C' \cdot e^{-\nu'^2 \frac{at}{R^2}} \quad (85)$$

$$\Theta_m = \Theta_c \cdot C'' \cdot e^{-\nu'^2 \frac{at}{R^2}} \quad (86)$$

mit $\nu' = \nu_1'$ nach Gl. (79), $C = C_1$ nach Gl. (80), $C' = C_1'$ nach Gl. (81) und $C'' = C_1''$ nach Gl. (82).

Diese geschlossene Darstellung des Temperaturverlaufs wird sich in der Folge bei der weiteren analytischen Behandlung noch als sehr fruchtbar erweisen.

Die für die praktische Anwendung notwendigen Werte $\nu' = \nu_1'$, C, C' und C'' wurden den Gln. (79), (80), (81) und (82) entsprechend ermittelt und können aus den Abb. 77, 78 und 79 abgelesen werden.

Aus der numerischen Ermittlung der Eigenwerte ν' (Abb. 77) läßt sich aber noch eine weitere, die Rechnung vereinfachende Erscheinung ablesen. Wie man sehr schön erkennen kann, nähern sich die Werte von ν' mit wachsendem Parameter hR sehr rasch dem Grenzwert bei $hR = \infty$. Schon weiter oben wurde ermittelt, daß sich hR zwischen 200 und 1000 bewegt. Damit ergibt sich also die Möglichkeit, in erster und meist ausreichender Näherung $hR = \infty$ vorauszusetzen, so daß die Werte ν', C, C' und C'' nur noch von ϱ_i abhängig sind (Abb. 80). Dies bedeutet gerade für eine erste, überschlägige Berechnung des Temperaturverlaufs im Beton eine wesentliche Vereinfachung des Rechnungsganges.

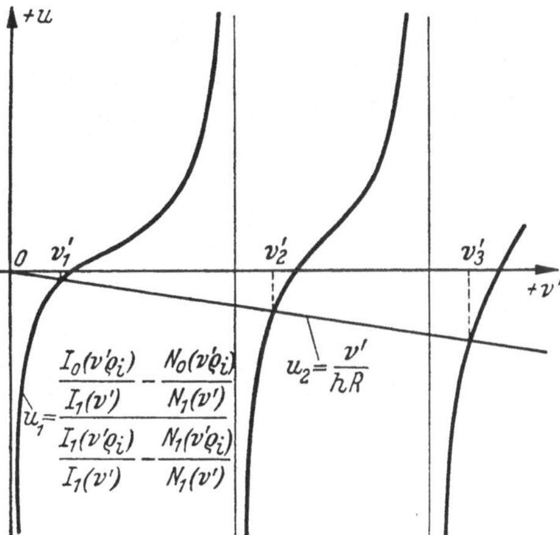

Abb. 76. Bestimmung der Eigenwerte ν_k'

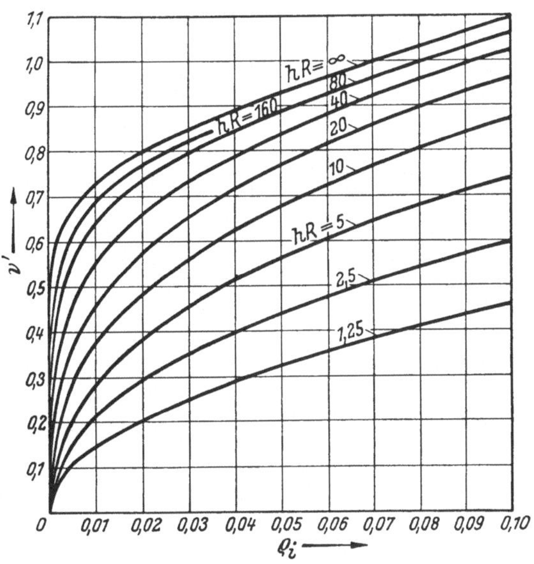

Abb. 77

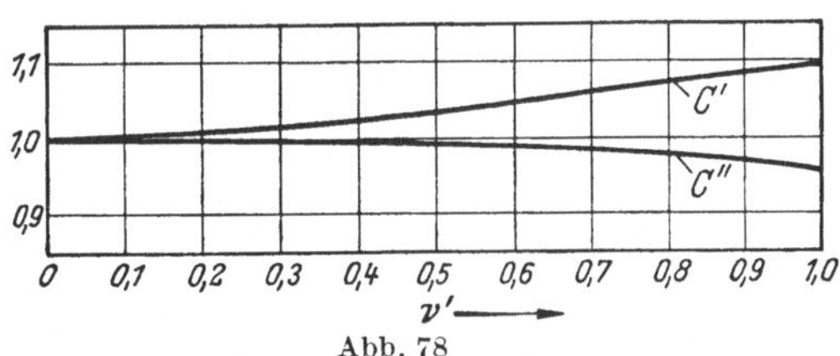

Abb. 78

Die charakteristische Temperaturverteilung um das einzelne Kühlrohr zeigt nun Abb. 81 für üblichen Verhältnissen entsprechendes $\varrho_i = 0{,}01$. Aus der Abbildung erkennt man, wie die Temperatur in nächster Nähe des Kühlrohres sehr

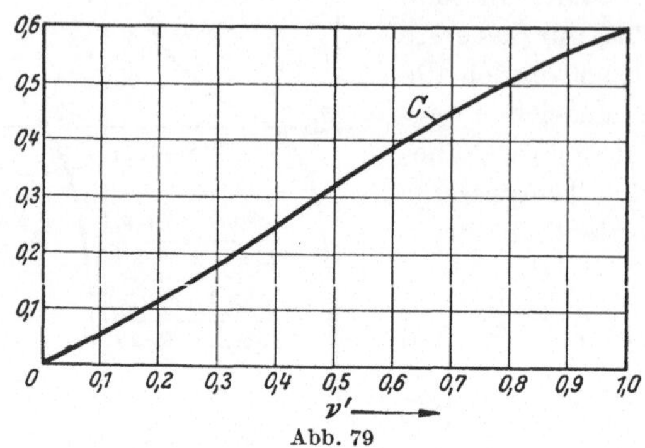

Abb. 79

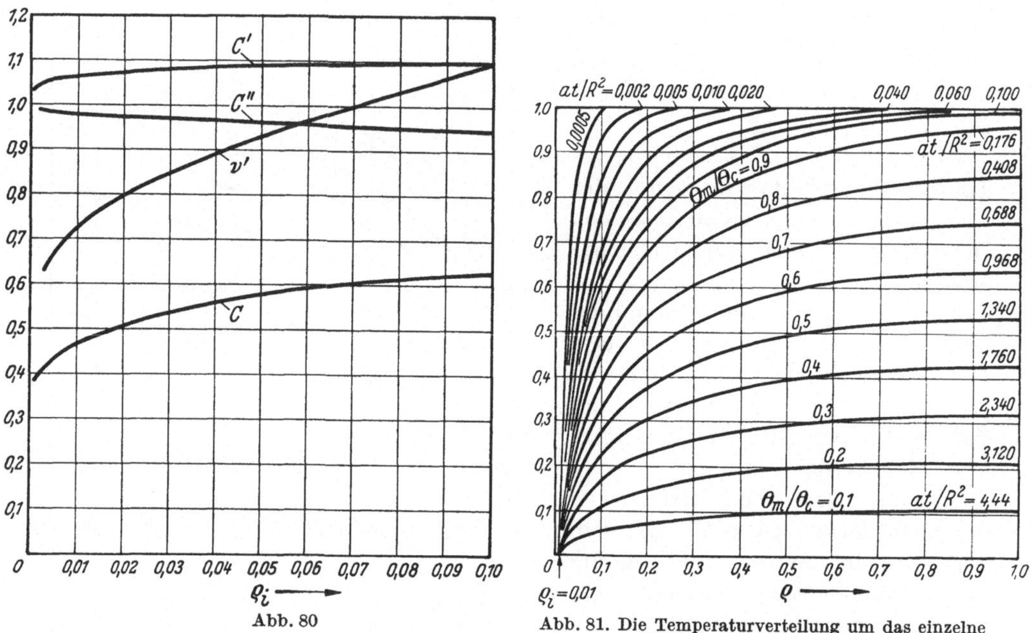

Abb. 80

Abb. 81. Die Temperaturverteilung um das einzelne Kühlrohr (nach RAWHOUSER)

rasch absinkt, wohingegen weiter entfernte Stellen nur sehr langsam von der Abkühlung erfaßt werden. Berücksichtigt man, daß in praktischen Fällen $hR \to \infty$ geht, so ist also nicht der Wärmeübergang vom Beton auf das Kühlwasser, sondern in erster Linie der Wärmetransport vom Betoninnern zum Kühlrohr hin für den zeitlichen Fortgang der Abkühlung bestimmend.

6.4 Berücksichtigung der Erwärmung des Kühlwassers

Die Voraussetzung, daß das in den Rohren fließende Kühlwasser konstant auf der Temperatur $\overline{\Theta}_A$ gehalten werde, ermöglicht es, die Lösung des Wärmeleitproblems einfach und übersichtlich zu gestalten. Selbstverständlich wird jedoch die Temperatur des Kühlwassers durch die aus dem Betonhohlzylinder ausströmende Wärme erhöht. Es wäre nun eine verhältnismäßig einfache Sache, den Kühlwasserbedarf festzustellen, der eine Erwärmung des Kühlwassers nahezu ausschließt. Nun ist aber, wie die vorangegangenen Kapitel gezeigt haben, die der Temperatursenkung entsprechende Wärmeabgabe eine mit der Zeit stark veränderliche Funktion. Im gleichen Maße ändert sich auch die notwendige Kühlwirkung und damit der auf die Zeiteinheit bezogene Kühlwasserbedarf. Ändert sich jedoch der Kühlwasserbedarf in sehr starkem Maße, so ändert sich auch die hierzu erforderliche Leistung der Pumpen- und Kühlanlagen. Es ist jedoch unwirtschaftlich, eine Anlage für einen einmaligen Spitzenwert zu dimensionieren, und es wäre Verschwendung, dauernd durch das Rohrnetz einen Wasserdurchfluß aufrecht zu erhalten, wie er zur Vermeidung einer Erwärmung des Kühlwassers zu Beginn der Kühlung notwendig wäre. Angestrebt wird zweifellos eine möglichst gleichmäßige Pumpen- und Kühlanlagenleistung. Im folgenden soll daher der Einfluß der Erwärmung des Kühlwassers auf den Temperaturverlauf im Beton untersucht werden, wobei der Durchfluß q_M (m^3/h) konstant sei. Dabei soll hier das Problem direkt mit Hilfe der Näherungsformeln von Ziffer 6.3 bewältigt werden. Dadurch wird eine spätere Analyse der Zusammenhänge zwischen Kühldauer, Kühlwasserdurchfluß und Kühlwasserbedarf und der geometrischen Auslegung des Rohrnetzes gegenüber graphischen [*35*] Methoden oder Methoden mit Hilfsfunktionen [*26*] sehr erleichtert.

Das Problem der Erfassung der Erwärmung des Kühlwassers kann wie bei der Kühlung der Zuschlagstoffe (Ziffer 5.4) dadurch bewältigt werden, daß dem Kühlvorgang mit $\overline{\Theta}_A$ = konstant ein Erwärmungsvorgang des Betons überlagert wird, der aus dem Temperaturanstieg des Kühlwassers resultiert. Die hierfür gültige Formel wurde bereits mit Gl. (57) ermittelt, so daß in diese nur noch das Abkühlungsgesetz für $\overline{\Theta}_A$ = konstant gemäß Gl. (84), bzw. (85) oder (86) eingeführt werden muß. Die Gleichung für den Temperaturverlauf unter Berücksichtigung der Erwärmung des Kühlwassers lautet damit
beispielsweise für die mittlere Temperatur

$$\Theta_m(t) = \Theta_c \cdot C'' \cdot e^{-\beta t} + \Theta_M(t)\,[1 - C''] + \beta \cdot C'' \int_0^t e^{-\beta(t-t_M)} \cdot \Theta_M(t_M)\,dt_M\,, \qquad (87)$$

wobei der Kürze wegen $\nu'^2 \cdot \frac{a}{R^2} = \beta$ gesetzt wurde.

Aus der Bedingung, daß die pro Zeiteinheit längs eines Rohrstückes dl aus dem Beton abfließende Wärmemenge

$$-c_b \cdot \gamma_b \cdot \frac{d\Theta_m}{dt} \cdot F \cdot dl \qquad (F = \pi \cdot R^2)$$

gleich der Erwärmung des Kühlwassers

$$c_M \cdot \gamma_M \cdot q_M \cdot \frac{d\Theta_M}{dl} \cdot dl \qquad (q_M \text{ Kühlwasserdurchfluß } m^3/h)$$

längs dieses Rohrstückes sein muß, ergibt sich die Bestimmungsgleichung für die Temperatur des Kühlwassers zu

$$c_M \cdot \gamma_M \cdot q_M \cdot \frac{d\Theta_M}{dl} \cdot dl = -c_b \cdot \gamma_b \cdot \frac{d\Theta_m}{dt} \cdot F \cdot dl,$$

in die nun Gl. (87) eingeführt werden muß. Hierbei kann $\Theta_M(t)\cdot[1-C''] \cong 0$ vernachlässigt werden.

Integriert man diese Gleichung nach dl von 0 bis l, so erhält man nach Umformung

$$\Theta_M(t) = \frac{C''\beta}{K+C''\beta}\cdot\Theta_c\cdot e^{-\beta t} + \frac{C''\beta^2}{K+C''\beta}\int\limits_0^t e^{-\beta(t-t_M)}\cdot\Theta_M(t_M)\,dt_M, \tag{88}$$

wobei C'' durch Gl. (82), $K = \frac{c_M\cdot\gamma_M\cdot q_M}{c_b\cdot\gamma_b\cdot F\cdot l}$ und $\beta = \frac{\nu'^2\cdot a}{R^2}$ gegeben ist.

Durch Vergleich mit Formel (64) kann man leicht erkennen, daß beide Gleichungen einander entsprechen, und somit auch Gl. (88) die definierende Integralgleichung einer Exponentialfunktion ist. Die Lösung von Gl. (88) kann sofort angeschrieben werden zu

$$\Theta_M = \frac{C''\beta}{K+C''\beta}\cdot\Theta_c\cdot e^{-\frac{\beta\cdot K}{K+C''\beta}\cdot t}. \tag{89}$$

Mit der Kenntnis der Erwärmung des Kühlwassers als Funktion der Zeit entsprechend Gl. (89) ist die mittlere Temperatur des Betons bekannt, wenn Gl. (89) in Gl. (87) eingeführt und die Integration durchgeführt wird.

Wird die Rechnung entsprechend auch für $\Theta_{(\varrho,t)}$ und $\Theta_{\max}$ durchgeführt, so erhält man

$$\Theta_{(\varrho,t)} = \Theta_c\left\{C\cdot Z_0(\nu'\cdot\varrho)\cdot\left[1-\frac{C''\beta}{K+C''\beta}\right] + \frac{C''\beta}{K+C''\beta}\right\}e^{-\mathfrak{B}t} \tag{90}$$

$$\Theta_{\max} = \Theta_c\left\{C' + [1-C']\frac{C''\beta}{K+C''\beta}\right\}e^{-\mathfrak{B}t} \tag{91}$$

$$\Theta_m = \Theta_c\left\{C'' + [1-C'']\frac{C''\beta}{K+C''\beta}\right\}e^{-\mathfrak{B}t} \tag{92}$$

mit

$$\mathfrak{B} = \frac{K\beta}{K+C''\beta}.$$

Setzt man näherungsweise $[1-C']\cdot\frac{C''\beta}{K+C''\beta} = [1-C'']\frac{C''\beta}{K+C''\beta} = 0$, so ergeben sich für die maximale Temperatur und für die mittlere Temperatur die einfachen Formen

$$\Theta_{\max} = \Theta_c\cdot C'\cdot e^{-\mathfrak{B}t} \tag{91a}$$

$$\Theta_m = \Theta_c\cdot C''\cdot e^{-\mathfrak{B}t}. \tag{92a}$$

Die später noch benötigte Funktion der pro Raum- und Zeiteinheit abgeführten Wärmemenge ist

$$-c_b\cdot\gamma_b\cdot\frac{d\Theta_m}{dt} = c_b\cdot\gamma_b\cdot\Theta_c\cdot C''\cdot\mathfrak{B}\cdot e^{-\mathfrak{B}t}. \tag{93}$$

Von der Richtigkeit der vorstehend entwickelten Beziehungen kann man sich leicht dadurch überzeugen, daß man $K=\infty$ setzt (also großer Durchfluß $q_M=\infty$, oder Betrachtung eines Querschnittes kurz nach dem Eintritt des Kühlwassers bei $l=0$), wodurch die Gln. (90), (91) und (92) wieder in die entsprechenden Formeln ohne Erwärmung des Kühlwassers gemäß Ziffer 6.3 übergehen.

In Abb. 82 wurde der Verlauf der für die zeitliche Temperaturabklingung maßgebenden Funktion $e^{-\mathfrak{B}t}$ mit dem Parameter $\mathfrak{B} = \frac{K\beta}{K+C''\beta}$ aufgetragen. Für die auf der Abszisse abgetragene Zeit t kann damit aus Abb. 82 der Verlauf der mittleren Temperatur als Verhältnis Θ_m/Θ_c direkt abgelesen werden, wenn zunächst näherungsweise $C'' = 1$ gesetzt wird. Aus der Darstellung wird auch die beschleunigte Abkühlung mit größer werdendem Wert $\mathfrak{B}$ ersichtlich, so daß $\mathfrak{B}$ die Kennzahl der Rohrinnenkühlung genannt werden möge.

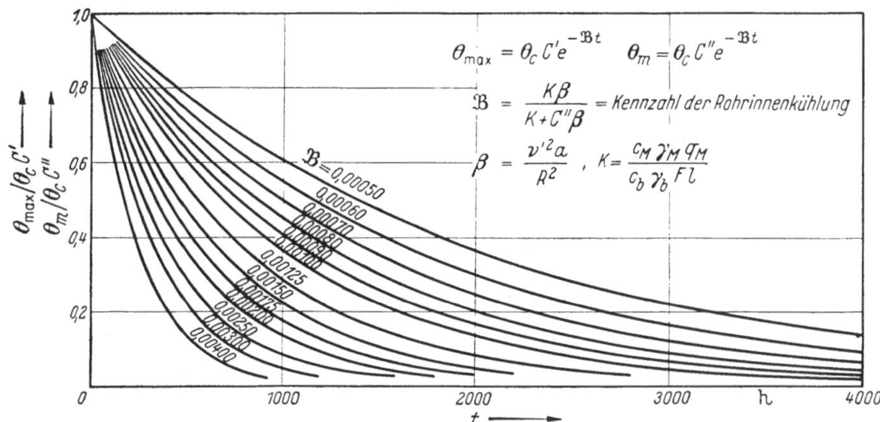

Abb. 82. Temperatur im Beton t Stunden nach Beginn der Rohrinnenkühlung

Um einen Einblick in das Zusammenwirken der einzelnen, in der Kennzahl $\mathfrak{B}$ zusammengefaßten Faktoren zu erhalten, sei nun der Fall untersucht, daß der Beton auf $\Theta_m = 0{,}1 \cdot \Theta_c$ gekühlt werden solle. Setzt man hierzu $C'' = 1$, so gilt wieder

$$(\mathfrak{B} \cdot t)_{10} = 2{,}3\,,$$

und es beträgt die Zeit, die verstreicht bis die Temperatur des Betons auf $\Theta_m = 0{,}1 \cdot \Theta_c$ gesunken ist,

$$\begin{aligned} t_{10} &= 2{,}3/\mathfrak{B} \\ &= 2{,}3\left(\frac{1}{\beta} + \frac{1}{K}\right) \qquad (C'' = 1) \\ &= 2{,}3\left(\frac{R^2}{a \cdot \nu'^2} + \frac{c_b \cdot \gamma_b}{c_M \cdot \gamma_M} \cdot \frac{F \cdot l}{q_M}\right). \end{aligned}$$

Zu einem Maßstab der Kühlung des Betons gelangt man, indem die Temperatur in der Mitte der Rohrschlange der Länge L betrachtet, also $l = L/2$ gesetzt wird. Schreibt man noch $R^2 = F/\pi$, so erhält man

$$t_{10} = 2{,}3\left(\frac{1}{a \cdot \pi \cdot \nu'^2} + \frac{c_b \cdot \gamma_b}{c_M \cdot \gamma_M} \frac{1}{2} \frac{L}{q_M}\right) \cdot F\,, \tag{94}$$

und erkennt sofort, daß auch bei sehr kurzen Rohrschlangen ($L \to 0$), und auch bei einem noch so großen Durchfluß ($q_M \to \infty$) die Kühldauer nicht unter einen Mindestwert verkürzt werden kann. Diese mindestens benötigte Kühldauer

$$t_{10}^{\min} = \frac{2{,}3}{a \cdot \pi \cdot \nu'^2} \cdot F \tag{95}$$

ist nur vom Rohrdurchmesser, ausgedrückt durch den Eigenwert ν', und von der Größe der Kühlzone $F = \pi \cdot R^2$ abhängig. Für den betrachteten Fall der Kühlung auf $\Theta_m = 0{,}1 \cdot \Theta_c$ wurde $t_{10}^{\min}$ entsprechend Gl. (95) in Abb. 83 aufgetragen und zeigt sehr deutlich die überragende, lineare Abhängigkeit der Mindestkühldauer von der Größe der Kühlzone, wohingegen der Rohrdurchmesser $2 \cdot r_i$ nur eine untergeordnete Rolle spielt.

Multipliziert man Gl. (94) mit $q_M/F \cdot l$ und setzt

$$t_{10} \cdot \frac{q_M}{F \cdot L} = Q_{10}$$

(Q_{10} = Gesamtkühlwasserbedarf zur Kühlung von 1 m³ Beton auf $\Theta_m = 0{,}1 \cdot \Theta_c$), so ergibt sich

$$Q_{10} = 2{,}3\left(\frac{1}{a \cdot \pi \cdot \nu'^2} \cdot \frac{q_M}{L} + \frac{1}{2}\,\frac{c_b \cdot \gamma_b}{c_M \cdot \gamma_M}\right).$$

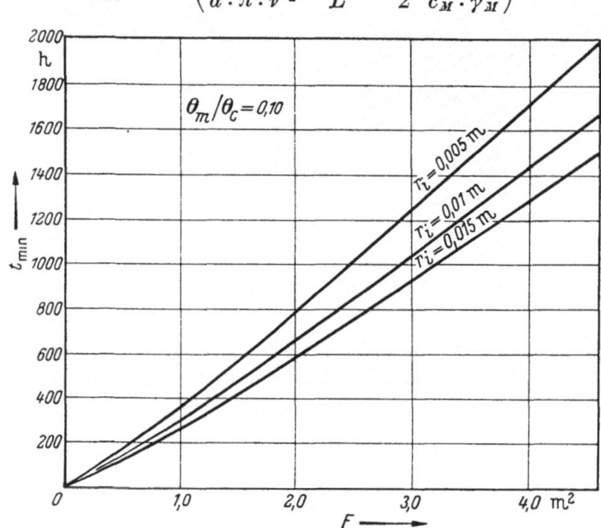

Abb. 83. Mindestkühldauer $t_{\min}$ in Abhängigkeit des Kühlrohrradius r_i und der Größe F der Kühlzone

Setzt man hierin noch $q_M/L = Q_{10} \cdot F/t_{10}$, so findet man nach Umformung mit

$$Q_{10} = \frac{2{,}3\,\dfrac{c_b \cdot \gamma_b}{c_M \cdot \gamma_M} \cdot \dfrac{1}{2}}{\left(1 - 2{,}3\,\dfrac{1}{a \cdot \pi \cdot \nu'^2} \cdot \dfrac{F}{t_{10}}\right)} \qquad (96)$$

die Beziehung zwischen der tatsächlichen Kühldauer t_{10} und dem Kühlwasserbedarf Q_{10}.

Für eine Kühldauer t_{10}, die sehr lang gewählt wird ($t_{10} \to \infty$), geht der Kühlwasserbedarf auf seinen Minimalwert zurück

$$Q_{10}^{\min} = 2{,}3\,\frac{c_b \cdot \gamma_b}{c_M \cdot \gamma_M} \cdot \frac{1}{2} \qquad \left(\frac{\text{m}^3\ \text{Kühlwasser}}{\text{m}^3\ \text{Beton}}\right), \qquad (97)$$

der damit von der geometrischen Auslegung des Rohrnetzes völlig unabhängig ist, und nur durch die geforderte Temperatursenkung bestimmt wird.

Dieser Mindestkühlwasserbedarf beträgt beispielsweise bei einer Kühlung auf

Θ_m	$0{,}05 \cdot \Theta_c$	$0{,}1 \cdot \Theta_c$	$0{,}2 \cdot \Theta_c$	$0{,}3 \cdot \Theta_c$	$0{,}4 \cdot \Theta_c$
$Q^{\min}$	0,76 m³	0,587 m³	0,40 m³	0,30 m³	0,23 m³.

Unter Verwendung von Gl. (95) erhält Gl. (96) die außerordentlich transparente Form

$$Q_{10}^{\min} : Q_{10} = (1 - t_{10}^{\min} : t_{10}) . \tag{96a}$$

Sie ist in Abb. 84 dargestellt und, nun völlig dimensionslos, unabhängig von dem gewählten Beispiel der Kühlung auf $\Theta_m = 0{,}1 . \Theta_c$, so daß ganz allgemein gültig geschrieben werden kann

$$\frac{Q^{\min}}{Q} = 1 - \frac{t^{\min}}{t} . \tag{98}$$

Mit den Gln. (95), (97) und (98) sind die wichtigsten Beziehungen zur Dimensionierung einer Rohrinnenkühlanlage gefunden.

Je kürzer die zu fordernde Kühldauer sein muß, desto kleiner muß die Kühlzone sein. Wählt man diese so klein, daß $t^{\min}$ noch erheblich unter der geforderten

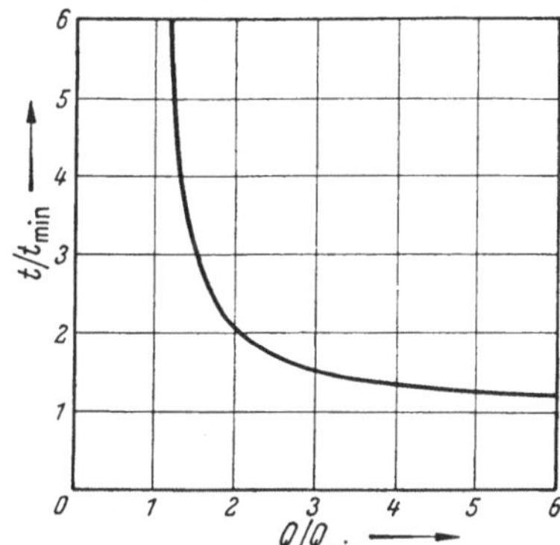

Abb. 84. Zusammenhang zwischen Kühldauer t und Kühlwasserverbrauch Q

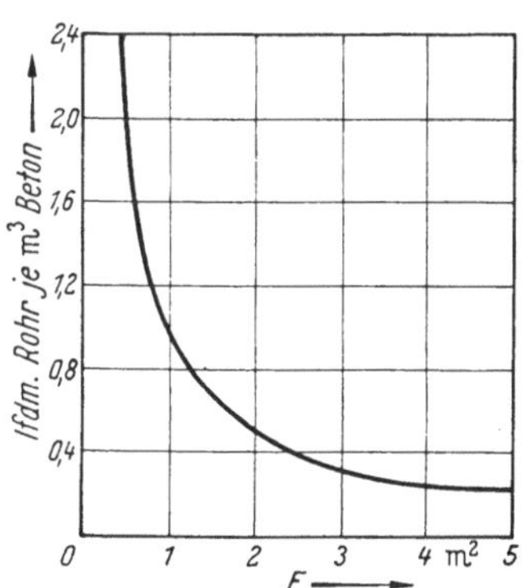

Abb. 85. Der Bedarf an Kühlrohr als Funktion der Größe F der Kühlzone

Kühldauer liegt, so kann auch der Kühlwasserbedarf auf ein wirtschaftliches Maß ($Q/Q^{\min} = 2$, vgl. Abb. 84) herabgedrückt werden. Zwar werden die Aufwendungen für das Kühlrohrnetz desto größer, je kleiner die Kühlzone (s. Abb. 85) gewählt wird, jedoch werden die Kosten nicht so schwerwiegend sein, wenn $F = 1\ \text{m}^2$ nicht unterschritten wird.

Es sei bemerkt, daß die für eine Dimensionierung einer Rohrinnenkühlanlage hiermit gefundenen Beziehungen zur Voraussetzung hatten, daß ein bestimmter Querschnitt längs einer Rohrschlange betrachtet wurde, nämlich der bei $l = L/2$. Ist also bei dem gewählten Beispiel die Temperatur des Betons an der Stelle $l = L/2$ auf $\Theta_m = 0{,}1 \cdot \Theta_c$ heruntergekühlt, so ergibt sich die Temperatur am Anfang und am Ende der Rohrschlange niedriger bzw. höher. In der Praxis wird diesem Temperaturunterschied dadurch begegnet, daß die Durchflußrichtung von Zeit zu Zeit gewechselt wird. Immerhin ist es gut, sich einen Eindruck von der Größe dieser Temperaturunterschiede zu verschaffen.

Wählt man wieder das betrachtete Beispiel der Kühlung auf $\Theta_m = 0{,}1 . \Theta_c$, so kann man anschreiben

$$(\mathfrak{B} \cdot t)_{10} = \frac{t_{10}}{\left(\frac{F}{a \cdot \pi \cdot r'^2} + \frac{c_b \cdot \gamma_b}{c_M \cdot \gamma_M} \cdot \frac{F}{q_M} \cdot \frac{L}{2} \cdot x\right)} \qquad (0 \leqq x \leqq 2),$$

mit $l = x \cdot \dfrac{L}{2}$.

Erweitert man die rechte Seite mit 2,3, so wird

$$(\mathfrak{B}\cdot t)_{10} = \frac{2{,}3\cdot t_{10}}{\left(\frac{2{,}3}{a\cdot\pi\cdot\nu'^2}\cdot F + 2{,}3\,\frac{c_b\cdot\gamma_b}{c_M\cdot\gamma_M}\cdot\frac{1}{2}\cdot\frac{F\cdot L}{q_M}\cdot x\right)}\,.$$

Mit

$$t_{10}^{\min} = \frac{2{,}3}{a\cdot\pi\cdot\nu'^2}\cdot F,\quad Q_{10}^{\min} = 2{,}3\,\frac{c_b\cdot\gamma_b}{c_M\cdot\gamma_M}\cdot\frac{1}{2}\quad\text{und}\quad Q_{10} = t_{10}\,\frac{q_M}{F\cdot L}$$

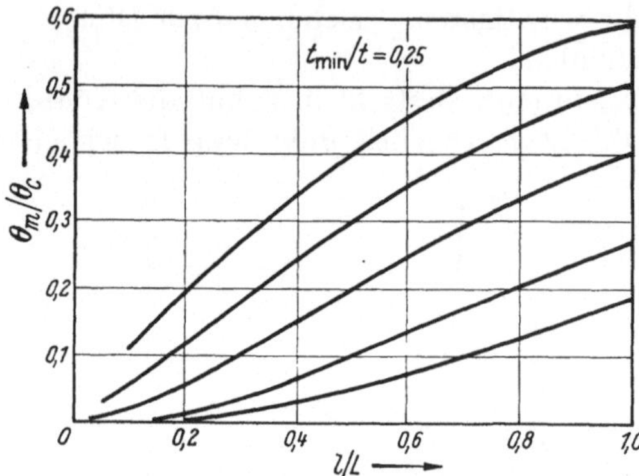

Abb. 86. Temperaturverlauf längs einer Rohrschlange

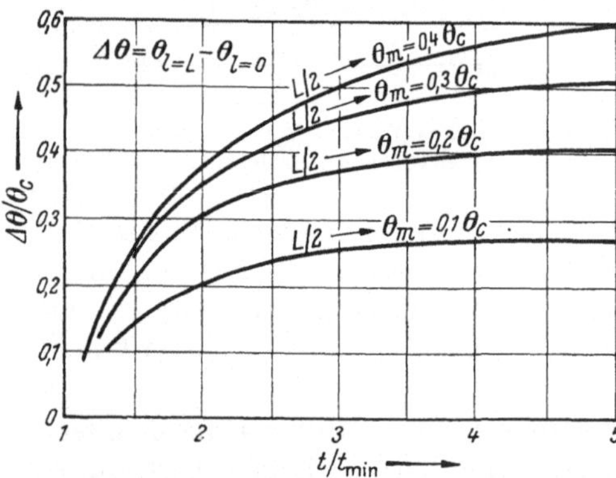

Abb. 87. Temperaturunterschied $\Delta\Theta$ des Betons am Anfang und am Ende einer Rohrschlange

erhält man durch Umformen

$$(\mathfrak{B}\cdot t)_{10} = \frac{2{,}3}{\left(\frac{t_{10}^{\min}}{t_{10}} + \frac{Q_{10}^{\min}}{Q_{10}}\cdot x\right)}$$

und schließlich mit Gl. (98)

$$(\mathfrak{B}\cdot t)_{10} = \frac{2{,}3}{(1-x)\,\frac{t_{10}^{\min}}{t_{10}} + x}\,.$$

Die Temperatur längs der Rohrschlange verändert sich in diesem Falle also wie

$$\Theta_m = \Theta_c\cdot C''\cdot e^{-\frac{2{,}3}{(1-x)\,t^{\min}/t_{10}+x}}\,.$$

Wie leicht zu zeigen, ist für $l = L/2$ $(x = 1)$

$$\Theta_m = \Theta_c\cdot C''\cdot e^{-2{,}3}$$

$$\Theta_m = \Theta_c\cdot C''\cdot 0{,}1\,.$$

Ganz allgemein kann mit

$$\left.\begin{aligned}\Theta_m &= \Theta_c\cdot C''\cdot e^{-\frac{\mathfrak{B}\cdot t}{(1-x)\,t^{\min}/t+x}}\\ \Theta_m &= \Theta_c\cdot C''\cdot e^{-\frac{\mathfrak{B}\cdot t}{(x-1)\,Q^{\min}/Q+1}}\end{aligned}\right\}\quad(99)$$

die Formel angeschrieben werden, wie sich die Temperatur längs der einzelnen Rohrschlange ändert.

In Abb. 86 ist Gl. (99) für $t^{\min}/t = 0{,}25$ dargestellt, während in Abb. 87 der Temperaturunterschied zwischen Rohranfang und Rohrende in Abhängigkeit von $t/t^{\min}$ angegeben ist. Da das Verhältnis $t^{\min}/t$ in direkter Abhängigkeit von $Q^{\min}/Q$ steht, ist der Temperaturunterschied längs einer Rohrschlange um so größer, je kleiner der effektive Durchfluß gewählt wird.

Eine weitere Frage ist die, ob es wirtschaftlich wäre, den Kühlwasserdurchfluß periodisch zu vermindern oder gar ganz zu unterbrechen. Bertschinger [*1*] kommt bei seinen Untersuchungen zu dem Ergebnis, daß ,,jede Unterbrechung der Kühlung eine wesentliche Einbuße des Kühleffekts zur Folge hat. Mit einer quantitativ beschränkten Kühlmittelmenge ist die wirksamste Kühlung möglich bei kontinuierlichem und gleichförmigem Durchfluß. Jede Unterbrechung und jede

Veränderung des Kühlmittelstromes bedeutet Zeit- und Kühlmittelverluste, die nicht aufgeholt werden können durch intensiveren Kühlmitteldurchfluß in einem späteren Zeitpunkt."

Zusammenfassung

1. Die Mindestkühlzeit ist lediglich von der geometrischen Anordnung, im wesentlichen von der Größe der Kühlzone um das einzelne Kühlrohr abhängig [Gl. (95)]. Soll die Kühlzeit errechnet werden für eine Kühlung des Betons auf $\Theta_m \neq 0{,}1 \cdot \Theta_c$, so muß der Wert nach Gl. (95) mit $\ln \frac{\Theta_m}{\Theta_c}$ multipliziert, und durch 2,3 dividiert werden.

2. Die tatsächliche Kühldauer $t > t^{\min}$ wird allein durch die Menge des durch die Kühlrohre fließenden Wassers (ausgedrückt durch den Gesamtkühlwasserbedarf Q) bestimmt. Die Beziehung zwischen dieser tatsächlichen Kühldauer und dem tatsächlichen Durchfluß wurde mit Gl. (98) gefunden. Errechnet wird der Mindestkühlwasserbedarf für die Mitte der einzelnen Rohrschlange.

3. Je kleiner die Mindestkühldauer $t^{\min}$ gegenüber der tatsächlichen Kühldauer gewählt wird, indem die Kühlzone um das einzelne Kühlrohr klein gemacht wird, desto kleiner ist das Verhältnis $t^{\min}/t$, und um so kleiner ist der tatsächlich erforderliche Kühlwasserbedarf Q, der immer näher beim Mindestkühlwasserbedarf $Q^{\min}$ liegt (Abb. 84).

4. Gl. (98) enthält den spezifischen Kühlwasserbedarf Q (in m³ Kühlwasser pro m³ Beton) bezogen auf den Mindestkühlwasserbedarf $Q^{\min}$. Mit der Länge der einzelnen Rohrschlange wächst auch die Menge des von dieser gekühlten Betons. Somit ist der effektive Durchfluß durch ein Kühlrohr um so größer, je länger es ist, obwohl das Verhältnis $Q/Q^{\min}$ dasselbe bleibt. Damit ist die Temperaturveränderung längs einer Kühlrohrschlange nur vom relativen Abstand vom Rohranfang abhängig, nicht dagegen von der absoluten Länge.

Gerade der durch diese Beziehungen aufgedeckten Zusammenhänge muß sich der entwerfende Ingenieur völlig bewußt werden, soll sowohl der gewünschte Kühleffekt, als auch die Wirtschaftlichkeit der technischen Durchführung der Kühlung gewährleistet sein.

6.5 Der Kühlvorgang bei chemischer Aufheizung

Unter Ziffer 6.2ff. wurde der Temperaturverlauf in dem außen völlig wärmeisolierten Hohlzylinder für den Fall dargestellt, daß durch die Rohrinnenkühlung eine zur Zeit $t = 0$ gleichmäßig vorhandene Übertemperatur Θ_c auf die Temperatur $\overline{\Theta}_A$ des Kühlmediums abgebaut wird. Diese Annahme betrifft in erster Linie eine gegenüber der Kühltemperatur überhöhte Einbringungstemperatur des Betons, die dieser im allgemeinen infolge der sommerlichen Erhöhung der Lufttemperatur besitzen wird. Darüber hinaus ist aber noch der Temperaturanstieg im Beton abzubauen, den die beim Abbinden des Zementes freiwerdende Hydratationswärme bewirkt. Gemäß den Darlegungen unter Ziffer 1 wird dieser Temperaturanstieg ohne Rohrinnenkühlung (und, wie hier speziell vorausgesetzt, ohne einen Wärmeabfluß durch die äußere Oberfläche des Betonkörpers) den dort für die einzelnen Zementarten angegebenen adiabatischen Verlauf nehmen. Wird nun sofort beim Einbringen des Betons mit der Kühlung durch die Rohrschlangen begonnen, so wird noch vor Erreichen der adiabatischen Höchsttemperatur $\Theta_W^{\max}$ ein Teil derselben sukzessive abgebaut werden, so daß diese gar nicht erst auftreten kann. Die Untersuchung des Temperaturverlaufes soll nun entsprechend Ziffer 2 auch bei Rohrinnenkühlung auf die Erfassung der chemischen Aufheizung ausgedehnt werden.

Die Überlegungen, die zur mathematischen Erfassung dieses Problems führen, sind dieselben wie unter Ziffer 2.5: Man denkt sich den adiabatischen Aufheizungsvorgang entsprechend in unendlich kleine, zeitlich unmittelbar aufeinanderfolgende Temperaturimpulse $\Delta\,\Theta_w$ aufgeteilt, von denen jeder nun einem Temperaturausgleichsvorgang gemäß Ziffer 6.2ff. unterliegt. Das diese Überlegung formulierende Gesetz ist durch Gl. (25) bereits bekannt, in welches nun das von der Rohrinnenkühlung bestimmte Abkühlungsgesetz nach Gl. (90) für eine anfängliche Übertemperatur $\Theta_c = 1$, und die den adiabatischen Temperaturanstieg im Beton beschreibende Funktion

$$\Theta_w = \Theta_W^{\max}(1 - e^{-t/t_0})$$

einzuführen ist.

Nach Durchführung der Integration erhält man

$$\Theta_{(\varrho,t)} = \Theta_W^{\max} \cdot \left\{C \cdot Z_{0\,(\nu' \cdot \varrho)} \cdot \left[1 - \frac{C''\beta}{K + C''\beta}\right] + \frac{C''\beta}{K + C''\beta}\right\} \frac{e^{-\mathfrak{B}t} - e^{-\mathfrak{B}t/\mathfrak{B}t_0}}{1 - \mathfrak{B}\,t_0}, \tag{100}$$

und entsprechend

$$\Theta_{\max} = \Theta_W^{\max} \cdot \left\{C' \left[1 - \frac{C''\beta}{K + C''\beta}\right] + \frac{C''\beta}{K + C''\beta}\right\} \frac{e^{-\mathfrak{B}t} - e^{-\mathfrak{B}t/\mathfrak{B}t_0}}{1 - \mathfrak{B}\,t_0}, \tag{101}$$

$$\Theta_m = \Theta_W^{\max} \cdot \left\{C'' \left[1 - \frac{C''\beta}{K + C''\beta}\right] + \frac{C''\beta}{K + C''\beta}\right\} \frac{e^{-\mathfrak{B}t} - e^{-\mathfrak{B}t/\mathfrak{B}t_0}}{1 - \mathfrak{B}\,t_0}, \tag{102}$$

oder, setzt man näherungsweise $\frac{C' \cdot C''\beta}{K + C''\beta} = \frac{C'' \cdot C''\beta}{K + C''\beta} = \frac{C''\beta}{K + C''\beta}$, die einfache Form

$$\Theta_{\max} = \Theta_W^{\max} \cdot C' \cdot \frac{e^{-\mathfrak{B}t} - e^{-\mathfrak{B}t/\mathfrak{B}t_0}}{1 - \mathfrak{B}\,t_0} \tag{101a}$$

$$\Theta_m = \Theta_W^{\max} \cdot C'' \cdot \frac{e^{-\mathfrak{B}t} - e^{-\mathfrak{B}t/\mathfrak{B}t_0}}{1 - \mathfrak{B}\,t_0}. \tag{102a}$$

Aus Abb. 88 kann die maximal auftretende Temperatur $\Theta^{\max}$ und der zugehörige Zeitpunkt $\mathfrak{B} \cdot t_{(\Theta^{\max})}$ entnommen werden: je langsamer die Wärmeentwicklung des Zementes (großes $\mathfrak{B} \cdot t_0$), desto kleiner ist der maximale Temperaturanstieg im Beton. Andererseits wird bei schneller Wärmeentwicklung (kleiner Wert $\mathfrak{B} \cdot t_0$) die entstehende Wärme schneller wieder abgeführt. Von zwei Zementarten der gleichen Wärmetönung ist vom Standpunkt der Kühlung also diejenige vorzuziehen, deren Wärme rasch frei wird.

Nun wurde für vier verschiedene Zemente, nämlich für einen Portlandzement, für einen Hochofenzement, für einen Eisenportlandzement und für einen Sulfathüttenzement der Temperaturverlauf entsprechend Gl. (102a) berechnet, für eine Kennzahl $\mathfrak{B} = 0{,}00075$, wie sie etwa für die Rohrinnenkühlung bei Staumauern üblich ist. Wie aus Abb. 89 ersichtlich, besitzt meist ein Zement mit rascher Wärmeentwicklung auch eine höhere Wärmetönung als ein Zement mit langsamer Wärmeentwicklung. Der Vorteil der relativ rascheren Wärmeabfuhr tritt also kaum in Erscheinung. Abb. 89 zeigt darüber hinaus, daß auch bei Rohrinnenkühlung für die Berechnung des Temperaturverlaufs ähnlich wie für die natürliche Abkühlung mit guter Näherung $t_0 = 0$ gesetzt werden kann. Damit kann hier entsprechend Ziffer 6.4 gerechnet werden, wobei lediglich in den einzelnen Formeln an Stelle von Θ_c nun $\Theta_W^{\max}$ tritt.

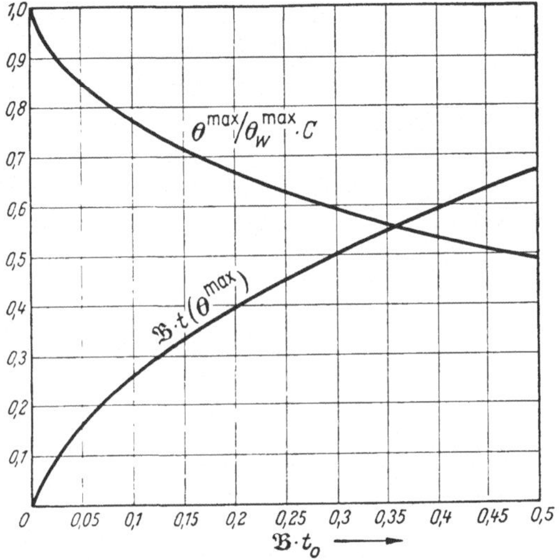

Abb. 88. Der maximale Temperaturanstieg $\Theta_W^{\max}$ und der Zeitpunkt $\mathfrak{B} \cdot t$ desselben bei chemischer Aufheizung und gleichzeitiger Rohrinnenkühlung

Schließlich wurde zur Erleichterung der praktischen Anwendung der Gln. (100), (101) und (102) in den Fällen, in denen nicht von der Vereinfachung $t_0 = 0$ Gebrauch gemacht werden kann, in Abb. 90 die Funktion $(e^{-\mathfrak{B}t} - e^{-\mathfrak{B}t;\mathfrak{B}t_0})$ aufgetragen. Sehr schön wird dabei ersichtlich, wie nach Beendigung der Wärmeentwicklung der Temperaturverlauf dem gemäß Ziffer 6.4 entspricht: die Funktion $e^{-\mathfrak{B}t}$ ist die Einhüllende aller Funktionen.

Die Richtigkeit vorstehend entwickelter Beziehungen sei durch Gegenüberstellung von Rechnung und Messung[1] an einem Beispiel überprüft. Bei dem gewählten Beispiel konnte aus parallellaufenden Messungen an einer Schleusenmauer ohne künstliche Kühlung mit Hilfe der Untersuchungen der Ziffer 2.5 die Funktion der Wärmeentwicklung ermittelt werden. Wenn es sich auch streng genommen um ein dreidimensionales Temperaturfeld handelt, konnten doch die einfach zu handhabenden Formeln des eindimensionalen Temperaturfeldes eines plattenförmigen Baukörpers angewandt werden. Bei der relativ raschen Wärmeentwicklung ist der hierdurch zu erwartende Fehler verschwindend gering. Eine diesbezügliche theoretische Untersuchung gemäß Ziffer 2.5 konnte auch durch Messungen bestätigt werden.

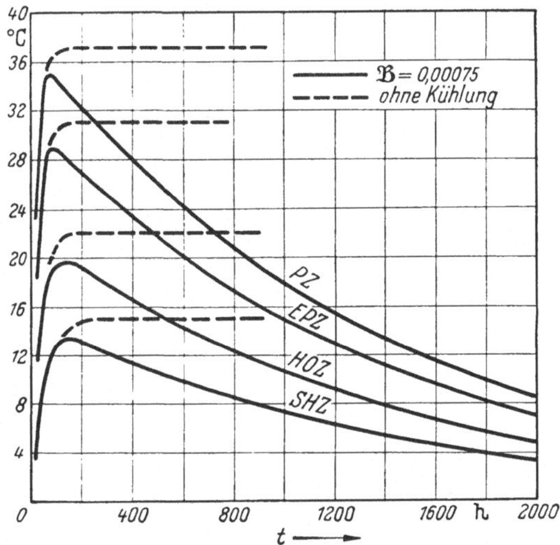

Abb. 89. Beispiel für den Temperaturanstieg im Beton bei Rohrinnenkühlung unter Verwendung verschiedener Zementarten

Anordnung und maßgebende Rechenwerte der hier angewandten Rohrinnenkühlung können Abb. 91 und dem Rechenblatt 10 entnommen werden. Bei der dich-

[1] Die Meßergebnisse wurden mir freundlicherweise zur Verfügung gestellt von der Arbeitsgemeinschaft Staustufe Ottendorf, Heilmann & Littmann – Grün & Bilfinger – Wayss & Freytag.

ten Lage der Kühlrohre kann vor allem für die Schalungsdauer der Einfluß der natürlichen Kühlung auf die Temperaturverhältnisse im Kern der Schleusenmauer unberücksichtigt bleiben (vgl. Ziffer 6.6). Es wurde daher für einen Vergleich von Rechnung und Messung die Meßstelle 2 ausgewählt. Die Ergebnisse der Rechnung sind in Abb. 91 den Meßwerten auch graphisch gegenübergestellt. Es zeigt sich eine hervorragende Übereinstimmung trotz der vereinfachenden Annahmen des Verfahrens und trotz der mathematischen Formulierung der Wärmeentwicklungsfunktion.

Das Beispiel beleuchtet durch die parallel verlaufende Kontrollmessung an einer ungekühlten Schleusenmauer in ganz ausgezeichneter Weise die Wirkung einer Rohrinnenkühlung. Die Verminderung des maximalen Temperaturanstiegs im Mauerkern ist frappant. Sie ist jedoch bedingt durch den außergewöhnlich

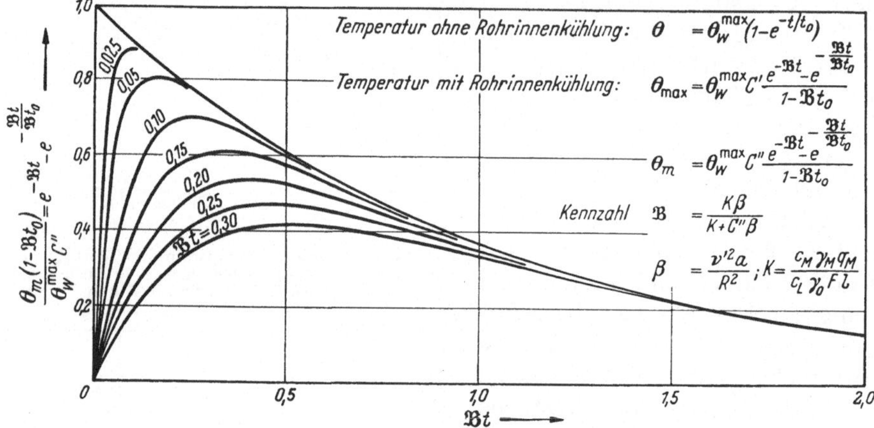

Abb. 90. Temperaturverlauf infolge Wärmeentwicklung und Rohrinnenkühlung

großen $\mathfrak{B}$-Wert, und nicht allgemein ein Kennzeichen der Rohrinnenkühlung (vgl. auch Ziffer 6.8). Ganz deutlich zeigt jedoch das Beispiel die Verringerung des Temperaturgefälles vom Kern (Meßstelle 2) zu den Außenzonen der Mauer (Meßstelle 7). Bei der hier angewandten intensiven Kühlung liegt die Kerntemperatur nur unwesentlich über der Temperatur 20 cm unter der Oberfläche und selbst die Entfernung der wärmedämmenden Holzschalung zeitigt einen Temperaturunterschied von maximal nur 4,5 °C. Die Anwendung einer Rohrinnenkühlung bewirkt also hier eine sehr schöne Verbesserung der Eigenspannungsverhältnisse, wie sie unter Ziffer 3 dargestellt sind.

Gleichzeitig zeigt das Beispiel aber auch die Besonderheit der Rohrinnenkühlung gegenüber der Methode der Vorkühlung des Betons. Indem durch das Temperaturgefälle zwischen Kühlwasser und Beton der maximale Temperaturunterschied Kern — Außenzonen verringert wird, entsteht stattdessen ein solcher vom Kühlrohr zur Mitte zwischen den Rohren. Im Falle des Beispiels ist er mit rund 25 °C ungefähr gleich groß wie der Temperaturunterschied Kern — Oberfläche bei der ungekühlten Mauer. Eine Verminderung des Temperaturunterschieds vom Kern zu den Außenzonen hat hier also große Temperaturunterschiede im Innern der Mauer zur Folge. Die hierbei entstehenden Eigenspannungen im Bauwerk werden unter Ziffer 6.7 beschrieben werden.

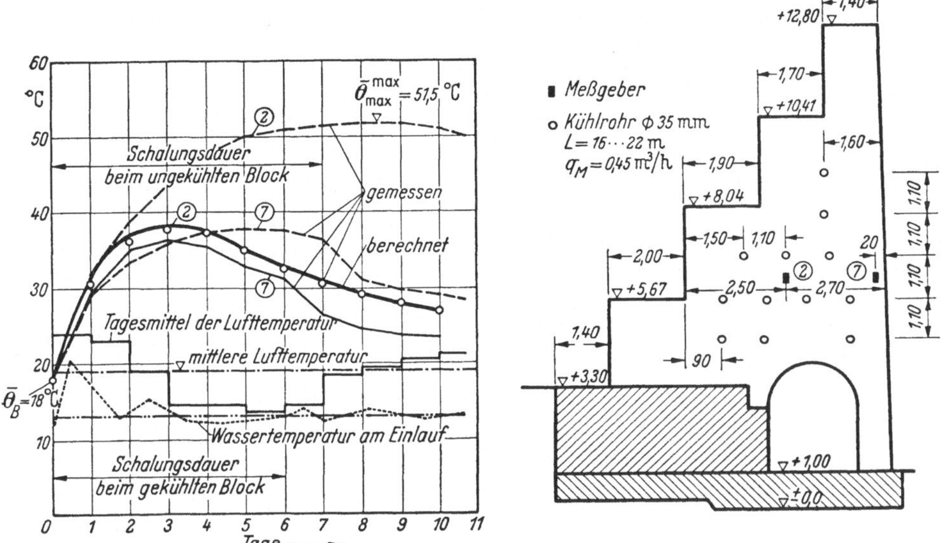

Abb. 91. Temperaturen in einer Schleusenmauer — — — ohne ——— mit Rohrinnenkühlung (Messungen durch die Arbeitsgemeinschaft Staustufe Ottendorf Heilmann & Littmann — Grün & Bilfinger — Wayss & Freytag)

Rechenblatt 10

Vergleich einer Temperaturberechnung bei Rohrinnenkühlung mit den Ergebnissen einer Temperaturmessung

Beton: Zusammensetzung 240 kg HOZ 50/50/m³, 136 l Wasser/m³, 2050 kg Kies-Sand/m³, $\gamma_b = 2426$ kg/m³.

Therm. Eigenschaften: $\lambda_b = 2{,}72$ kcal/m, °C, h, $c_b = 0{,}22$ kcal/kg, °C, $a = 0{,}0051$ m²/h

Wärmeentwicklung des Zements: $\overline{W}_{\max} = 78$ kcal/kg

Adiabatischer Temperaturanstieg: $\Theta_w = 35(1 - e^{-t/50})$

Rohrinnenkühlung:

Rohrnetz: $r_i = 0{,}0175$ m; $R = 0{,}606 \cdot 1{,}10 = 0{,}666$ m; $\varrho_i = 0{,}0268$; $F = \pi \cdot R^2 = 1{,}4$ m²; $l = L/2 = 9$ m;

Durchfluß: $q_M = 0{,}45$ m³/h; $h\,R = 81{,}5$; $\nu' = 0{,}785$

Rechengrößen für die Temperaturen: $C' = 1{,}07$; $C'' = 0{,}98$; $\beta = 0{,}0071\,(\mathrm{h}^{-1})$; $K = 0{,}067\,(\mathrm{h}^{-1})$

Kennzahl der Rohrinnenkühlung: $\mathfrak{B} = 0{,}00642\,(\mathrm{h}^{-1})$; $\mathfrak{B} \cdot t_0 = 0{,}320$; $\mathfrak{B}/\mathfrak{B} \cdot t_0 = 0{,}02\,(\mathrm{h}^{-1})$

Temperaturen: Kühlwassertemperatur $\overline{\Theta}_M = 13$ °C; Frischbetontemperatur $\overline{\Theta}_B = 18$ °C; adiabatischer Temperaturanstieg $\Theta_W^{\max} = 35$ °C. Temperatur in der Mitte zwischen den Kühlrohren (Meßstelle 2):

$$\overline{\Theta}_{\max} = \overline{\Theta}_M + \Theta_{\max 1} + \Theta_{\max 2}$$

nach Gl. (101) $\Theta_{\max 1} = 35 \cdot 1{,}563\,(e^{-0{,}00642t} - e^{-0{,}02t})$

nach Gl. (91a) $\Theta_{\max 2} = (18 - 13) \cdot 1{,}07 \cdot e^{-0{,}00642t}$

t (Stunden)	24	48	72	96	120	144	168	192
$\Theta_{\max 1}$ (°C)	13,8	19,5	21,6	21,5	20,1	18,3	16,3	14,4
$\Theta_{\max 2}$ (°C)	4,5	3,9	3,3	2,8	2,4	2,1	1,8	1,5
$\overline{\Theta}_{\max}$ (°C)	31,3	36,4	37,9	37,3	35,5	33,5	31,1	28,9
$\overline{\Theta}_{\max}$ gemessen	30,4	36,1	37,6	37,1	34,8	32,5	30,6	28,2

6.6 Ausdehnung der Untersuchung auf den Temperaturverlauf bei Rohrinnenkühlung und gleichzeitigem Wärmefluß durch die Außenflächen des Betonkörpers

Eine erste Abschätzung der Wirkung der Rohrinnenkühlung wurde durch die unter Ziffer 6.1 bis 6.5 gefundenen Beziehungen zwischen dem Temperaturverlauf und der speziellen Anordnung einer solchen Kühlanlage ermöglicht. Diese hatten jedoch zur Voraussetzung, daß das Temperaturfeld in den betrachteten Betonkörpern unter dem alleinigen Einfluß der Rohrinnenkühlung stehe. Tatsächlich kühlt man aber mit den Rohrschlangen nicht einen sonst völlig wärmeisolierten Betonblock, vielmehr fließt auch durch die Außenflächen desselben Wärme ab: Ziel der Rohrinnenkühlung ist ja in erster Linie eine Beschleunigung des natürlichen Abkühlungsprozesses entsprechend Ziffer 2.3.

Dieser sehr wichtige Fall des Temperaturfeldes gemäß Ziffer 2.3 unter dem Einfluß einer Rohrinnenkühlung nach Ziffer 6.1 ff. soll nun untersucht werden, um einerseits im Bauwerk vorgenommene Temperaturmessungen rechnerisch verfolgen zu können, und andererseits rasch die für eine Wirtschaftlichkeitsuntersuchung notwendigen Werte zu erhalten. Denn immer wird die Frage auftauchen, von welcher Mauerdicke ab eine Rohrinnenkühlung wirtschaftlich vertretbar ist.

Eine mathematisch strenge Lösung des vorliegenden Problems ist nicht möglich. Jedoch gelangt man zu einer brauchbaren Näherungslösung, wenn man voraussetzt, daß die Größe der Kühlzone um das einzelne Rohr gegenüber der des Betonkörpers klein ist. Man kann sich die Rohrinnenkühlung als eine Art „negative" Wärmequelle vorstellen. Weiter sei zunächst angenommen, daß der Wärmeentzug über den Bereich einer Kühlzone gleichmäßig erfolge. Ähnlich wie sich das Temperaturfeld unter Ziffer 2.3 in einem Betonprisma aus dem dreifachen Produkt der Lösung für die Platte finden läßt, ergibt sich hier die Temperaturverteilung als ein Produkt aus Gl. (9) und Gl. (92a), wobei in letzterer $\Theta_c = 1$ und $t = \frac{D^2}{4 \cdot \pi \cdot a} \cdot \varkappa = \mathfrak{A} \cdot \varkappa$ zu setzen ist:

$$\Theta = \Theta_c \cdot f(\xi, \eta, \zeta, \varkappa) \cdot C'' \cdot e^{-\mathfrak{B} \cdot \mathfrak{A} \cdot \varkappa} \tag{103}$$

mit $f(\xi, \eta, \zeta, \varkappa) = \frac{\Theta(\xi, \eta, \zeta, \varkappa)}{\Theta_c}$ nach Gl. (9).

Die von der Rohrinnenkühlung als „negativer Wärmequelle" pro Raum- und Zeiteinheit abgeführte Wärmemenge ist demgemäß [s. Gl. (93)]

$$w(\xi, \eta, \zeta, \varkappa) = c_b \cdot \gamma_b \cdot \Theta_c \cdot f(\xi, \eta, \zeta, \varkappa) \cdot C'' \cdot \mathfrak{B} \cdot e^{-\mathfrak{B} \cdot \mathfrak{A} \cdot \varkappa}.$$

Entsprechend gilt für die mittlere Temperatur des ganzen Betonprismas

$$\Theta_m = \Theta_c \cdot g(\varkappa) \cdot C'' \cdot e^{-\mathfrak{B} \cdot \mathfrak{A} \cdot \varkappa}, \tag{104}$$

wenn $g(\varkappa) = \frac{\Theta_m(\varkappa)}{\Theta_c}$ nach Gl. (12).

Die mit Gl. (103) gefundene Beziehung läßt sich auch auf die im Talsperrenbau vorherrschenden Verhältnisse mit $R/D = 1:15$ bis $1:100$ durchaus anwenden. Geht man noch einen Schritt weiter, indem man die unter Ziffer 6.1 bis 6.4 beschriebene Temperaturverteilung lediglich als eine örtlich beschränkte Störung des Temperaturfeldes nach Gl. (9) betrachtet, so kann man von der zunächst gemachten Annahme eines gleichmäßigen Wärmeentzuges über die Kühlzone abgehen, und gemäß Vorstehendem läßt sich der Temperaturverlauf an der Stelle ξ, η, ζ in Abhängigkeit der Zeit anschreiben zu

$$\Theta(\xi,\eta,\zeta,\varkappa) = \Theta_c \cdot f(\xi,\eta,\zeta,\varkappa) \cdot \left\{ C \cdot Z_0(\nu' \cdot \varrho) \left[1 - \frac{C''\beta}{K + C''\beta} \right] + \frac{C''\beta}{K + C''\beta} \right\} e^{-\mathfrak{B}\cdot\mathfrak{A}\cdot\varkappa}. \quad (103\,\text{a})$$

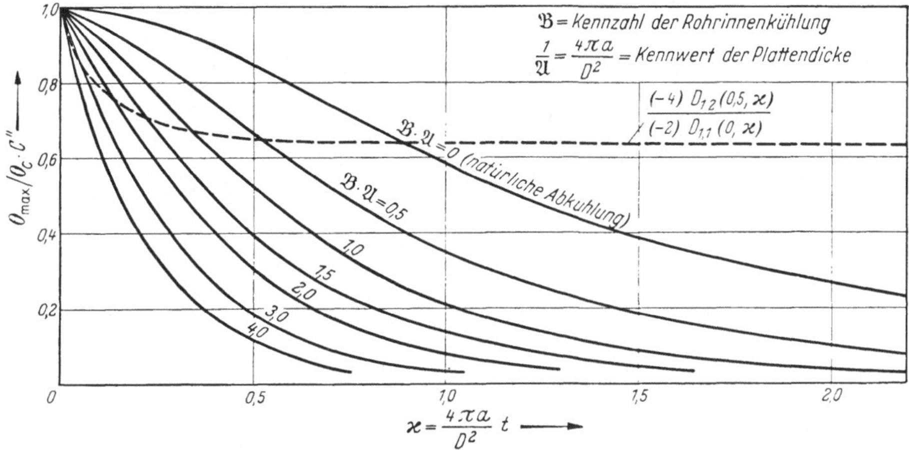

Abb. 92. Temperatur in der Mittelebene einer Platte bei Rohrinnenkühlung
$\Theta_{\max} = \Theta_c \cdot (-2) \cdot D_{1,1}(0;\varkappa) \cdot C'' \cdot e^{-\mathfrak{B}\cdot\mathfrak{A}\cdot\varkappa}$

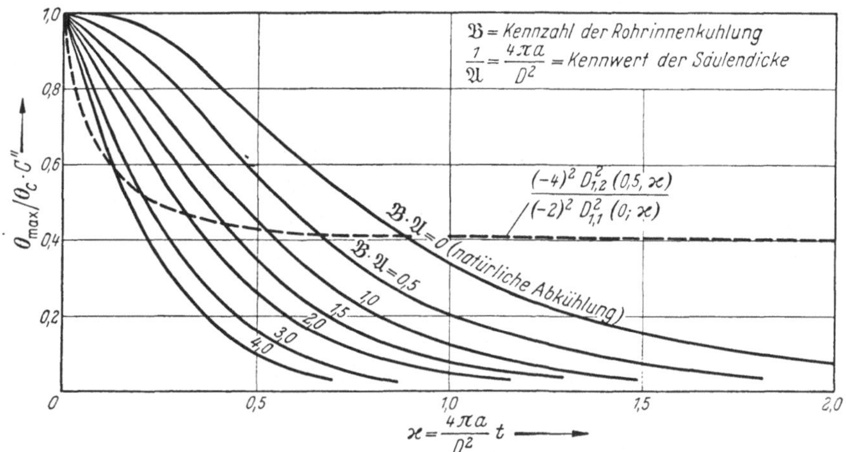

Abb. 93. Temperatur in der Mitte einer quadratischen Säule bei Rohrinnenkühlung
$\Theta_{\max} = \Theta_c \cdot (-2)^2 \cdot D_{1,1}^2(0;\varkappa) \cdot C'' \cdot e^{-\mathfrak{B}\cdot\mathfrak{A}\cdot\varkappa}$

Hierbei ist allerdings zu beachten, daß in Gl. (103a) zwei verschiedene Koordinatensysteme vorhanden sind. Es ist also zunächst für einen bestimmten Punkt ϱ als Abstand vom nächsten Kühlrohr festzulegen, und dann die Koordinaten des Punktes ξ, η, ζ.

In Abb. 92, 93, 94 ist Gl. (103) für $\xi = \eta = \zeta = 0$ aufgetragen, jeweils für die Platte, für die quadratische Säule und für den Gleichkantwürfel, so daß dort die maximale Temperatur des Betonkörpers infolge natürlicher Kühlung und unter

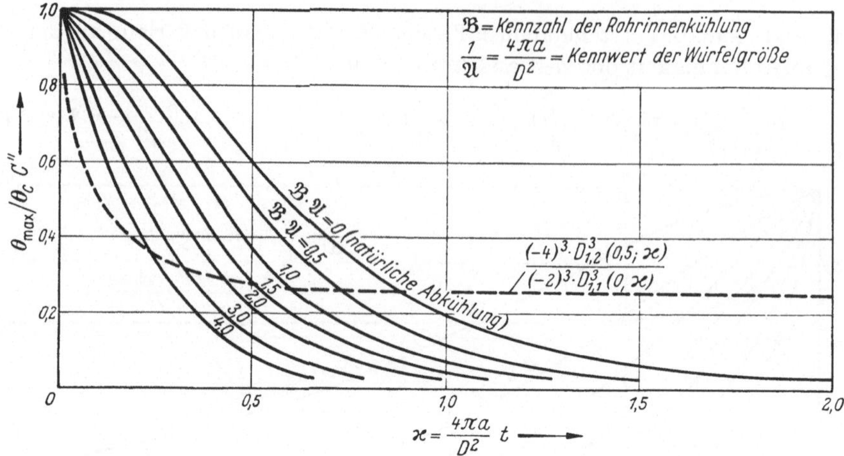

Abb. 94. Temperatur in der Mitte eines Gleichkantwürfels bei Rohrinnenkühlung
$\Theta_{\max} = \Theta_c \cdot (-2)^3 \cdot D_{1,1}^3 (0; \varkappa) \cdot C'' \cdot e^{-\mathfrak{B}\cdot\mathfrak{A}\cdot\varkappa}$

der Wirkung der Rohrinnenkühlung abgelesen werden kann. Indem dort gestrichelt die Funktion

$$\left.\begin{array}{ll} \text{Gleichkantwürfel} & \dfrac{(-4)^3 \cdot D_{1,2}^3(0,5;\varkappa)}{(-2)^2 \cdot D_{1,1}^3(0;\varkappa)} \\ \text{quadratische Säule} & \dfrac{(-4)^2 \cdot D_{1,2}^2(0,5;\varkappa)}{(-2)^2 \cdot D_{1,1}^2(0;\varkappa)} \\ \text{und Platte} & \dfrac{(-4) \cdot D_{1,2}(0,5;\varkappa)}{(-2) \cdot D_{1,1}(0;\varkappa)} \end{array}\right\} \qquad (105)$$

angegeben ist, kann durch Multiplizieren von Gl. (103) mit dem jeweiligen Wert nach Gl. (105) auch die mittlere Temperatur des ganzen Betonkörpers entsprechend Gl. (104) leicht ermittelt werden.

Es möge noch auf Abb. 95 hingewiesen werden, welche den Einfluß einer Rohrinnenkühlung auf die Abkühlungsdauer einer Staumauer widerspiegelt: eine schwache Rohrinnenkühlung ($\mathfrak{B} < 0{,}0005$) macht sich bei Mauern geringer Dicke wenig oder nicht bemerkbar. Bei einer Rohrinnenkühlung üblicher Dimensionierung ($\mathfrak{B} > 0{,}00075$) ist der Einfluß jedoch schon so hervorragend, daß bei Mauern von mehr als 20 m Dicke der Einfluß der natürlichen Abkühlung hinter dem der Rohrinnenkühlung weit zurücktritt, und bei der Rechnung vernachlässigt werden darf.

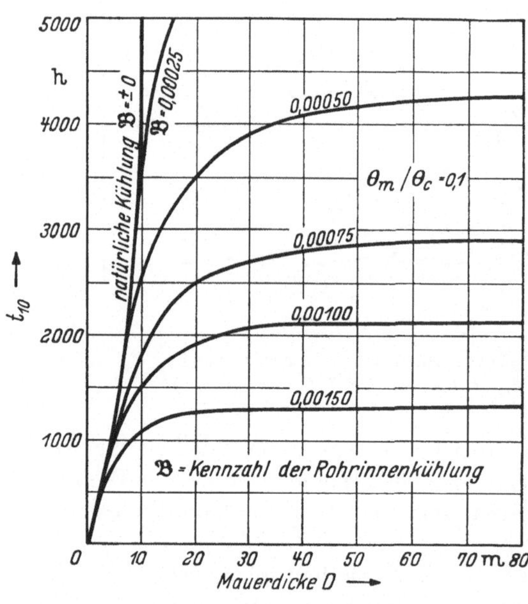

Abb. 95. Einfluß einer Rohrinnenkühlung auf die Abkühlung einer Staumauer

6.7 Spannungen in einem Betonkörper infolge Rohrinnenkühlung

Eine Besonderheit der Rohrinnenkühlung gegenüber der Vorkühlung soll nun noch besprochen werden, die im Hinblick auf eine sichere Bemessung einer Talsperre im Auge behalten werden sollte. Ähnlich wie bei der natürlichen Abkühlung (Ziffer 3), so führt auch die ungleichförmige Temperaturverteilung im Beton bei Rohrinnenkühlung zu einem Eigenspannungszustand des Bauwerks. Ist schon die Kenntnis der Temperaturspannungen bei natürlicher Abkühlung außerordentlich wichtig für die Einschätzung der rechnerischen Sicherheitsgrade des Bauwerks, so gilt dies genau so für den durch die Rohrinnenkühlung erzeugten Eigenspannungszustand. Indem durch die Rohrinnenkühlung die Temperaturerhöhung und damit auch die Temperaturspannungen (vgl. Ziffer 3) ermäßigt werden sollen, muß der Frage der speziellen Kühlspannungen um das einzelne Kühlrohr erhöhte Aufmerksamkeit geschenkt werden. Sonst könnte der Fall eintreten, daß ein Übel mit einem Mittel bekämpft wird, das seinerseits nun doch nicht besser ist.

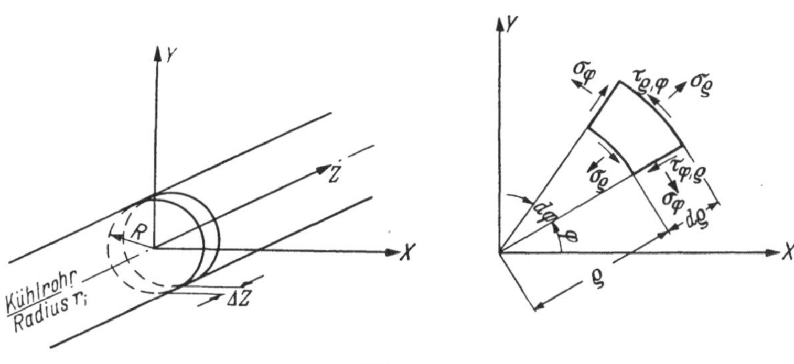

Abb. 96

Entsprechend dem örtlichen Charakter der Temperaturverteilung um das einzelne Rohr (vgl. Ziffer 6.6) kann dieser Eigenspannungszustand nun auch als Gefügespannungszustand bezeichnet werden. Es seien hier also nur die inneren Spannungen untersucht, die durch die örtliche Temperaturverteilung um das einzelne Kühlrohr in das Bauwerk hineingetragen werden. Mit einer entsprechenden Berücksichtigung der Randbedingungen kann damit die Untersuchung des Spannungszustandes auf eine Beschreibung desselben in dem schon bei den Temperaturuntersuchungen (Ziffer 6.1 bis 6.5) betrachteten langen „Hohlzylinder" beschränkt werden.

Wenn man von den Temperaturunterschieden in der Längsrichtung des Hohlzylinders absieht, die sich durch die Erwärmung des Kühlwassers ergeben, so ist in jedem beliebigen Schnitt senkrecht zur Rohrachse die Temperaturverteilung die gleiche. Es werden sich demgemäß die aus dieser Temperaturverteilung resultierenden Temperaturdehnungen nur in der Ebene senkrecht zur Rohrachse auswirken, womit ein ebener Spannungszustand vorliegt, der elastizitätstheoretisch mit der Theorie der Scheiben beschrieben werden kann.

Hierfür wird wieder ein polares Koordinatensystem gewählt, mit dem Koordinatenursprung im Rohrmittelpunkt und der z-Achse in der des Kühlrohrs (Abb. 96).

Da die hier interessierende Temperaturverteilung drehsymmetrisch ist, sind es auch die Spannungsverhältnisse, und es lauten die Gleichungen für die Spannungen (Abb. 96) in der dünnen Scheibe der Dicke dz [*40*]

$$\left.\begin{aligned}\sigma_\varphi &= \frac{d^2F}{d\varrho^2}\\ \sigma_\varrho &= \frac{1}{\varrho}\,\frac{dF}{d\varrho}\\ \tau_{\varrho,\varphi} &= 0,\end{aligned}\right\}\qquad(106)$$

wobei die AIRYsche Spannungsfunktion F wieder der Gleichung

$$\varDelta\,\varDelta F = -E\cdot\alpha_t\cdot\varDelta T \qquad (107)$$

zu genügen hat, und der LAPLACEsche Operator geschrieben wird

$$\varDelta = \frac{d^2}{d\varrho^2} + \frac{1}{\varrho}\,\frac{dF}{d\varrho}\,.$$

Durch die große Länge des Hohlzylinders müssen die Querschnitte eben bleiben. Da die Normalspannungen σ_φ und σ_ϱ und somit auch die von ihnen hervorgerufenen Querdehnungen mit ϱ und φ veränderlich sind, kann das Ebenbleiben der Begrenzungsflächen der einzelnen Scheiben nur durch gleichzeitig auftretende Spannungen σ_z erzwungen werden:

$$\sigma_z = \mu(\sigma_\varrho + \sigma_\varphi) - \alpha_t\cdot E\cdot T\,. \qquad (108)$$

Die Lösung des ebenen Spannungszustandes der Gl. (107) ist auch für den vorliegenden Fall des ebenen Formänderungszustandes gültig, wenn wieder

$$\overline{E} = E/(1-\mu^2) \quad \text{anstelle von} \quad E$$

und

$$\overline{\alpha}_t = \alpha_t(1+\mu) \quad \text{anstelle von} \quad \alpha_t$$

gesetzt wird.

Da der gesamte Baukörper in seiner thermischen Ausdehnung nicht behindert sein soll, ergeben sich die Randbedingungen

$$\sigma_\varrho = 0 \quad \text{für} \quad \varrho = \varrho_i \quad \text{und} \quad \varrho = 1$$

und der Mittelwert der Spannung σ_z über den Querschnitt des Hohlzylinders muß ebenfalls zu Null werden:

$$\sigma_{zm} = 0 = \frac{2}{(1-\varrho_i^2)}\int\limits_{\varrho_i}^{1}\sigma_z\cdot\varrho\,\mathrm{d}\varrho\,.$$

Hierfür können die Spannungen nach TIMOSHENKO [*34*] angegeben werden zu

$$\left.\begin{aligned}\sigma_\varrho &= \overline{E}\cdot\overline{\alpha}_t\,\frac{1}{\varrho^2}\cdot\left\{\frac{\varrho^2-\varrho_i^2}{2}\cdot T_m - \int\limits_{\varrho_i}^{\varrho}\varrho\cdot T_\varrho\,d\varrho\right\}\\ \sigma_\varphi &= \overline{E}\cdot\overline{\alpha}_t\,\frac{1}{\varrho^2}\cdot\left\{\frac{\varrho^2+\varrho_i^2}{2}\cdot T_m + \int\limits_{\varrho_i}^{\varrho}\varrho\cdot T_\varrho\,d\varrho - \varrho^2\cdot T_\varrho\right\}\\ \sigma_z &= \overline{E}\cdot\overline{\alpha}_t\cdot\{T_m - T_\varrho\},\end{aligned}\right\}\qquad(109)$$

wobei T_m die mittlere Temperaturänderung über den Querschnitt des Hohlzylinders ist.

Die Beziehungen zwischen den Radialspannungen σ_ϱ, den Tangentialspannungen σ_φ und den Längsspannungen σ_z einerseits und den Temperaturänderungen T_ϱ andererseits wurden zunächst in allgemeiner Form angeschrieben, um dann je nach der Art der Anwendung der Rohrinnenkühlung das entsprechende Temperaturänderungsgesetz T_ϱ in die Spannungsformel einzuführen. Es ist einleuchtend, daß die Spannungsverteilung im Hohlzylinder verschieden sein wird, je nachdem sich eine ungleichförmige Temperaturverteilung noch beim frischen und weichen Beton oder erst nach Erhärten desselben ausbildet.

Die für die Rohrinnenkühlung charakteristischen Spannungsverhältnisse erkennt man zunächst am besten, indem man annimmt, daß der Beton seine vollen elastischen Eigenschaften bereits durch eine rasche Anfangserhärtung gewonnen habe, wenn die Rohrinnenkühlung in Gang gesetzt wird. Das für die Spannungsermittlung maßgebende Gesetz der Temperaturveränderung lautet dann

$$T(\varrho) = -\Theta_W^{\max}\left(1 - \frac{\Theta(\varrho, t)}{\Theta_W^{\max}}\right),$$

wobei für $\Theta_{(\varrho, t)}$ das Temperaturfeld gemäß Gl. (100) einzuführen ist.

Für einen Zement mit einer sehr raschen Wärmeentwicklung ($t_0 \to 0$) erhält man mit

$$\int \varrho \cdot Z_0(\nu' \cdot \varrho)\, d\varrho = \frac{\varrho}{\nu'} \cdot Z_1(\nu' \cdot \varrho)$$

aus Gl. (109) die hier gültigen Formeln für die Spannungen:

Radialspannung

$$\sigma_\varrho = \overline{E} \cdot \overline{\alpha}_t \cdot \Theta_W^{\max} \cdot C\left[1 - \frac{C''\beta}{K + C''\beta}\right]\left\{\frac{1}{\nu' \cdot \varrho} \cdot Z_1(\nu'\varrho) - \frac{1}{2}\,\frac{C''}{C}\,\frac{(1-\varrho^2)}{\varrho^2}\right\} \cdot e^{-\mathfrak{B}t}$$

Tangentialspannung

$$\sigma_\varphi = -\overline{E} \cdot \overline{\alpha}_t \cdot \Theta_W^{\max} \cdot C\left[1 - \frac{C''\beta}{K + C''\beta}\right]\left\{\frac{1}{\nu' \cdot \varrho} \cdot Z_1(\nu'\varrho) - \frac{1}{2}\,\frac{C''}{C}\,\frac{(1+\varrho^2)}{\varrho^2} + Z_0(\nu'\varrho)\right\} \cdot e^{-\mathfrak{B}t} \quad (110)$$

Längsspannung

$$\sigma_z = -\overline{E} \cdot \overline{\alpha}_t \cdot \Theta_W^{\max} \cdot C\left[1 - \frac{C''\beta}{K + C''\beta}\right]\left\{Z_0(\nu'\varrho) - \frac{C''}{C}\right\} \cdot e^{-\mathfrak{B}t}.$$

Die Beträge der Spannungen kann man im wesentlichen als ein Produkt aus 3 Faktoren auffassen. Der erste Faktor $E \cdot \alpha_t \cdot \Theta_W^{\max}/(1-\mu)$ kennzeichnet die elastischen Eigenschaften des Betons und seine maximale Beanspruchung durch die überhöhte Temperatur.

Der zweite Faktor, in Gl. (110) in den Klammern { } begriffen, gibt den Verlauf der Spannungen über den Querschnitt senkrecht zum Kühlrohr an, während der dritte Faktor $e^{-\mathfrak{B}t}$ die zeitliche Abklingung der Spannungen im Verlauf der Kühlung widerspiegelt.

Das Ergebnis einer speziellen, numerischen Berechnung [*29*] (für $\varrho_i = 0{,}02$ und $K = \infty$) zeigt Abb. 97, wobei sich der Abszissenbereich über den halben Kühlrohrabstand R erstreckt. Entsprechend dem Kühleffekt sind die maßgebenden Höchstspannungen sämtlich Zugspannungen und betragen bis zu 50 kg/cm². Die Radialspannung, die am Rohr selbst der Randbedingung entsprechend Null ist,

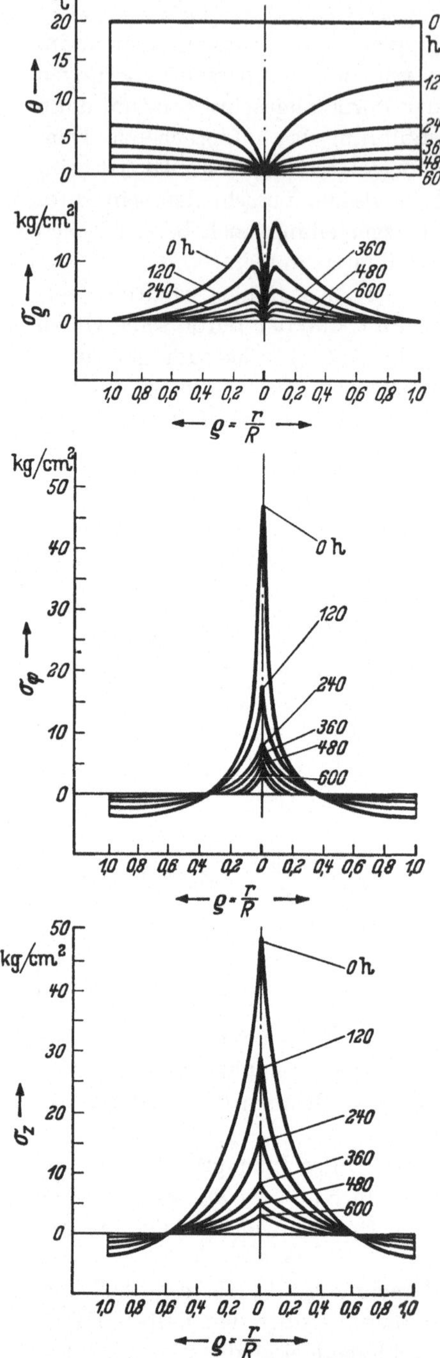

Abb. 97. Temperaturspannungen im Beton infolge der ungleichförmigen Temperaturverteilung bei Rohrinnenkühlung (nach TÖLKE)

steigt außerordentlich rasch auf ihren Höchstwert an, um dann wieder allmählich auf Null abzuklingen. Diesem steilen Anstieg entsprechend entstehen sehr große Umfangsspannungen, die am Kühlrohr selbst ihren Höchstwert erreichen, sehr schnell abklingen und ziemlich genau in der Mitte zwischen Kühlrohr und Außenrand der Kühlzone das Vorzeichen wechseln. Die Längsspannungen σ_z schließlich, die sich rein rechnerisch als Addition der Tangentialspannungen und der Radialspannungen ergeben, unterscheiden sich im wesentlichen nur dadurch von den Tangentialspannungen, daß sie langsamer abklingen.

Eine Darstellung der Spannungsverhältnisse bei einem Zement mit länger andauernder Wärmeentwicklung ($t_0 > 0$) erübrigt sich, da sie grundsätzlich nichts Neues bringt.

Die für die numerische Berechnung zugrunde gelegte relative Temperaturerhöhung von $\Theta_W^{\max} = 20$ °C stellt ein relativ bescheidenes Maß dar. Es muß also meist damit gerechnet werden, daß bei einer künstlichen Kühlung durch die Kühlrohre der Beton im Bereich derselben reißt, und das nicht nur in Umfangsrichtung, sondern gerade auch in der Längsrichtung. Bereits eingangs wurde angedeutet, daß diese Risse insbesondere in der Längsrichtung so unangenehm sind, da sie die Kontinuität des statischen Lastspannungsflusses unterbrechen. Ungeachtet der wesentlichen Verlängerung der Kühldauer durch die Erwärmung des Kühlwassers führt die durch Verringerung des Kühlwasserdurchflusses erzielte Erschwerung des Wärmeüberganges (vgl. Ziffer 6.3) auch bei einem sehr kleinen Wert hR nur zu einer unbedeutenden Verringerung der Kühlspannungen.

Bei dem vorerwähnten Beispiel (Abb. 97) war $K = \infty$ gesetzt worden um die charakteristischen Spannungsverhältnisse aufzuzeigen, wie sie durch die Rohrinnenkühlung in den Beton hineingetragen, und wie sie bei sehr starkem Durchfluß oder am Rohranfang auftreten werden. Durch die Erwärmung des Kühlwassers und das dadurch verminderte Temperaturgefälle zum Kühlrohr werden die Spannungen nun unter Umständen ganz beträchtlich ermäßigt. Das möge am Beispiel der maximalen Spannung am Rohr gezeigt werden.

Es ist für $\varrho = \varrho_i$ nach Gl. (110) mit $Z_0(\nu' \cdot \varrho_i) = 0$

$$\sigma_z = \sigma_\varphi = + \frac{E \cdot \alpha_t}{(1-\mu)} \cdot \Theta_W^{\max} \cdot C'' \left(1 - \frac{C'' \beta}{K + C'' \beta}\right) \cdot e^{-\mathfrak{B} t}, \tag{111}$$

und die maximale Spannung zu Beginn der Kühlung ($t = 0$)

$$\sigma_z^{\max} = \sigma_\varphi^{\max} = + \frac{E \cdot \alpha_t}{(1-\mu)} \cdot \Theta_W^{\max} \cdot C'' \left(1 - \frac{C'' \beta}{K + C'' \beta}\right).$$

Setzt man hierin näherungsweise $C'' = 1$, so erhält man mit

$$K = \frac{c_M \cdot \gamma_M}{c_b \cdot \gamma_b} \cdot \frac{q_M}{F \cdot L/2} \cdot \frac{1}{x} = \frac{1}{t} \frac{Q}{Q^{\min}} \cdot \frac{1}{x} \cdot \ln \frac{\Theta_m}{\Theta_c}$$

$$\beta = \frac{\nu'^2 \cdot a \cdot \pi}{F} = \frac{1}{t^{\min}} \cdot \ln \frac{\Theta_m}{\Theta_c}$$

und

$$t^{\min} : t = 1/(1 - Q^{\min}/Q)$$

nun

$$C'' - \frac{C'' \beta}{K + C'' \beta} = \frac{Q/Q^{\min} - 1}{Q/Q^{\min} - 1 + x} \qquad (0 \leqq x \leqq 2),$$

und somit die maximale Spannung

$$\sigma_z^{\max} = \sigma_\varphi^{\max} = \frac{E \cdot \alpha_t}{(1-\mu)} \cdot \Theta_W^{\max} \frac{Q/Q^{\min} - 1}{Q/Q^{\min} - 1 + x} \tag{112}$$

in Abhängigkeit des Durchflusses und der Stelle $x = l \Big/ \frac{L}{2}$ der Rohrschlange.

Aus Abb. 98 und Abb. 99 kann man sehr schön erkennen, wie sehr die Spannungen ermäßigt werden durch die Erwärmung des Kühlwassers: sei es nun längs des Kühlrohres, oder sei es durch Verringerung des Durchflusses. Die maximalen Zugspannungen nehmen mit dem Fortgang der Kühlung (Abklingungsfaktor $e^{-\mathfrak{B} t}$) allmählich ab, um schließlich ganz zu verschwinden, so daß der Betonkörper nach beendeter Kühlung wieder frei von Eigenspannungen dieser Art ist.

Die Spannungsverhältnisse, die hier betrachtet wurden, waren für Gl. (100) ermittelt worden, also für einen Beginn der Kühlung *nachdem* der Beton erhärtet ist. Nun ist natürlich zu überlegen, was passiert, wenn die Rohrinnenkühlung sofort in Betrieb gesetzt wird, unmittelbar nachdem der Beton in die Schalung eingebracht wurde. In diesem Fall wird sich eine Temperaturverteilung gemäß Gl. (90) um das einzelne Rohr ausgebildet haben zu einem Zeitpunkt, zu dem der Beton noch plastisch ist und sich somit spannungslos verformen wird.

Es liegen hier dieselben Verhältnisse vor, wie sie schon unter Ziffer 3.32 untersucht wurden, und der entstehende Spannungszustand kann mit der dort angewandten Methode erfaßt werden. Für die am meisten interessierende Spannung σ_z kann beispielsweise unmittelbar angeschrieben werden [s. Gl. (47)]

$$\sigma_z = \overline{E} \cdot \overline{\alpha}_t \int_0^t f_{(t_{ch})} \frac{d(T_m - T_\varrho)}{d t_{ch}} \, d t_{ch}, \tag{47a}$$

wobei T_ϱ gemäß Gl. (100) einzuführen ist.

Da unter Ziffer 6.5 für das Wärmeentwicklungsgesetz die Form $\Theta_w = \Theta_W^{\max} \cdot (1 - e^{-t/t_0})$ gewählt wurde, gelte hier analog für die Funktion $f_{(t)}$

$$f_{(t)} = (1 - e^{-t/t_0}). \tag{113}$$

Wird die Rechenoperation nun durchgeführt, und setzt man dann vereinfachend $t_0 = 0$, so erhält man für die maßgebenden Spannungen am Kühlrohr ($\varrho = \varrho_i$) und in der Mitte zwischen zwei Kühlrohren ($\varrho = 1$) die einfachen Ausdrücke

am Kühlrohr

$$\sigma_z = \overline{E} \cdot \overline{\alpha}_t \cdot \Theta_W^{\max} \left[C'' - \frac{C''\beta}{K + C''\beta}\right]\left[e^{-\mathfrak{B}t} - \frac{1}{2}\right] \tag{114}$$

und in der Mitte zwischen zwei Kühlrohren

$$\sigma_z = \overline{E} \cdot \overline{\alpha}_t \cdot \Theta_W^{\max} [C'' - C'] \left[e^{-\mathfrak{B}t} - \frac{1}{2}\right]. \tag{115}$$

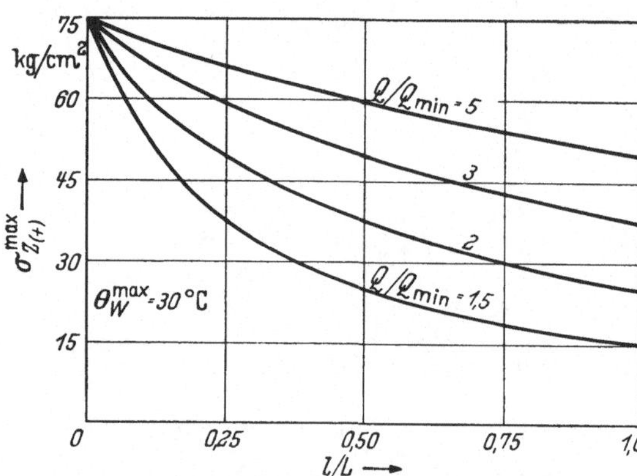

Abb. 98. Ermäßigung der Spannungen längs der Rohrschlange infolge der Erwärmung des Kühlwassers

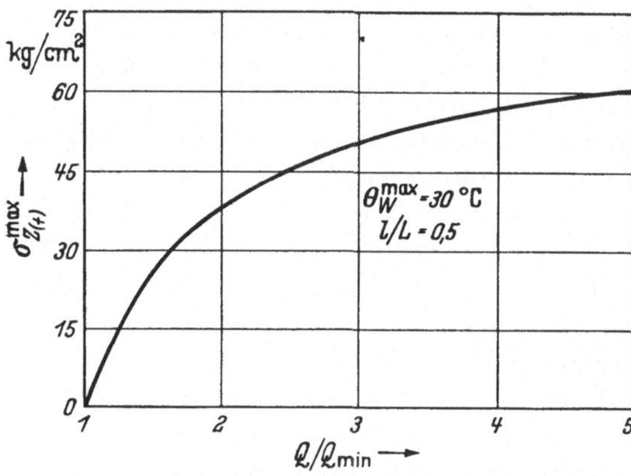

Abb. 99. Erhöhung der Spannungen bei vermehrtem Durchfluß

Im Gegensatz zur Kühlung eines erhärteten Betons wechseln hier also die Spannungen ihr Vorzeichen, sobald $e^{-\mathfrak{B}t} < 1/2$ wird. Es verwandeln sich die Zugspannungen am Kühlrohr ($\varrho = \varrho_i$) im Verlaufe der Kühlung in Druckspannungen, während die anfänglichen Druckspannungen in der Mitte zwischen zwei Kühlrohren ($\varrho = 1$) zu Zugspannungen werden (Abb. 100). Auch hier ist die Größe der Spannungen am Kühlrohr sehr stark vom Durchfluß abhängig: je stärker der Durchfluß und damit das Temperaturgefälle, desto größer die Spannungen. Die Spannungen in der Mitte zwischen den Kühlrohren werden dagegen von der Größe des Durchflusses praktisch nicht beeinflußt.

Neben der relativ großen Verringerung der Spannungen gegenüber denen des ersten Beispiels (Abb. 98 und 99) ist jedoch wiederum bemerkenswert, daß die Spannungen nicht mit Fortgang der Kühlung abklingen, vielmehr einem bestimmten Grenzwert zustreben. Erinnert man sich der durch Abb. 97 charakterisierten Spannungsverteilung, so stellt man fest, daß in vorliegendem Falle nach beendeter Kühlung sich in nächster Nähe des Kühlrohres um dieses herum eine Druckzone bildet, während der übrige größere Teil der Kühlzone geringen Zugspannungen unterworfen bleibt. Also gerade umgekehrt gegenüber dem ersten Beispiel. Bedenkt man nun, daß die kleinere Druckzone vor allem bei stärkerem Durchfluß recht hohen Druckspannungen unterliegt, so kann es nicht zweifelhaft sein, daß diese durch das Kriechen des Betons zu einem gewissen Grade abgebaut werden. Das bedeutet eine entsprechende Ermäßigung der Zugbeanspruchung im übrigen Beton, so daß der im Bauwerk verbleibende Eigenspannungszustand ohne wesentliche Bedeutung für die Sicherheit desselben sein dürfte.

Wenn also gemäß Ziffer 6.5 ein Kühlungsbeginn sofort nach dem Betonieren zweckmäßig und sinnvoll ist, so gilt das besonders im Hinblick auf den Eigenspannungszustand, wie er durch die Rohrinnenkühlung in das Bauwerk hineingetragen wird.

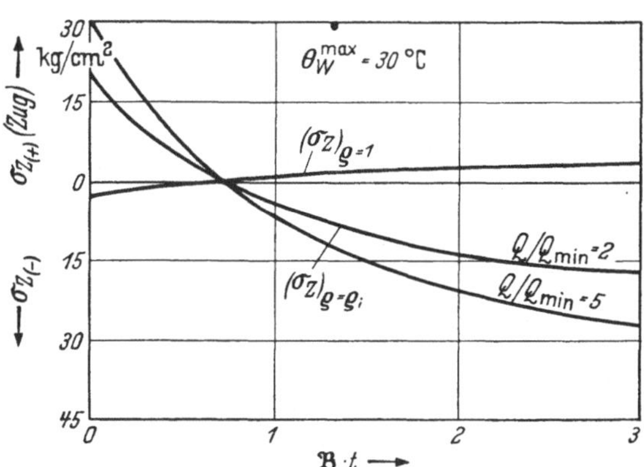

Abb. 100. Temperaturspannungen im Beton infolge Wärmeentwicklung des Zementes und Rohrinnenkühlung

Es werden immer wieder Befürchtungen ausgesprochen, daß zu Beginn der Erhärtung solch niedrige Temperaturen durch die künstliche Kühlung die Festigkeitsentwicklung insbesondere der Schlackenzemente derartig verzögere, daß dadurch der Baufortschritt erheblich beeinträchtigt werde. Erinnert man sich der in Abb. 97 dargestellten Temperaturverteilung um das einzelne Rohr, so kann man diese Befürchtung eigentlich nicht recht teilen. Eine die Erhärtung wesentlich beeinflussende Temperatursenkung tritt ja zunächst nur in einem sehr kleinen Bereich um das Kühlrohr herum auf, die zumal nur die Querschnitte in unmittelbarer Nähe des Rohranfangs betrifft. Bei Stellen, die weiter vom Rohranfang entfernt sind, wird hingegen das Temperaturgefälle durch die Erwärmung des Kühlwassers erheblich ermäßigt. Daß darüber hinaus diese Verzögerung der Erhärtung bei Schlackenzementen bei weitem nicht das befürchtete Ausmaß erreicht, geht aus neueren Versuchen von Blondian[1] hervor, der eingehende Versuche zum Studium des Erhärtungsverlaufes von Zementmörtel bei Lagerung bei 21 °C und bei 3 °C durchführte.

6.8 Beispiel für die Rohrinnenkühlung einer Staumauer

Die Besonderheiten der Rohrinnenkühlung mit dem bei Staumauern hunderte von Kilometern langen Rohrnetz und den kostspieligen Kühlanlagen bei künstlicher Temperatursenkung des Kühlwassers stellen hohe Anforderungen an den Entwurf der gesamten Kühlanlage. Es wäre äußerst unpraktisch und unwirtschaftlich, wenn Änderungen noch während des Baues vorgenommen werden müßten. Das Beispiel einer solchen Rohrkühlung soll nun die für den Entwurf wichtigen Gesichtspunkte erläutern.

[1] Blondian: Influence de l'abaissement de la temperature sur le durcussement des ciments. Revue des matériaux de construction et de travaux publics: (Edition C) (1957) Nr. 500 bis 503.

Bei dem Beispiel[1] handelt es sich um eine Bogengewichtsmauer in einem V-förmigen Hochtal der Schweizer Alpen mit einer Betonkubatur von 730000 m³. Bei einer größten Höhe von 130 m und einer Kronenlänge von 340 m war die Mauer durch Dehnfugen in rund 20 m Abstand in 16 Blöcke unterteilt. Die Abmessungen des größten Blockes zeigt Abb. 101 zusammen mit dem Betonierprogramm: die Summenlinie des eingebauten und gekühlten Betons sowie den Baufortschritt der einzelnen Blöcke der Staumauer. Bei einer Höhe der einzelnen Betonierschichten von 2,50 m und einer Wartefrist von 5 bis 10 Tagen bis zum Aufbringen der nächsten wurden die Blöcke abwechselnd hochgezogen mit einem Höhenunterschied zum Nachbarblock von 12 bis 15 m.

Auf die Bedeutung der Betonzusammensetzung und der sachgemäßen Auswahl eines Zementes mit niedriger Wärmetönung wurde bereits hingewiesen. Aus örtlich bedingten, wirtschaftlichen Gründen kam hier nur ein Kiessandbeton mit Portlandzement für den Einbau in Frage, für den nach langen Versuchen das Größtkorn mit 120 mm und der Zementgehalt mit 170 kg PZ/m³ festgelegt wurde. Die technischen Eigenschaften des Betons waren von der EMPA Zürich mit $\lambda_b = 1{,}94$ kcal/m, °C, h und $c_b = 0{,}2$ kcal/kg, °C, bei $\gamma_b = 2470$ kg/m³ ermittelt worden. Der adiabatische Temperaturanstieg im Beton war mit $\Theta_W^{\max} = 28$ °C zu erwarten.

Die Höhe der Betonierschichten mit 2,50 m ließ sich schalungstechnisch leicht bewältigen und erlaubte hohe Leistungen. Die natürliche Abkühlung über die Oberfläche bewirkte trotz der raschen Folge der einzelnen Schichten eine Ermäßigung des maximalen Temperaturanstiegs in der Mauer von 28 °C auf 26,6 °C und den höchsten mittleren Temperaturanstieg in einer Betonierschicht von 28 °C auf 19,7 °C. Bei Frischbetontemperaturen von $6 \div 11$ °C war somit für die mittlere Temperatur im Beton maximal 31 °C zu erwarten mit örtlichen Temperaturspitzen von 37 °C. Gegenüber der mittleren jährlichen Lufttemperatur von 7 °C war die Temperatur der Mauer somit um 24 °C überhöht, und eine natürliche Abkühlung hätte sich bei diesen Abmessungen über Jahre erstreckt. Nur durch künstliche Kühlung des Betons war also eine rasche Abkühlung und so auch ein früher Zeitpunkt für das Auspressen der Fugen und für den Staubeginn zu erreichen. Abgekühlte Mauern der Dicke $D > 17$ m durchlaufen ihr Temperaturminimum infolge der jahreszeitlichen Temperaturschwankungen der Luft $1^1/_2$ Monate später als letztere. Der Zeitpunkt für das Auspressen der Blockfugen wurde somit auf das jeder Bausaison folgende Frühjahr Ende März — Anfang April gelegt.

Die mittlere Temperatur des Betons im Augenblick des Schließens der Fugen sollte rund 1 °C unter der jährlichen mittleren Lufttemperatur von 7 °C liegen. Da auch die Frischbetontemperaturen sehr niedrig lagen, kam eine Rohrinnenkühlung in Anwendung. Diese war besonders preisgünstig, da durch Gletscherzuflüsse das ganze Jahr ausreichend kaltes Wasser zur Verfügung stand, die Kosten für eine künstliche Temperatursenkung des Kühlwassers also von vornherein entfielen. Wenn sich das Wasser auch in den Sommermonaten bis auf 9 °C erwärmte, so lag seine Temperatur im Winter doch 4 Monate lang unter der mittleren jährlichen Lufttemperatur. Die erforderliche Abkühlung konnte also mit Sicherheit erreicht werden.

[1] Der Erfahrungsbericht und die Meßergebnisse wurden mir freundlicherweise zur Verfügung gestellt von Herrn Dipl.-Ing. Bertschinger, Vicosoprano, Graubünden/Schweiz.

Durch den Zeitpunkt des Auspressens der Dehnfugen und durch das Betonierprogramm (Abb. 101) ist der Zeitraum für die Abkühlung festgelegt. Für den die zeitliche Abklingung der Abkühlung kennzeichnenden Wert $\mathfrak{B}$ ergeben sich alle anderen für die Dimensionierung der Rohrinnenkühlung notwendigen Größen aus den beiden Verhältnissen $t/t_{\min}$ und $Q/Q_{\min}$ (vgl. Ziffer 6.4). Hierbei ist die je m³ Beton benötigte Kühlwassermenge um so größer, je kleiner der Wert $t/t_{\min}$ gewählt wird. Aus der Erwägung, daß der gesamte in einer Saison eingebaute Beton

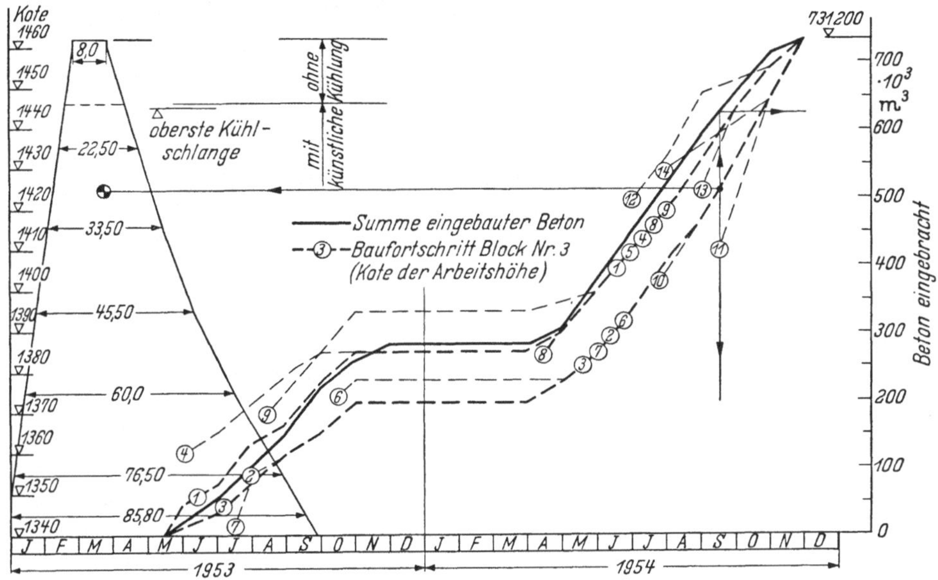

Abb. 101. Betonierprogramm einer Staumauer (Beispiel)

von 405000 m³ in den 5 Monaten von Mitte November bis Mitte April mit der auch in den Wintermonaten zur Verfügung stehenden Wassermenge von 80 l/sec (290 m³/h) auf $\Theta^{\max}/\Theta_c = 0{,}05$ gekühlt werden könne, ergaben sich für das vorliegende Beispiel die für die Dimensionierung notwendigen Werte:

$$t_{\text{tats.}} = 3650\,\text{h};$$

$$Q = (290 \cdot 3650) : 405000 = 2{,}61\ \text{m}^3/\text{m}^3\ \text{Beton};$$

$$Q_{\min} = \frac{1}{2} \cdot \frac{0{,}2 \cdot 2470}{1{,}0 \cdot 1000} \cdot 3{,}05 = 0{,}755\ \text{m}^3/\text{m}^3\ \text{Beton};$$

$$Q/Q_{\min} = 3{,}46;$$

$$t/t_{\min} = 1{,}41; \quad t_{\min} = 2590\,\text{h}; \quad F = 5{,}4\,\text{m}^2; \quad q_M = 0{,}9\,\text{m}^3/\text{h}.$$

Aus der Schwierigkeit des Wärmetransportes ist eine solche Aufteilung des Rohrnetzes am günstigsten, bei der eine angenähert kreisförmige Kühlzone um das einzelne Kühlrohr entsteht (vgl. Abb. 73): die Wärmeströmungsverhältnisse werden drehsymmetrisch und damit der Temperaturgradient für gleich weit vom Kühlrohr entfernte Punkte ebenfalls gleich. Nun ist diese Forderung nicht immer einzuhalten, da die Abstände der einzelnen Rohre wegen Aussparungen im Beton von Fall zu Fall verändert werden müssen, so daß dem einzelnen Kühlrohr häufig rechteckige Kühlzonen zugeordnet werden müssen. Bewegt sich das Verhältnis von horizontalem Abstand $\bar{d}$ zum vertikalen Abstand d zwischen 1 : 1 und 1 : 2, so soll der horizontale Abstand der Kühlrohre nach STUCKY und DERRON [26] so gewählt werden, daß

$$\bar{d} = 0{,}9 \frac{\pi \cdot R^2}{d} = 0{,}9 \cdot \frac{F}{d}.$$

Praktisch werden die Rohrschlangen auf der Oberfläche einer jeden Arbeitsschicht verlegt, wodurch der vertikale Abstand der Rohre durch arbeitstechnische und betontechnische Forderungen festgelegt ist und nur noch der horizontale Abstand der Rohre den Erfordernissen der Kühlung angepaßt werden kann.

Für das Beispiel hätte sich aus $F = 5{,}4\ \text{m}^2$ ein Kühlrohrabstand $\bar{d} = 1{,}95$ m ergeben. Der Abstand der Kühlrohre wechselte bei der Bauausführung von $\bar{d} = 1{,}80$ bis $\bar{d} = 2{,}40$ m und lag im Mittel bei $\bar{d} = 2{,}10$ m ($\rightarrow F = 5{,}83\ \text{m}^2$).

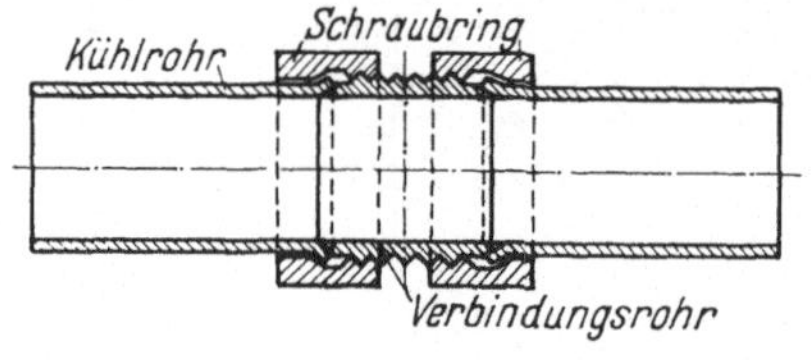

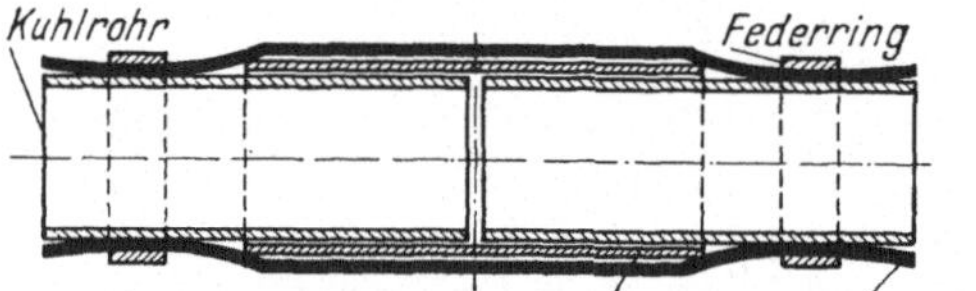

Abb. 102. Rohrverbindungen (nach STUCKY u. DERRON)

Der Durchmesser der einzelnen Kühlrohre war zu 25 mm gewählt und lag damit nur knapp unter dem wirtschaftlichsten Bereich von $\varrho_i = 0{,}01 \div 0{,}02$. Es waren die üblichen nahtlos gezogenen Flußstahlrohre mit vorgefertigten Bogenstücken. Diese Rohre haben sich heute fast ausnahmslos durchgesetzt und können auch den Erfordernissen der Baustellen entsprechend an Ort und Stelle kalt gebogen werden. Unmittelbar nach Beendigung des Betonierens werden sie auf der Oberfläche einer jeden Betonierschicht verlegt und durch Drahtbügel fixiert. Die einzelnen Rohrschüsse werden mit wenigen Handgriffen durch Rohrmuffen aus Metall oder auch Gummi (Abb. 102) miteinander verbunden. Wesentlich schneller als bei Verwendung der gewöhnlichen Schraubmuffen mit Hanfdichtung.

Ein Beispiel für die Führung der Rohrschlangen gibt Abb. 103. Sie wird wesentlich durch die Art der Anordnung der Verteil- und Sammelleitungen beeinflußt, die in erweiterten Blockfugen oder — wie hier — in den in Mauermitte jeweils für zwei aneinander anschließende Blöcke gelegenen Schächten hochgeführt werden. Von dieser Verteil- und Sammelleitung ∅ 150 bis 200 mm gehen jeweils für einen Blockabschnitt von 10 bis 15 m Höhe Zweigleitungen ∅ 80 ab, an welche die einzelnen Rohrschlangen mit Gummi- oder Kunststoffschläuchen flexibel angeschlossen sind. Abb. 104 zeigt eine solche Verzweigung samt dem Durchflußregler an dem Anschluß an die Verteilleitung.

Sofort nach dem Verlegen der Rohrleitungen müssen sie unter einem etwas über den Betriebsverhältnissen liegenden Druck geprüft werden. Dies gilt insbesondere für die Rohrschlangen im Beton, bei denen Undichtigkeiten nicht mehr erkannt und behoben werden können, sobald sie einmal vom Beton überdeckt sind. Während des Betonierens soll in den Rohrschlangen nur soviel Wasser fließen, daß dieses eventuell eingedrungene Zementmilch mit Sicherheit abführt. Nach dem Abbinden des Betons sollte hingegen sofort mit der Kühlung mit normalem Durchfluß begonnen werden, um so die Temperaturspannungen möglichst niedrig zu halten (Ziffer 6.7).

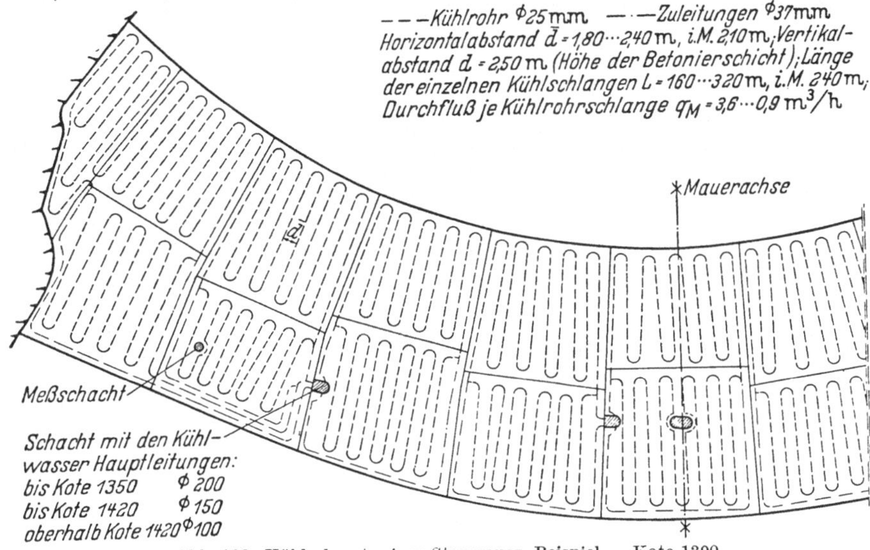

Abb. 103. Kühlrohrnetz einer Staumauer. Beispiel — Kote 1390

Bei dem hier behandelten Beispiel konnte in ausreichender Höhe oberhalb der Staumauer ein Reservoir angelegt werden, von dem aus durch das natürliche Druckgefälle das Kühlwasser durch die Leitungen gedrückt wurde. Mit der Kühlung des frisch eingebrachten Betons wurde sofort nach dem Abbinden begonnen, und zwar mit der gesamten zur Verfügung stehenden Wassermenge, und dann bis zum Frühjahr fortgeführt. Der Durchfluß durch die einzelnen Rohrschlangen ermäßigte sich somit in dem Maße wie die Mauer wuchs, um schließlich Ende Oktober auf den Minimalwert von 0,9 m³/h zurückzugehen. Für den nach diesen Betriebsverhältnissen sich ändernden Wert $\mathfrak{B}$ (s. Rechenblatt 11) wurde der Temperaturverlauf in Abb. 105 für die einzelnen Koten des Blockes 3 der 2. Bausaison dargestellt. Bei der Berechnung wurde auch die Änderung der Kühlwassertemperatur schrittweise berücksichtigt. Während des Betriebes erwies sich nun als sehr schwierig, den Durchfluß den sich durch den Neuanschluß von Kühlrohrleitungen ständig ändernden Druckverhältnissen im Leitungssystem entsprechend zu regeln. In der Mitte der 2. Bausaison wurden täglich 2 neue Kühlrohrschlangen an das Leitungssystem angeschlossen, so daß ein Arbeiter ständig nur damit beschäftigt war, die Durchflußregler nachzustellen. Das führte im Verlauf dieser Bausaison dazu, die Kühlung abschnittsweise entsprechend den gemessenen Temperaturen zu regeln. Im allgemeinen wurde ein Block $1^1/_2$ bis 2 Monate gekühlt, der Durchfluß

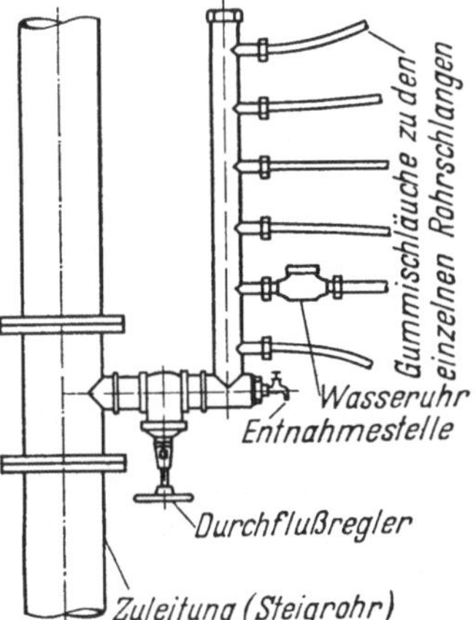

Abb. 104. Wasserzuführung zu den Kühlrohrschlangen (nach STUCKY u. DERRON)

dann unterbrochen und erst Mitte Oktober die Kühlung bei allen fortgeführt. Hierdurch konnten dann auch die in der Mitte der Bausaison eingebauten Betonmassen zunächst bei maximalem Durchfluß gekühlt werden. Ein Wechsel der Durchflußrichtung war somit zunächst auch weniger wichtig, auf den aus denselben Regelungsschwierigkeiten während der Sommermonate bald verzichtet worden war.

Rechenblatt 11

Rohrinnenkühlung einer Staumauer (s. Bild 101)

Beton: $Z_b = 170$ kg PZ/m³; adiabat. Temperaturanstieg $\Theta_w = 28\,(1 - e^{-t/45})$; $\Theta_W^{\max} = 28\,°\mathrm{C}$; $\lambda_b = 1{,}94$ kcal/m, °C, h; $c_b = 0{,}2$ kcal/kg, °C; $\gamma_b = 2470$ kg/m³.

Temperaturanstieg im Beton ohne künstliche Kühlung: Höhe der Betonierschichten: 2,50 m ($D = 5{,}0$ m); $\alpha = 20$ kcal/m², °C, h; $hD = 51{,}6$; $\nu = 0{,}975$; $\nu^2 \cdot \varkappa_0 = 0{,}0843$; $\Theta_{\max}^{\max} = 0{,}95 \cdot \Theta_W^{\max} = 26{,}6\,°\mathrm{C}$; $\Theta_m^{\max} = 0{,}705 \cdot \Theta_W^{\max} = 19{,}7\,°\mathrm{C}$.

Rohrinnenkühlung: $d = 2{,}50$ m; $\bar{d} = 2{,}10$ m; $F = \frac{1}{0{,}9} \cdot d \cdot \bar{d} = 5{,}83$ m²; $R = \sqrt{F/\pi} = 1{,}36$ m; $r_i = 0{,}0125$ m; $\varrho_i = 0{,}0092$; $\nu' = 0{,}717$; $C' = 1{,}06$; $C'' = 0{,}98$; $\beta = 0{,}00109$; $l = L/2 = 120$ m; von einer Rohrschlange werden 1260 m³ Beton gekühlt.

Monat	April	Mai	Juni	Juli	August	September	Oktober bis März
zu kühl. Beton m³	12000	60000	132000	205000	275000	345000	405000
Kühlwasser-verbrauch m³/h	34	150	290	290	290	290	290
Durchfluß q_M m³/h	3,60	3,15	2,77	1,79	1,32	1,06	0,90
Kennzahl $\mathfrak{B}$ h⁻¹	0,00099	0,000975	0,00096	0,000905	0,000847	0,00081	0,000774
$\mathfrak{B} \cdot t_0$	0,0446	0,0438	0,0432	0,0407	0,0381	0,0364	0,0348
$f = \Theta_m^{\max}/\Theta_W^{\max}$	0,843	0,845	0,846	0,848	0,851	0,858	0,862

Temperaturen: Maximaler Temperaturanstieg (s. Ziffer 6.6) nach 157 ÷ 168 h

$$\Theta_{\max}^{\max} = \Theta_W^{\max} \cdot 0{,}95 \cdot f = 26{,}6 \cdot f$$
$$\Theta_m^{\max} = \Theta_W^{\max} \cdot 0{,}705 \cdot f = 19{,}7 \cdot f$$

Temperaturausgleich in einer Betonierschicht von unten nach oben geschätzt auf 9 ÷ 10 Tage. Somit $\Theta_m^{\max} = \Theta_c$ Ausgangstemperatur für die Berechnung der Abkühlung nach Ziffer 6.4, mit dem Beginn ½ Monat nach Einbringen des Betons.

Block 3 Kote	betoniert am 15.	$\bar{\Theta}_B$	$\bar{\Theta}_M$	$\bar{\Theta}^{\max}$	Temperaturen $\bar{\Theta}_{\max}$ ($\bar{\Theta}_m$) am 30.										
					April	Mai	Juni	Juli	Aug.	Sept.	Okt.	Nov.	Dez.	Jan.	Febr.
1375	April	6	6	28,4 (22,6)	22,6 (20,5)	15,1 (14,5)	11,6 (11,3)	10,1 (10,0)	9,6 (9,5)	9,1 (9,0)	8,6 (8,6)	8,0 (7,9)	7,1 (7,1)	6,6 (6,5)	5,9 (5,8)
1382,5	Mai	7	7	29,5 (23,7)	—	23,7 (21,6)	16,3 (15,6)	12,7 (12,3)	11,0 (10,8)	9,9 (9,8)	9,1 (9,1)	8,3 (8,2)	7,3 (7,2)	6,6 (6,5)	5,9 (5,8)
1390	Juni	8	8	30,5 (24,7)		—	24,7 (22,7)	17,4 (16,7)	13,6 (13,3)	11,4 (11,2)	10,0 (9,8)	8,7 (8,6)	7,6 (7,5)	6,7 (6,6)	6,0 (5,9)
1402,5	Juli	9,5	8,5	31,9 (26,1)			—	26,1 (24,1)	18,8 (18,0)	14,3 (13,9)	11,7 (11,4)	9,7 (9,5)	8,2 (8,0)	7,1 (6,9)	6,2 (6,1)
1412,5	Aug.	11	9	33,2 (27,4)				—	27,4 (25,2)	19,6 (18,8)	14,8 (14,2)	11,5 (11,2)	9,2 (9,0)	7,7 (7,5)	6,6 (6,4)
1425	Sept.	9,5	8,5	32,2 (26,3)					—	26,3 (24,5)	19,0 (18,2)	14,0 (13,5)	10,6 (10,3)	8,5 (8,2)	7,0 (6,9)
1440	Okt.	8	8	30,9 (25,0)						—	25,0 (23,3)	18,2 (17,3)	13,1 (12,6)	9,9 (9,6)	7,8 (7,6)

Muß das Kühlwasser durch das Rohrleitungsnetz gepumpt werden, so empfiehlt sich ein geschlossenes Leitungssystem. Bekanntlich dienen bei diesen die Pumpen lediglich zur Überwindung des Reibungswiderstandes, und der Kraftaufwand beträgt nur ein Bruchteil dessen, wie er bei offenen Systemen noch zusätzlich zur Überwindung der Höhenunterschiede erforderlich wäre.

Aus dem Beispiel wird auch die Bedeutung der Kontrolle und Regelung der Kühlung durch Temperaturmessungen hervorgehoben. Wird entsprechend der Darstellung in Abb. 104 hinter dem Durchflußregler in der Zweigleitung ein Wasserhahn angeordnet, so sind laufende Temperaturkontrollen denkbar einfach aus-

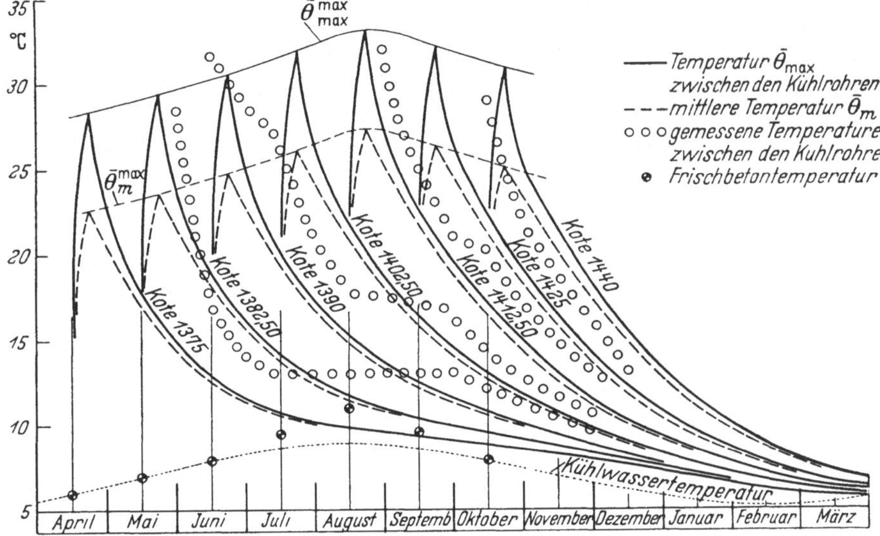

Abb. 105. Beispiel — Temperaturen im Block 3, Bausaison 1954/1955

zuführen. Zu diesem Zweck werden Zu- und Abfluß eines Blockabschnittes gesperrt, und man läßt dann das Wasser je nach der Länge der Rohrschlangen zwei bis drei Tage in diesen stehen. Während dieser Zeit kann das Wasser die Temperatur des Betons annehmen, nachdem sich die örtlichen Temperaturunterschiede im Beton ausgeglichen haben. Werden nun aus der Rohrschlange mehrere Thermosflaschen gefüllt und dann das Temperaturmittel dieser Wasserproben bestimmt, so sind auf diese Weise jeden Monat mehrere Messungen möglich.

Bei der Staumauer Zeuzier/Schweiz wurden Asbestzementrohre einbetoniert, in die von den Kontrollschächten und -gängen aus Maxima-Minima-Thermometer eingeführt und so die Temperatur gemessen werden konnte.

Temperaturmessungen mit in den Beton eingebetteten Widerstandsthermometern sind als Ergänzung parallel zu den vorgenannten vorzusehen und durchzuführen.

Ist eine künstliche Temperatursenkung des Kühlwassers nötig, so ist der genauen Erfassung der klimatischen Gegebenheiten der Baustelle besonders große Aufmerksamkeit zu schenken. So wurde beispielsweise beim Entwurf der Kühlanlage für den berühmten Boulder Dam/USA angenommen, daß die Wassertemperatur im Stausee im Winter auch in größerer Tiefe 4 °C betrage. Tatsächlich wurde in diesem bei der Entnahme von Kühlwasser ziemlich konstant auch mit zunehmender Wassertiefe 12 °C gemessen, wobei im Sommer die Temperatur sogar auf 27 °C anstieg. Es dürfte nicht zuletzt dieser Annahme zuzuschreiben sein, daß die Kühlanlage anstatt der erwarteten 712 tons of refrigeration mehrmals eine Leistung von 1000 TR, ja sogar bis zu 1815 TR hergeben mußte.

Wie wichtig gerade auch die Erfassung der Temperaturverhältnisse der natürlichen Gewässer ist, wurde schließlich durch die Erfahrungen beim Bau der Hohenwarte-Talsperre unterstrichen. Hier wurde die sommerliche Erwärmung des Flußwassers ebenfalls unterschätzt, so daß man auf eine künstliche Kühlung des Kühlwassers verzichten zu können glaubte. Nachträglich mußte dann aber doch eine Ammoniak-Kühlanlage aufgestellt werden. Durch die verspätete Aufstellung konnte der gewünschte Effekt, die Blockfugen bald schließen zu können, nur noch teilweise im weiteren Verlauf der Bauarbeiten erreicht werden.

Ist eine künstliche Kühlung des Kühlwassers nicht zu umgehen, so ist die tiefste noch zulässige Temperatur von 1 bis 2 °C zu wählen: liegt die angestrebte Endtemperatur auch höher, so beschleunigt eine große Temperaturdifferenz zwischen Kühlwasser und Beton den Abkühlungsprozeß in stärkstem Maße.

7 Die Kälteanlagen

7.1 Allgemeines

Bei den Methoden der künstlichen Kühlung von Beton wird mittels kalten Wassers, kalter Luft oder mittels Eis dem Beton Wärme entzogen und so seine Temperatur auf das nötige Maß gesenkt. Manchmal steht genügend kaltes Wasser von Natur aus zur Verfügung, wie beispielsweise in den Alpen, wo Gletscherwasser von wenigen Graden über Null direkt in die Rohrschlangen zur Rohrinnenkühlung gepumpt werden kann. In nur seltenen Fällen sind die natürlichen Verhältnisse jedoch so günstig. Vielmehr folgt im allgemeinen auch die Temperatur der natürlichen Gewässer den jahreszeitlichen Temperaturschwankungen der Luft (Abb. 42), so daß dann auch das Wasser für die Verwendung bei künstlicher Kühlung zunächst künstlich gekühlt werden muß. Sind die Voraussetzungen gemäß Ziffer 5.1 auch für eine Vorkühlung des Betons gegeben, so gewinnen die Kosten für die künstliche Kühlung des Kühlmediums an Bedeutung, so daß hierdurch die Wahl der Kühlmethode, Rohrinnenkühlung oder Vorkühlung, ob mit kaltem Wasser, kalter Luft oder ob mit Eis gekühlt werden soll, stark beeinflußt wird. Letztlich kann diese Entscheidung nur in Zusammenarbeit mit der Kälteindustrie für das jeweilige Projekt getroffen werden. Immerhin ist hier ein kurzer Überblick über die Arbeitsweise der Kältemaschinen am Platze, wodurch der entwerfende Ingenieur, mit dem Wesen der Kältemaschinen vertraut, Hinweise für die Einordnung derselben in die Baustelleneinrichtung erhält.

Bei der natürlichen Kühlung (Ziffer 2) und bei der künstlichen Kühlung (Ziffer 5 und 6) geschah die Wärmeabgabe durch Leitung, wobei der Wärmeausgleich vom wärmeren zum kälteren Körper vor sich ging. Ein solcher für die Kühlung nutzbarer Temperaturunterschied fehlt naturgemäß für die vorausgehende Kühlung des Kühlmediums. Im System der im nachfolgenden beschriebenen Kälteanlage herrscht a priori eine einheitliche Temperatur, so daß eine Temperatursenkung durch einen chemischen oder physikalischen Vorgang erst geschaffen werden muß.

Technisch wichtig sind physikalisch hervorgerufene Temperaturerniedrigungen durch Umwandlung von Wärme in eine andere Energieform unter Leistung von Arbeit gegen äußere und innere Kräfte. Hierher gehört die Ausdehnung von zusammengepreßten, gasförmigen Körpern, wobei eine äußere Kraft aufzubringen ist. Hierher gehört aber vor allem die Änderung des Aggregatzustandes vom flüssigen in den gasförmigen Zustand, wobei zur Überwindung innerer Kräfte Arbeit geleistet werden muß. Auf dieser Methode der Temperaturerniedrigung durch Verdampfen und Verdunsten von Flüssigkeiten beruht die Arbeitsweise der modernen Kältemaschinen.

7.2 Die Kältemaschinen

Bei den modernen Kältemaschinen macht man sich bekanntlich die Eigenschaft aller Flüssigkeiten zunutze, daß sie bei jeder Temperatur unter Wärmeentzug aus der Umgebung verdampfen bzw. umgekehrt auch wieder unter Wärmeabgabe an die Umgebung sich die Dämpfe verflüssigen, wenn der herrschende Druck entsprechend eingestellt wird. Man erniedrigt also den Druck des Kältemittels so, daß es bei der gewünschten Kühltemperatur unter Wärmeentzug aus der Umgebung (also aus dem Kühlraum) verdampft.

Um das unter einem bestimmten Druck verdampfte Kältemittel im Kreislauf erneut verwenden zu können, müssen die Dämpfe nun wieder verflüssigt werden. Bei der Verflüssigung ist das Kältemittel von jener Wärme zu befreien, die es bei der Verdampfung aufgenommen hat. Die Abführung der Wärme kann durch Kühlwasser oder durch einen Luftstrom geschehen. Da nun das in der Natur verfügbare Wasser und die uns umgebende Luft eine höhere Temperatur als das verdampfte Kältemittel haben, müssen die Kältemitteldämpfe auf eine Temperatur gebracht werden, die über der Kühlwasser- bzw. Lufttemperatur liegt.

Die beiden wichtigsten Arten der Kältemaschinen, die Absorptionsmaschine und die Kompressionsmaschine, unterscheiden sich nun durch die Art, wie die Energie eingebracht wird.

Die Absorptionsmaschine. Bei ihr wird der Kältemittelkreislauf durch Wärmezufuhr aufrecht erhalten, die durch heißen Wasserdampf, Gas, Elektrizität u. a. betrieben werden kann. Das Schema einer solchen Absorptionsmaschine zeigt Abb. 106. Das Kältemittel bildet hier ein Gemisch aus zwei Stoffen, deren einer in der Lage sein muß, den anderen aufzusaugen (absorbieren). Da das billige Ammoniak sich mit Wasser in jedem beliebigen Verhältnis mischt, arbeiten die am meisten verbreiteten Absorptionsmaschinen mit einem Ammoniak-Wasser-Gemisch. Bei diesen Kälteanlagen wird nun das verdampfte Ammoniak nach Verlassen des Verdampfers im Absorber von Wasser aufgesaugt. Das so entstandene konzentrierte Ammoniak-Wasser-Gemisch wird nun im Kocher auf die erforderliche Temperatur erhöht, wobei durch die starke Erhitzung sich das Ammoniak wieder vom Wasser trennt und als Dampf austreiben läßt. Es verläßt den Kocher und strömt über einen Wasserabscheider in den Verflüssiger, wo es selbst durch verhältnismäßig warmes Kühlwasser abgekühlt und verflüssigt wird. Das flüssige Ammoniak gelangt nun durch eine Leitung zum Regelventil, wo es auf den erforderlichen Druck entspannt wird, welcher der gewünschten Verdampfungstemperatur entspricht. Die Flüssigkeit wird hierzu in den Verdampfer eingespritzt, den sie nach Wärmeentzug aus der Kühlstelle als Dampf verläßt, um dann wieder in den Absorber zu gelangen. Die bei der Absorption freiwerdende Wärme wird ebenfalls durch das Kühlwasser abgeführt.

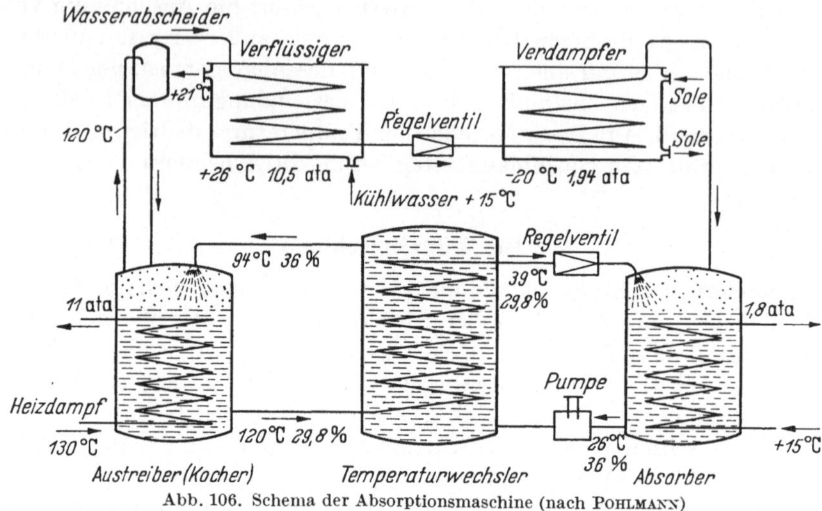

Abb. 106. Schema der Absorptionsmaschine (nach Pohlmann)

Zwischen Kocher und Absorber ist noch ein Temperaturwechsler eingeschaltet, der die vom Kocher zum Absorber zurücklaufende schwache Lösung vorkühlt, während die vom Absorber zum Kocher kommende starke Lösung in ihm vorgewärmt wird.

Tabelle 14. *Abdampfkältemaschinen der Fa. Sensenbrenner G. m. b. H. (nach Pohlmann)*

Stündliche Kälteleistung in kcal bei $t_0 = -10$ °C	60000	80000	100000	125000	160000	200000
Stündliche Eisleistung in kg	500	670	850	1100	1450	1800
Stündlicher Kraftverbrauch der NH_3-Pumpe in PS_e	2	2,75	3	4	5	6
Stündlicher Verbrauch an Abdampf (100 °C) in kg	275	350	400	500	640	800
Stündlicher Verbrauch an Kühlwasser von + 10 °C in m³	10	13,5	16,5	21	27	33

Eine hohe Wirtschaftlichkeit dieser Maschine ist für mittlere und hohe Kälteleistungen dann gegeben, wenn billiger Abdampf ausgenutzt werden kann. Tabelle 14 gibt ein Beispiel für die großen Mengen an Abdampf (und an Kühlwasser) solcher Maschinen, so daß sie im allgemeinen für die Kühlung von Beton wohl nicht in Frage kommen, da bei der Verwendung von Frischdampf die zweite Art der Kältemaschinen wirtschaftlicher ist.

Die Kompressions-Kältemaschine. Bei ihr wird die Temperatursteigerung durch eine Druckerhöhung mittels Kolben- oder Kreiselverdichtern erzielt, wobei sich auch die Verflüssigungstemperatur des Kältemittels erhöht. Abb. 107 zeigt das Schema einer solchen Anlage: die vier Hauptteile sind der Verdampfer (Kühlstelle), der Verdichter, der Verflüssiger und das Regelventil. Im Rohrsystem des Verdampfers verdampft das Kältemittel unter Wärmeentzug aus der Umgebung, d. h. Gewinnung nutzbarer Kälte; die Dämpfe werden vom Verdichter angesaugt, verdichtet und in das Rohrsystem des Verflüssigers gedrückt. Hier werden sie durch Abkühlung wieder verflüssigt, um dann durch das Regelventil, das die Flüssigkeit abdrosselt und entspannt, wieder in den Verdampfer zu treten. Die Druckverminderung hinter dem Regelventil hat hierbei die Verdampfung zur Folge.

Als Kältemittel sind Ammoniak NH_3, Kohlendioxyd CO_2, Schwefeldioxyd SO_2, Dichlordifluormethan CCl_2F_2 (z. B. Frigen, Freon) und Methylchlorid CH_3Cl die häufigsten, wobei jedoch Ammoniak als das billigste für Großkälteanlagen mit 80% weitaus am verbreitesten ist.

Die Leistung einer Kompressions-Kältemaschine steht nun in direktem Verhältnis zum Gewicht des in der Zeiteinheit im Verdampfer entwickelten und vom

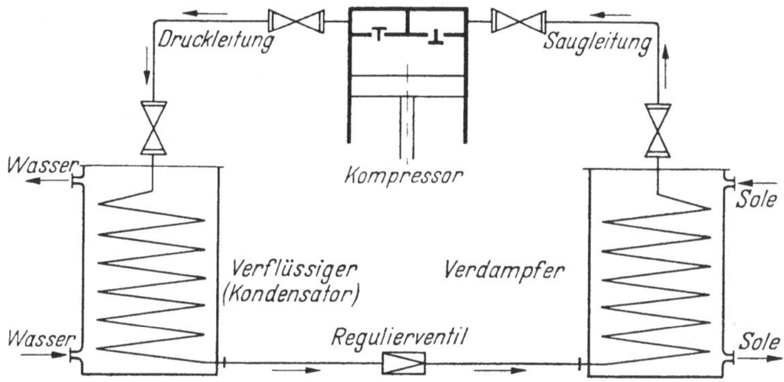

Abb. 107. Arbeitsweise der Kompressions-Kältemaschine (nach POHLMANN)

Verdichter geförderten Kaltdampfes. Die Kälteleistungsfähigkeit des Kaltdampfes hängt von der Flüssigkeitswärme und der Verdampfungswärme des Kältemittels ab. Nun fördert der Verdichter zwar dieselbe Kaltdampfmenge, welche im Verdampfer entwickelt wird. Da der Verdampfer aber nicht mehr Dämpfe entwickeln kann, als durch den Verdichter aus ihm entfernt werden, so ist die Verdichtergröße in erster Linie bestimmend für die Kälteleistung der ganzen Maschine. Sie errechnet sich theoretisch aus dem Hubvolumen des Verdichters in m^3 je Zeiteinheit, multipliziert mit der Kälteleistung des betreffenden Kaltdampfes.

Diese spezifische Kälteleistung des Kaltdampfes ist abhängig von der Verdampfungstemperatur t_0, von der Verflüssigungstemperatur t und von der Unterkühlungstemperatur t_u vor dem Regelventil. Die Verdampfungstemperatur t_0 bestimmt sich dadurch, daß sie gewöhnlich um 5 ÷ 10 °C tiefer als die gewünschte Temperatur der Kühlstelle (Kühlraum, Wasser- oder Soletank), bei der Eiserzeugung auf – 5 bis – 10 °C gewählt wird. Die Kühlflächen des Verflüssigers werden andererseits so bemessen, daß bei einer Erwärmung des Kühlwassers um 6 bis 8 °C ein Temperaturunterschied von 4 °C zwischen der Verflüssigung des Kältemittels und dem abfließenden Kühlwasser und weiter ein solcher von 2 °C zwischen der Unterkühlungstemperatur t_u des Kältemittels und der Temperatur des zufließenden Kühlwassers besteht.

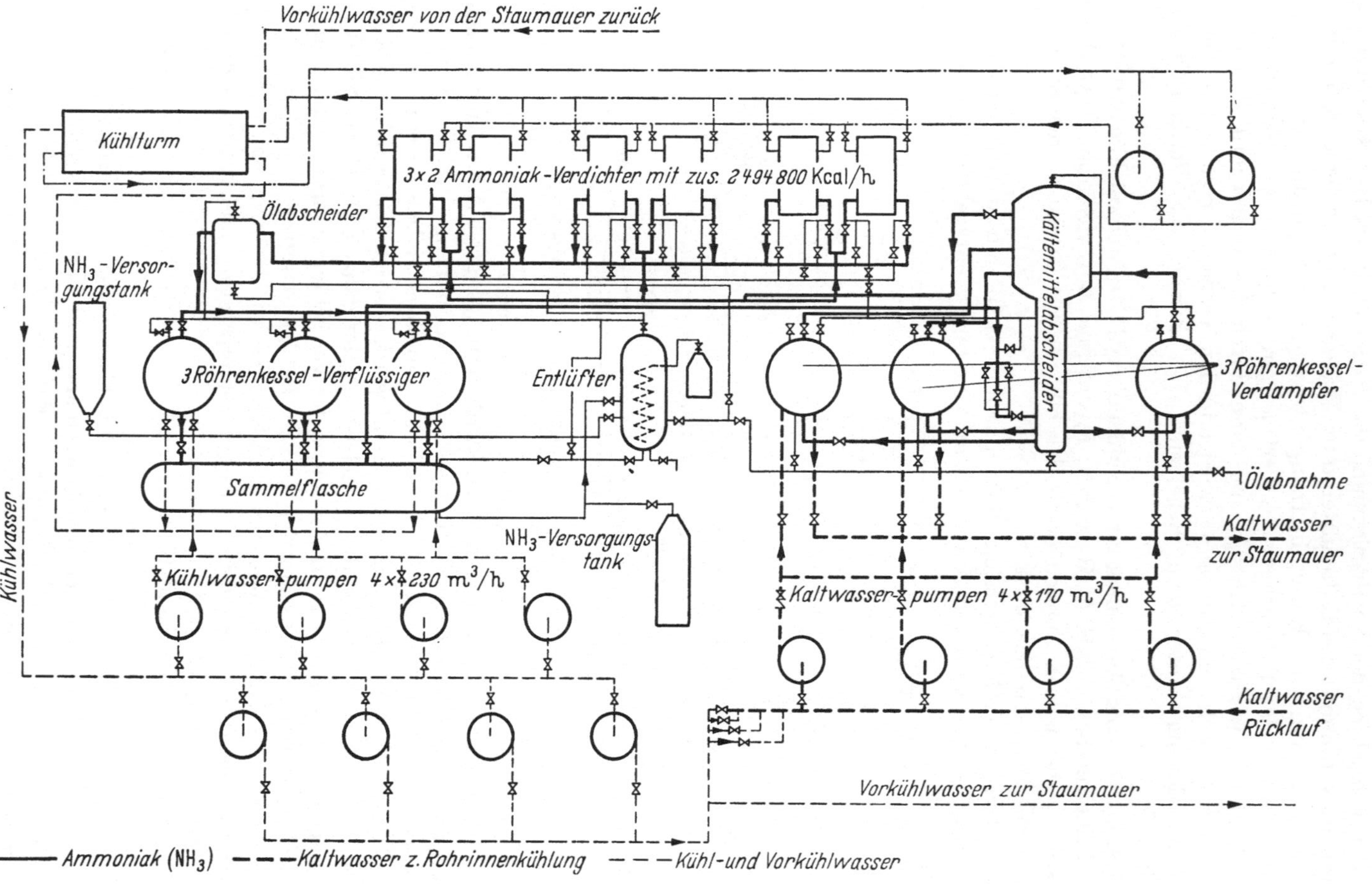

Abb. 108. Schema der Kälteanlage des Boulder Dam [35]

Damit sind die Temperaturen t_0, t und t_u, welche den Kreisprozeß des Kältemittels und damit auch dessen Drücke bestimmen, festgelegt. Aus den bekannten Kältetabellen [*18*] und aus der Größe des Verdichters läßt sich damit unter Berücksichtigung eines Wirkungsgrades von $\eta = 0{,}7$ bis 0,85 die Kälteleistung der Maschine berechnen.

Die Arbeitsweise der Kompressions-Kältemaschinen sei am Beispiel der Kälteanlage des Boulder Dam [*35*] verdeutlicht, deren maschinelle Einrichtung nicht nur wegen ihrer Größe bemerkenswert ist (Abb. 108). Die drei Verdichter mit je 2 Zylindern waren für eine Verdampferleistung von je 831600 kcal/h, also auf insgesamt 2494800 kcal/h ausgelegt. Dies waren Spezialkonstruktionen und dienten zunächst mit einfachwirkenden Zylindern bei den Felsarbeiten zur Versorgung der Geräte mit Preßluft. Für die Kälteanlage wurden sie dann mit doppeltwirkenden Zylindern ausgestattet. Eine achtstufige Leistungsminderung bis auf 50% herab war möglich. Da die Ammoniakdämpfe beim Verlassen der Kompressoren kleinste Öltröpfchen mitführen, passieren sie dicht vor den Verflüssigern einen Hochdruckölabscheider. Würde das Öl in die Verflüssiger- und Verdampfersysteme gelangen, so würden diese verschmutzt und der Wärmeübergang verschlechtert. Die Dämpfe, die in den Verdichtern eine Temperatur von 93 °C erhielten, werden nun in den drei Röhrenkesselverflüssigern auf 36 °C abgekühlt, wobei sie sich in flüssiges Ammoniak zurückverwandeln. Das Kühlwasser für die Verflüssiger wird dabei im Kreislauf in einem Kühlturm gekühlt. Die dem Verflüssiger nachgeschaltete Sammelflasche dient der Entlastung der Verflüssigerzone und der Schaffung eines Flüssigkeitsvorrats bei wechselnder Verdampferleistung. Durch das Regelventil zwischen Sammelflasche und den Verdampfern wird der Druck des Ammoniaks von 13,6 ata auf 3,4 ata vermindert, so daß die Ammoniakflüssigkeit in den drei Röhrenkesselverdampfern verdampft, indem es das Wasser des Kaltwasserkreislaufes auf 4 °C abkühlt. Mit Kaltwasser sei hier im Gegensatz zum Kühlwasser für den Verflüssiger das für die Rohrinnenkühlung bestimmte Wasser bezeichnet. Die drei Verdampfer waren mit einer 5 cm dicken Korkschicht thermisch isoliert und für einen Wasserdruck von 17 kg/cm^2 bemessen, wie er bei der Kühlung der oberen Mauerteile zu erwarten war. Mit dem Eintritt der Ammoniakdämpfe in die Verdichter wiederholt sich nun wieder der Kreislauf.

Um einen optimalen Wirkungsgrad für die Verdampfer wie auch für die Verdichter zu erhalten, war zwischen das Regelventil und die Verdampfer einerseits und zwischen Verdampfer und Verdichter andererseits ein Kältemittelabscheider eingeschaltet (Abb. 108). Passiert nun das flüssige Ammoniak auf dem Weg vom Regelventil zu den Verdampfern den unteren Teil des Kältemittelabscheiders, so werden dampfförmige Teile in diesem zurückgehalten und von den Verdichtern abgesaugt. Durchstreichen die Ammoniakdämpfe nach Verlassen der Verdampfer den oberen, erweiterten Teil des Kältemittelabscheiders, so werden noch in ihnen enthaltene flüssige Ammoniaktröpfchen ausgeschieden und über den unteren Teil des Kältemittelabscheiders erneut den Verdampfern zugeführt.

Fremdgase in den Kältesystemen sind schädlich, weil sie den Verflüssigungsdruck erhöhen, den Wärmeübergang verschlechtern und die Regulierung erschweren. Sie gelangen beim Füllen, bei Reparaturen oder bei Tieftemperaturen in das System. Auf ihre Entfernung muß daher größtes Gewicht gelegt werden. An die Sammelflasche ist daher ein selbsttätiger Entlüfter angeschlossen, der die nicht kondensierenden Fremdgase entfernt, gleichzeitig aber auch die letzten Ölteilchen aus dem Kreislauf herausnimmt, während das gereinigte Ammoniak wieden in den Kreislauf zurückgeführt wird.

Von der Bemessung der Kühlflächen des Verdampfers (Kühlstelle) und der des Verflüssigers wird der innere Wirkungsgrad der Kältemaschine beeinflußt. Verdampft das Kältemittel nicht vollständig, so wird durch das Ansaugen von nassen Dämpfen nicht nur der Wirkungsgrad des Verdichters verringert, sondern darüber hinaus die spezifische Kälteleistung nur teilweise ausgenutzt. Entsprechendes gilt für eine zu kleine Bemessung der Kühlflächen des Verflüssigers. Nun ist eine richtige Bemessung der Einzelteile der Kälteanlage eine grundsätzliche Forderung, die an den Kälteingenieur gestellt werden muß. Daß die Kälteindustrie daneben ihr ganz besonderes Augenmerk auf einen hohen Wirkungsgrad der Anlage wendet, konnte ja auch sehr schön am Beispiel der Kühlanlage für den Boulder Dam gesehen werden.

Der innere Wirkungsgrad wird aber auch sehr rasch kleiner, wenn das zu kühlende Medium (Wasser, Luft oder Sole) einen zu geringen Temperaturunterschied gegenüber der Verdampfungstemperatur des Kältemittels hat. Je kleiner das Verhältnis ist von der notwendigen Wärmemenge zu der, die das verdampfende Kältemittel dem zu kühlenden Medium entziehen kann, desto besser ist die Verdampfung und damit auch der innere Wirkungsgrad. Das dringendste Anliegen des Kälteingenieurs an den planenden Bauingenieur ist daher die Forderung nach einer möglichst gleichmäßigen Kälteleistung. Natürlich kann eine völlig gleichmäßige Kälteleistung mit wirtschaftlich vertretbaren Kosten fast nie erreicht werden. Immerhin kann durch eine sorgfältige Auswahl und Planung der Kühlmethode, durch ungleiche Kühlperioden usw. diesem Ziel sehr nahe gekommen werden.

Einen allgemeinen Anhalt für den Energieaufwand und den Kühlwasserverbrauch in Abhängigkeit der Kälteleistung einer Maschine geben schließlich die Tabellen 15, 16 und 17. Für den gesamten Energieaufwand sind dann jedoch noch die Pumpen für Kühl- und Kaltwasserkreisläufe zu berücksichtigen.

Gleichzeitig sei auch darauf hingewiesen, daß die 4 Hauptteile der Kälteanlage zweckmäßig in mehrere, serienmäßig hergestellte, kleinere Aggregate aufgeteilt werden. Dies ist vorteilhaft nicht nur hinsichtlich einer evtl. notwendigen Reparatur und hinsichtlich des bei Talsperrenbauten oft schwierigen Transportproblems.

Tabelle 15. *Stehende einstufige Wechselstrom-Ammoniakverdichter für Normalbedingungen (Gesellschaft für Lindes Eismasch. A. G.)*

Type	Hubvolumen m^3/h	Kälteleistung kcal/h $t_0 = -10\,°C$ $t = +25\,°C$	Leistungsverbrauch kW	Abmessungen mm Länge	Breite	Höhe	Gewicht kg
A1W16N	542	265000	62	1100	1200	2000	1800
A2W16N	924	435000	104	2000	1200	2000	3000
A1W20N	853	425000	98	2100	1300	2450	3200
A2W20N	1706	850000	196	2700	1300	2450	5300
A1W25N	1550	800000	180	1900	1600	3000	6100
A2W25N	3100	1600000	360	2500	1600	3000	10000
A1W32N	2390	1250000	285	2200	1600	3400	9200
A2W32N	4780	2500000	570	3000	1600	3400	15000

Tabelle 16. *Erforderliche Kühlwassermenge in m³/h für 1000 kcal/h Verdampferleistung (nach Pohlmann)*

Erwärmung des Kühlwassers um °C	2	3	4	5	6	7	8	9
m³/h je 1000 kcal/h	0,68	0,45	0,34	0,27	0,23	0,19	0,17	0,15

Tabelle 17. *Vergleich des Kühlwasserverbrauchs verschiedener Verflüssigerbauarten (nach Pohlmann)*

Bauart	Wasserverbrauch	Bauart	Wasserverbrauch
Tauch-Verflüssiger	1,0	Steilrohr-Berieseler	0,67
Doppelrohr-Gegenstrom.............	1,0	Berieseler nach Block	0,95
Röhrenkessel	1,0	Turm-Verflüssiger.............	1,5–2,0
Bündelrohr	1,0	Verdunstungs-Verflüssiger	0,05–0,10
Berieseler mit liegenden Rohren	0,33		

Nach Erreichen des maximalen Kältebedarfs können bei der dann wieder rasch absinkenden nötigen Kälteleistung nach Bedarf einzelne Einheiten stillgelegt werden, ebenso wie die Kälteleistung dem jahreszeitlich schwankenden Bedarf angepaßt werden kann. Die Regelung der Kälteleistung durch Zu- oder Abschalten eines Verdichters kann zwar von Hand geschehen; bei Großkälteanlagen wird jedoch zweckmäßigerweise und wirtschaftlicher die Kälteleistung durch Spezialregler automatisch gesteuert.

Schließlich wird es bei einer Unterteilung für den Unternehmer möglich, die einzelnen Einheiten auch auf kleineren Baustellen wieder zu verwenden, sei es nun bei kleineren Staumauern, oder bei Schacht- und Tunnelbauten, bei denen eine angeschnittene Wasserader zugefroren werden soll.

7.3 Die Kühlstelle für das Kühlmedium und zur Eiserzeugung

Auf die Bedeutung des Verflüssigers und des Verdampfers für den Wirkungsgrad der Anlage wurde bereits im vorhergehenden Abschnitt hingewiesen. Im Gegensatz zum Verflüssiger, dessen Bauart lediglich eine Frage des Wasserverbrauchs und der Kosten ist, wird jedoch für den Verdampfer je nach Verwendungszweck und den speziellen Anforderungen an die Kühlstelle eine besondere Bauart gewählt.

Die Aufteilung der Verdampfer in mehrere Einheiten ermöglicht eine kombinierte Kühlmethode. Beispielsweise bewirkte bei der Kühlanlage der Staumauer Sariyar (Abb. 109) ein Verdampfer die Solekühlung und damit über einen Naßluftkühler die Luftkühlung, während der andere Verdampfer direkt zur Kühlung des Anmachwassers diente. Trotz seiner 5 Kreislaufsysteme für Ammoniak, Sole, Luft, Mischwasser und für das Kühlwasser wird die Arbeitsweise einer solchen Kälteanlage durch Abb. 109 sehr schön verdeutlicht.

Bei der Kühlanlage des Table-Rock-Dam/Missouri[1] wurde durch die Anlage sogar noch Flockeneis hergestellt, so daß hierfür ebenfalls ein Verdampfer vorgesehen werden mußte.

[1] Kronenberger: Kontinuierlicher Fluß der Zuschlagstoffe in großen Aufbereitungsanlagen. Der Bauingenieur 32 (1957) H. 4, S. 148 bis 150. – Smith, A. C.: Big Plant Aggregate Flowing to Concrete Batchers. Construction Methods and Equipment 38 (1956) H. 5, S. 159 bis 172.

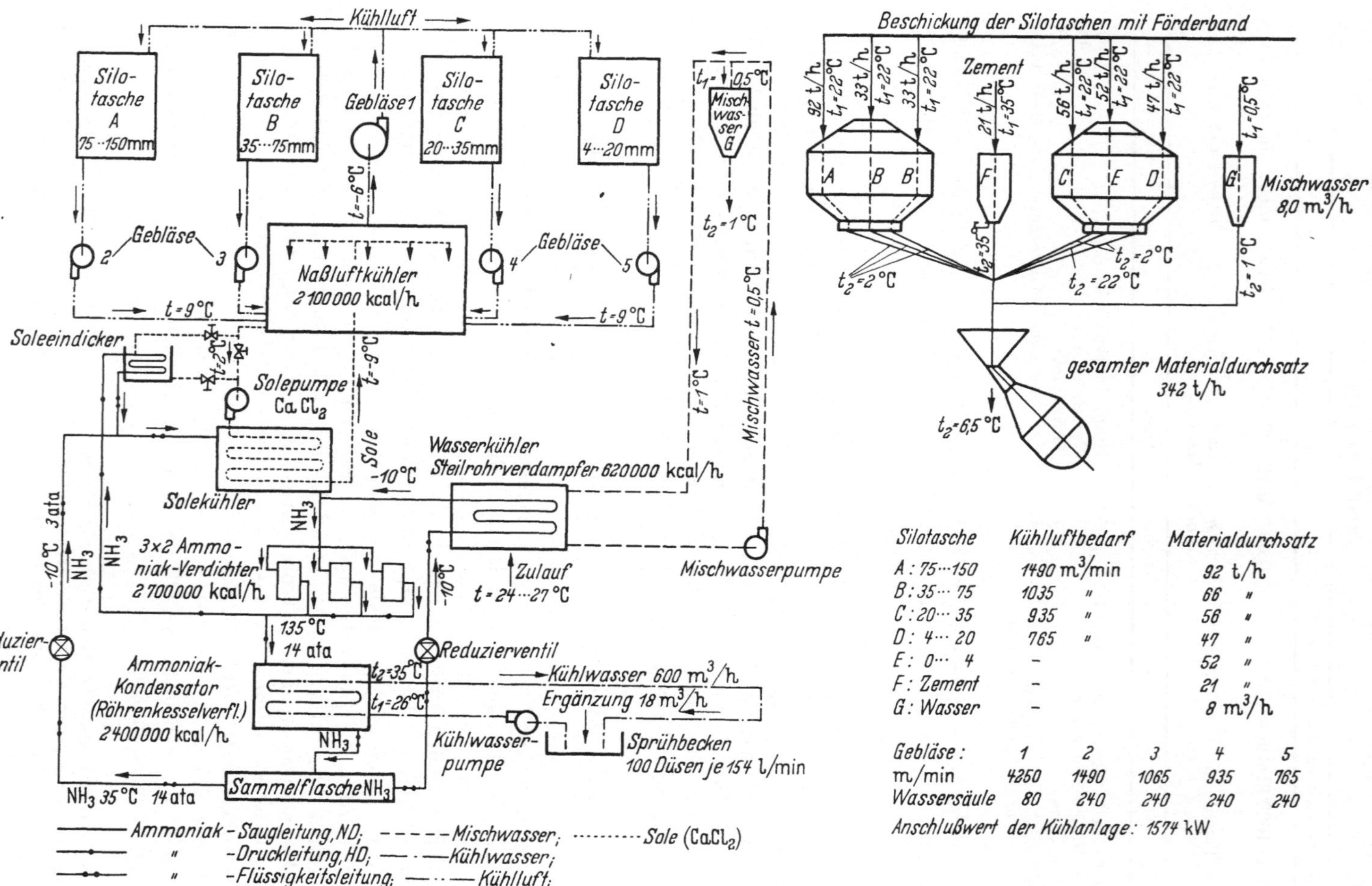

Silotasche	Kühlluftbedarf	Materialdurchsatz
A : 75···150	1490 m³/min	92 t/h
B : 35··· 75	1035 "	66 "
C : 20··· 35	935 "	56 "
D : 4··· 20	765 "	47 "
E : 0··· 4	–	52 "
F : Zement	–	21 "
G : Wasser	–	8 m³/h

Gebläse :	1	2	3	4	5
m/min	4250	1490	1065	935	765
Wassersäule	80	240	240	240	240

Anschlußwert der Kühlanlage: 1574 kW

Abb. 109. Stammbaum der Kühlanlagen der Staumauer Saviyar/Türkei (nach Ph. Holzmann A. G./Frankfurt)

Eine gebräuchliche Bauart ist nun der Röhrenkessel-Verdampfer (shell and tube), der sich in den USA großer Beliebtheit erfreut und bei dem das zu kühlende Wasser in Röhren zirkuliert, während das verdampfende Kältemittel diese Röhren umspült. Um jedoch ein Zugefrieren der Röhren bei Versagen der Pumpen zu verhindern, ist es ratsam, in den Kältekreislauf Regler einzubauen. Ein solcher Saug-Druck-Regler drosselt beim Ausfall der Wärmeleistung durch Versagen der Kühlwasserpumpen die Verdampferleistung, so daß bei gleichbleibendem Ansaugvolumen des Verdichters in diesem ein niedrigerer Druck entsteht. Sinkt der Druck im Verdichter zu sehr, so wird er durch einen Unterdruckschalter stillgesetzt.

Dennoch empfiehlt die Kälteindustrie bei direkter Kühlung des Kühlwassers durch den Verdampfer offene Verdampferbauarten. Bei diesen strömt das Kältemittel in den Röhren, welche nun vom zu kühlenden Wasser umspült werden. Die Gefahr des Festfrierens muß also keine Störung des Betriebes bedeuten.

Das gekühlte Wasser wird von der Kühlstelle (Verdampfer) bei Rohrinnenkühlung direkt durch die Haupt- und Zweigleitungen in die einzelnen Rohrschlangen im Beton gedrückt (Abb. 108). Hingegen wird bei der Kühlung von Kies in Tanks zweckmäßigerweise der Kälteanlage ein Vorratstank nachgeordnet. Bei der Kühlung von Kies in Tanks wiederholt sich ja immer wieder dasselbe Spiel (Ziffer 5, Abb. 56): Füllen der Tanks mit den Zuschlagstoffen, Füllen mit kaltem Wasser, laufende Erneuerung des kalten Wassers während der Abkühlung der Zuschlagstoffe, Leeren der Tanks und Neufüllen. In der Kühlpause zur Leerung und zum Neufüllen der Tanks ist also eine Vorratshaltung an kaltem Wasser zweckmäßig, wodurch die Kälteanlage gleichmäßig weiterarbeiten und das periodische Spiel bei der Vorkühlung der Zuschlagstoffe wesentlich beschleunigt werden kann.

Bei der Kühlung der Zuschlagstoffe mit kalter Luft ist nun zu überlegen, ob der Verdampfer direkt im Kühlraum aufgestellt werden soll, wobei die Luft lediglich umgewälzt werden muß, oder ob nicht besser die Luft in einem gesonderten Luftkühler gekühlt wird, um dann mit einem Gebläse durch die Kühlräume der Zuschlagstoffe gefördert zu werden. Wie schon unter Ziffer 5 gezeigt, sind in diesem Fall sehr große Luftmengen zu bewegen. Man entschließt sich jedoch häufig für eine solche Lösung, da hierdurch lange Ammoniakleitungen vermieden werden (z. B. Vaitarna-Staumauer, Indien). Wird die Kühlung der Zuschlagstoffe entsprechend der Sariyar-Kühlanlage gar nicht in einer besonderen Kühlkammer, sondern direkt vor der Mischmaschine in den Zugabesilos des Betonturmes vorgenommen, so ist dort die Anbringung des Verdampfers aus Platzgründen von vornherein schon gar nicht möglich, vielmehr muß in diesem Fall die gekühlte Luft von der Kühlstelle mit den Verdampfern in die Silos eingeblasen werden.

Ebenso wie die Kühlstelle bzw. der Kühlraum gegen Wärmeaufnahme gut isoliert werden muß, so müssen auch die Leitungen von der Kühlstelle des Kühlmediums zur Verwendungsstelle meist isoliert werden, sollen die Kälteverluste durch Erwärmung des Kühlmediums nicht zu groß werden. So waren beispielsweise die Haupt- und Zweigleitungen beim Boulder Dam mit einer 2 cm dicken Korkisolierung versehen. Die Kühlkammer der Vaitarna-Kühlanlage war sogar mit einem 7,5 cm starken Korkmantel isoliert.

Muß aus örtlichen Gründen die Kälteanlage sehr entfernt von der Verwendungsstelle des Kühlmediums aufgestellt werden, so ist gegebenenfalls eine Solekühlung einzuschalten. Hierbei wird im Verdampfer zunächst eine Kühlsole gekühlt, die an die Verwendungsstelle gepumpt, dort dem Kühlwasser oder der Kühlluft ihrerseits wieder die Wärme entzieht. Durch entsprechend tiefe Wahl der Verdampfungstemperatur kann die Sole hierbei so stark unterkühlt werden, daß die Erwärmung derselben auf der langen Zuleitungsstrecke bis zum Verwendungsort schon im voraus aufgefangen wird.

Bei der Kühlung der Zuschlagstoffe vor dem Mischen rücken die Transportprobleme natürlich in den Vordergrund, die ein genaues Erfassen der einzelnen Vorgänge erforderlich machen. Da die Zuschlagstoffe im allgemeinen wohl mit Transportbändern bewegt werden, sind die hierbei anstehenden Probleme den Baufirmen durchaus geläufig, und eventuell auftretende Mängel können meist durch die Baustelle selbst leicht behoben werden.

Es soll nun aber noch auf einen Punkt hingewiesen werden, der für den Betrieb der Kühlanlage von ausschlaggebender Bedeutung sein kann. Beim Transport der Zuschläge entsteht häufig starker Anfall von Gesteinsmehl, der durch den dauernden Abrieb an den einzelnen Kieskörnern entsteht. Bei Kühlung mit Wasser ist die Reinigung desselben relativ unkompliziert, indem in den Kreislauf desselben ein Klär- und Absetzbecken eingeschaltet wird (Abb. 57). Wesentlich schwieriger ist jedoch die Reinigung bei Luftkühlung. So kam beispielsweise bei der Kühlanlage Sariyar durch nicht befriedigende Funktion der Luftwäsche Gesteinsmehl in größerem Umfang in die Silotaschen des Betonturmes, die gleichzeitig als Kühlkammern dienten. Von dort gelangte es mit der Kühlluft in den Luftkühler und führte zu einer beachtlichen Verschmutzung der Sole und zum Verstopfen der Poren der zur feinen Verteilung der Sole im Luftkühler vorgesehenen Glaswolleeinlagen. Eine Reinigung der Kühlanlage, wenigstens alle 14 Tage, war dadurch notwendig und ein hoher Verbrauch an Salz zur Herstellung neuer Sole nicht zu vermeiden. Die Größe der Verschmutzung wird durch den Kälteingenieur leicht unterschätzt, weswegen der mit den Verhältnissen der Baustelle vertraute Bauingenieur gerade auf diesen Punkt nachdrücklich hinweisen sollte.

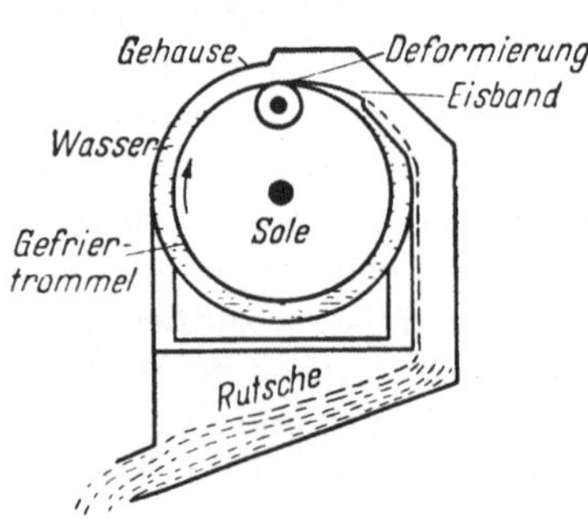

Abb. 110. Schema der FLACK-Eiserzeugung (nach POHLMANN)

Soll bei der Kühlung Splitter- oder Flockeneis allein oder zusätzlich angewendet werden, so sind zur Eiserzeugung zunächst zwei Wege möglich. Bei der Blockeiserzeugung bewährt sich ein Verfahren, bei dem doppelwandige Eiszellen, zu Batterien zusammengefaßt, mit Innenrohren versehen werden. Das Kältemittel durchströmt die Innenrohre und den Zellenmantel, so daß bei der Verdampfung des Kältemittels der Eisblock zugleich vom Zellenmantel und vom Kern her ausfriert. Obwohl die einzelnen Zellen oben offen sind und unten federnde Deckel haben, erfordert die Herstellung des Eises Unterbrechungen zum Abtauen und Herausgleiten der Eisblöcke und zum Wiederauffüllen der Zellen mit Wasser. Darüber hinaus wird das Eis zur Verwendung der Kühlung von Beton in zerkleinerter Form benötigt, so daß es erst noch durch Eismühlen zerkleinert werden muß. Daher ist die andere Art der Eiserzeugung, nämlich von zerkleinertem Eis, für den Zweck der Vorkühlung von Beton wesentlich zweckmäßiger. Abb. 110

zeigt das Schema einer solchen Maschine: auf einer innen mit Sole gefüllten Trommel, die in Wasser eintaucht, bilden sich streifenförmige Eisschichten, welche durch Deformierung der Trommelwand abgesprengt, in langen Bändern anfallen und in Scherben zerbrechen. Eine gleichmäßigere Splittergröße erhält man jedoch, wenn das Eis durch einen Fräser losgebrochen wird.

In diesem Fall wird die im Verdampfer erzeugte Kälte im Austauschverfahren auf die Sole übertragen, die ihrerseits nun das Wasser gefrieren läßt.

Beim Bau der Staumauer Castelo do Bodo[1] wurde eine Tube-Ice-Maschine der Firma Henry Vogt Mashine Co. verwendet. Bei dieser befinden sich in einem vertikalen Kessel, in dem das Kältemittel verdampft, zahlreiche in die Stirnwände eingewalzte Rohre ∅ 2″. Das Gefrierwasser rieselt an den Innenwänden der Rohre herab, wobei ein gleichmäßiger Wasserfilm durch Verteiler oder Düsen erzielt wird. Das an den Wänden gebildete Eis wird nach Erreichen einer bestimmten Dicke durch heiße Gase nach Umstellen des Verdichters auf die Druckseite losgetaut, so daß es am Rohrende herausgleitet. Am Austrittsende der Eisröhren befinden sich rotierende Messer, die das Eis in die gewünschte Größe schneiden und brechen. Diese Maschine bedarf vor allem kaum der Wartung und liefert bereits 13 Minuten nach Inbetriebnahme Eis.

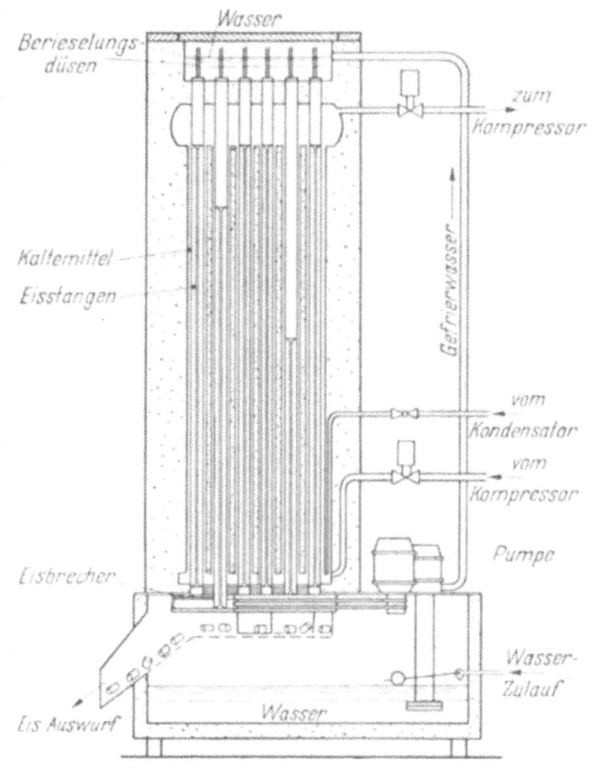

Abb. 111. ASTRA-Falleiserzeuger-System Fechner (nach POHLMANN)

Ganz ähnlich arbeitet die beim Bau der Staumauer Cabril[2] verwendete Anlage der Escher-Wyss-Werke, bei der das Kältemittel jedoch in den Rohren verdampft, während das Wasser an der Außenseite derselben herabrieselt und gefriert (Abb. 111). Einige Angaben über diese Maschine enthält Tabelle 18.

SCHNITTER[3] berichtet, daß sich das so erzeugte Splittereis in gewöhnlichen Holzsilos mit 5 cm dicken Wänden mehrere Tage einwandfrei lagern ließ, ohne daß sich wesentlich Eiswasser gebildet habe und ohne daß es zusammengebacken wäre. Durch die hohlzylindrische Form der Eisstücke berühren sie sich beim

---

[1] Lit. s. S. 93.

[2] SCHNITTER, E.: Der Bau des Kraftwerkes und der Staumauer Cabril am Rio Zezere in Portugal. Schweiz. Bauzeitung 73 (1955), Nr. 3, S. 17.

[3] Lit. s. S. 93.

Lagern nur punkt- oder linienförmig und lassen sich deswegen gut schaufeln und schütten. Als zusätzliche „Komponente“ der Betonmischung läßt sich das Splittereis demnach wie auch der Kies behandeln und mittels Transportbändern oder Schnecken leicht von den Vorratssilos zur Mischanlage befördern.

Tabelle 18. *Eisanlagen der Bergedorfer Eisenwerke A. G. (nach Pohlmann)*

Eisleistung in 24 Std. kg	Leistung der Kältemasch. kcal/h	mittl. Kraftbedarf kW	Abmessungen mm			Gewicht kg
			Länge	Breite	Höhe	
380	2600	0,95	620	925	2280	800
800	6000	1,78	865	1045	2610	1050
1350	9500	2,9	865	1045	2710	1540
2400	16500	5,2	950	1250	3350	2470
4650	31000	9,4	1200	1400	4000	4260

Gerade die maschinentechnische Seite der Kühlung von Beton, namentlich aber die der Vorkühlung, ist noch voll in der Entwicklung begriffen. Wiewohl die Grundformen ihre Kinderkrankheiten bei den meisten Anlagen bereits hinter sich haben, so werden hier durch gemeinsame Arbeit der Bau- und der Kälteindustrie noch manche Neuerungen zu erwarten sein.

Schrifttum

[1] BERTSCHINGER: Wärmeströmungsprobleme des Bauingenieurs. Schweiz. Arch. f. Angewandte Technik, 21. Jhrg. H. 9/10 und 22. Jhrg. H. 2 (1956).

[2] BOGUE: The Chemistry of Portland Cement, 2. Aufl., New York: Reinhold Publishing Corporation 1950.

[3] Brit. Assoc. Advanc. Science: Mathematical Tables, Vol. VI, Bessel functions, P. I, Cambridge: University Press 1937.

[4] BÜCKNER: Die praktische Behandlung von Integralgleichungen, Berlin: 1937.

[5] GRÖBER/ERK/GRIGULL: Die Grundgesetze der Wärmeübertragung. 3. Aufl. Berlin/Göttingen/Heidelberg: Springer 1955.

[6] GRÜN/KÖHLER: Vergleichsprüfungen der Abbindewärme von Zementen. Der Bauingenieur (1936) S. 231ff.

[7] HAMEL: Integralgleichungen, Berlin/Göttingen/Heidelberg: Springer 1949.

[8] HAMPE: Temperaturschäden im Beton, 2. Aufl. Berlin: W. Ernst & Sohn 1944.

[9] HIRSCHFELD: Die Temperaturverteilung im Beton. Berlin/Göttingen/Heidelberg: Springer 1948.

[10] HOFMANN: Das Kühlen von Talsperren-Massenbeton, Fördern und Heben (1953) H. 10.

[11] HUMMEL: Das Beton-ABC. 12. Aufl. Berlin: W. Ernst & Sohn 1959.

[12] JAHNKE/EMDE: Funktionentafeln mit Formeln und Kurven, Leipzig: Teubner 1948.

[13] KÜHL: Zementchemie. Bd. I–III. Berlin: VEB Verlag Technik 1951/58.

[14] KUHN: Temperatur- und Dehnungsmessungen an einem Wehrpfeiler. Beton- und Stahlbetonbau. 47. Jhrg. (1952) H. 9 und 10.

[15] LEA: The Chemistry of Cement and Concrete. 2. Aufl. London: 1956.

[16] MUSTERLE: Wasserkühlung bei Massenbeton. Der Bauingenieur (1937). H. 9 und 10.

[17] NUSSELT: Technisch Thermodynamik. Bd. I–II, Sammlung Göschen, Bd. 1084 und 151. Berlin: de Gruyter 1951 und 1956.

[18] POHLMANN: Taschenbuch für Kältetechniker. 13. Aufl. Karlsruhe: C. F. Müller 1956.

[19] RASTRUP: Heat of Hydration in Concrete. Magazine of Concrete Research, Vol. 6 (Sept. 1954) Nr. 17.

[20] RAWHOUSER: Cracking and Temperatur Control of Mass Concrete. Proc. American Concrete Inst. (1954) S. 305ff.

[21] ROBERTS: Cooling Materials for Mass Concrete. Proc. American Concrete Inst. (1951) S. 821ff.

[22] ROŠ: Zemente für große Talsperren. Zürich: Verein d. Schweiz. Zement-, Kalk- und Gipsfabrikanten 1956.

[23] SCHLEICHER: Taschenbuch für Bauingenieure. 2. Aufl. Berlin/Göttingen/Heidelberg: Springer 1955.

[24] SCHNITTER: Entwicklungen im schweiz. Talsperrenbau. Der Bauingenieur 30 (1955) H. 10.

[25] SCHWADERER: Aufheizungs- und Kühlvorgänge in Betonkörpern. Dissertation TH. Stuttgart: 1954.

[26] STUCKY-DERRON: Problèmes thermiques posés par la construction des barrages rèservoirs. Ecole polytechnique de l'université de Lausanne, Publ. Nr. 38, Lausanne: 1957.

[27] TÖLKE: Wasserkraftanlagen. 2. Hälfte, 1. Teil. Berlin: Springer 1938.

[28] – Talsperren. Sammlung Göschen, Bd. 1044. Berlin: de Gruyter 1953.

[29] – Betonbereitung auf Großbaustellen. Der Bauingenieur (1954), H. 1.

[30] – Praktische Funktionenlehre. Bd. I, 2. Aufl. Berlin/Göttingen/Heidelberg: Springer 1950.

[31] – Praktische Funktionenlehre. Bd. III. Berlin/Göttingen/Heidelberg: Springer (in Vorbereitung).

[32] – Einführung in die Theorie der Zylinderfunktionen. Vorlesungsmanuskript WS 1953/54.

[*33*] – Unveröffentlichte Arbeit.
[*34*] Timoshenko/Goodier: Theory of Elasticity. 2. Aufl. New York: MacGraw Hill Book Company 1951.
[*35*] US Dep. Int., Bureau of Reclamation: Boulder Canyon Project Final Reports, P. VII, Bull. 1, Bull. 3, Bull. 4, Denver Colorado, 1940 und 1949.
[*36*] – Concrete Manual 1955, Denver Colorado, 1955.
[*37*] Verbeck-Foster: Long-time study of cement in concrete, Chap. 6. The heat of hydration of cements. Proc. American Soc. Testing Materials, Vol. 50 (1950) S. 1235ff.
[*38*] Walz: Bindemittel für Massenbeton – Untersuchungen über hydraulische Bindemittel aus Zement, Kalk und Traß. Deutscher Ausschuß für Stahlbeton, H. 104. Berlin: W. Ernst & Sohn 1951.
[*39*] Wiarda: Integralgleichungen unter besonderer Berücksichtigung der Anwendungen. Leipzig: Teubner 1930.
[*40*] Worch: Elastische Scheiben. Betonkalender 1953. Berlin: W. Ernst & Sohn 1953.

Sachverzeichnis

721/68/80